Erfolgsstrategien für den verdeckten Stellenmarkt

Hans Rainer Vogel/Dr. Daniel Detambel

Erfolgsstrategien für den verdeckten Stellenmarkt

Recherche, Zugang, persönliche Positionierung

1. Auflage

Haufe Group
Freiburg · München · Stuttgart

Bibliografische Information der Deutschen Nationalbibliothek

Die Deutsche Nationalbibliothek verzeichnet diese Publikation in der Deutschen Nationalbibliografie; detaillierte bibliografische Daten sind im Internet über http://dnb.dnb.de/ abrufbar.

Print: ISBN 978-3-648-14988-1 Bestell-Nr. 14143-0001
ePub: ISBN 978-3-648-14989-8 Bestell-Nr. 14143-0101
ePDF: ISBN 978-3-648-14990-4 Bestell-Nr. 14143-0150

Hans Rainer Vogel/Dr. Daniel Detambel
Erfolgsstrategien für den verdeckten Stellenmarkt
1. Auflage, August 2021

www.haufe.de
info@haufe.de

Produktmanagement: Bettina Noé

Inhaltsverzeichnis

Auf ein Wort

Haben Sie schon einmal eine neue Wohnung gesucht – egal, ob zur Miete oder zum Kauf? Dann kennen Sie das Problem: Sehr schnell bekommt man das Gefühl, dass die guten Objekte nicht öffentlich inseriert werden und auch nicht bei den Maklern landen, sondern »unter der Hand« weggehen. Das, was am Ende in den Immobilienportalen und den Schaufenstern der Maklerbüros sichtbar wird, scheint völlig überteuert, »der letzte Schrott« oder beides zu sein.

Wer einen neuen Job sucht, macht dieselbe Erfahrung. Nur ein kleiner Teil der Positionen, die jeden Tag neu besetzt werden, wird in Jobbörsen ausgeschrieben, der Großteil wird bereits schon im Vorfeld besetzt.

Kein Wunder, denn kaum ein Unternehmer (bzw. Unternehmen) schaltet, wenn es darum geht, eine Stelle zu besetzen, als Allererstes eine Stellenanzeige oder beauftragt den Headhunter. Schätzungen der Bundesagentur für Arbeit gehen davon aus, dass maximal 30 % aller Positionen öffentlich ausgeschrieben werden. Die Zahl der Führungspositionen, die offen ausgeschrieben sind, ist nochmals deutlich geringer.

Wir möchten Ihnen auf den folgenden Seiten zeigen, wie Sie an die Jobs kommen, die »unter der Hand« vergeben werden bzw. im sogenannten verdeckten Stellenmarkt auf Sie warten.

Sollten Sie dabei unsere Unterstützung wünschen, freuen wir uns, von Ihnen zu hören! Schreiben uns einfach unter info@vogel-detambel.de oder rufen Sie uns an: 0611 371321.

Gerne unterstützen wir Sie dabei, bei Ihren Wunsch-Arbeitgebern bereits bekannt zu sein, bevor die Stelle, die Sie gerne hätten, öffentlich ausgeschrieben wird!

Wiesbaden, Juni 2021
Hans Rainer Vogel   Dr. Daniel Detambel

PS: In Stellenausschreibungen wird unter den Titel der besetzenden Position in der Regel vorsichtig ein »m/w/d« gesetzt, um sich nicht dem Vorwurf der Diskriminierung von Bewerbern auszusetzen. Wir machen es uns etwas einfacher, indem wir auf sprachliche Klimmzüge verzichten und alle Leser, die nicht männlichen Geschlechts sind, bitten, uns nachzusehen, dass wir alle generischen Begriffe in ihrer männlichen Form belassen und auch Sie, liebe Leserin, voll mit einschließen, wenn wir z. B. von »Bewerbern«, »Mitarbeitern« oder »Kandidaten«, »Inhabern« oder auch »Managern« reden.

Auf ein Wort

1 Wovon die Rede ist, wenn ....

Viele Missverständnisse gibt es, wenn von dem Begriff »Führungskraft« die Rede ist. Wir verwenden den Begriff »**Führungsnachwuchs**« für die Studenten und Absolventen von Hochschulen, um die sich Firmen in der Regel mit besonderen Programmen bemühen, sei es bei der Mitarbeitergewinnung durch Jobbörsen und spezielle Werbeveranstaltungen, sei es nach deren Einstellung mithilfe von Trainee- oder Förderprogrammen. Das ist keine ganz saubere Abgrenzung, weil auch Personen ohne Hochschulabschluss darin einbezogen werden können, aber dieser Personenkreis unterscheidet sich in aller Regel deutlich von der Sachbearbeiterebene, die nicht systematisch auf die Wahrnehmung von Führungsaufgaben vorbereitet wird – was nicht ausschließt, dass man Sachbearbeitern Fortbildung angedeihen lässt.

Erste Führungsverantwortung übernimmt der Führungsnachwuchs normalerweise als Projektleiter, stellvertretender Gruppenleiter oder Gruppenleiter. Daher zählt bei uns alles – vom Trainee bis zum Gruppenleiter – zum **Führungsnachwuchs.**

Das Management – der **Manager** – beginnt in unserem Sprachgebrauch mit der Funktion des Abteilungsleiters. Hier geht es nicht darum, mit diesen Begriffen allgemeingültige Standards zu setzen, wir möchten nur sicherstellen, dass Sie als Leser jederzeit möglichst genau wissen, was jeweils gemeint ist, ohne es im Kontext jeweils neu abgrenzen zu müssen. Das **Management** – wir verwenden auch synonym dazu den Begriff »**Middle-Management**« – schließt alle Handlungsbevollmächtigten, Gesamt- und Einzelprokuristen mit ein.

Von **Top-Management** sprechen wir, wenn es um die Vorsitzenden bzw. den Sprecher der Geschäftsführung und des Vorstandes (1. Ebene oder auch – im angloamerikanischen Sprachgebrauch – CEO = Chief Executive Officer genannt) und um die Mitglieder von Geschäftsführung oder Vorstand geht. Zum Top-Management zählen wir auch die Manager von Geschäftsbereichen, Divisionen oder Business Units, die nicht rechtlich selbstständig sind, sodass sich die dafür verantwortlichen Manager formal betrachtet nicht »Geschäftsführer« nennen dürfen, aber faktisch (mit ein paar Abstrichen) genau diese Funktion ausführen.

Personen mit der Bezeichnung »Mitglied der Geschäftsleitung« oder »Mitglied der erweiterten Geschäftsleitung« rechnen wir in der Regel eher nicht zum Top-Management, weil diese Begriffe häufiger dazu gebraucht werden, die betreffende Person wichtig erscheinen zu lassen, ohne dass sie es wirklich ist.

Vieles, was wir Ihnen in diesem Buch schildern, gilt für alle Personen dieser genannten drei Gruppen gleichermaßen. Dass wir trotzdem diese drei Segmente unterscheiden, ist dem Umstand zu verdanken, dass einerseits an die Mitglieder dieser drei Personengruppen im Bewerbungsprozess ganz unterschiedliche Anforderungen gestellt werden und sich andererseits auch die Behandlung dieser Personengruppen im Bewerbungsprozess in der Regel deutlich voneinander unterscheidet.

Es gibt noch weitere Begriffe, deren Verwendung wir hier vorab definieren möchten, damit es keine Missverständnisse oder Verwechslungen gibt.

Der Begriff »**Wirtschaft**« ist, wenn er denn hier überhaupt auftaucht, nicht zu verwechseln mit dem gemütlichen Schanklokal, in dem man mit Freunden und Kollegen sein Feierabend-Bierchen oder einen Cocktail einnimmt und auch nicht die Straußenwirtschaft, in der man schon mal den neuen Weinjahrgang vorkosten darf.

Zur **Wirtschaft** im volkswirtschaftlichen Sinne gehören so viele ganz unterschiedliche Teilnehmer – von den Unternehmen, über deren Interessenvertreter, Lobbyisten und Verbände bis hin zu den Gewerkschaften und Konsumenten – dass wir den Begriff lieber meiden. Meist wird der Begriff »Wirtschaft« mit dem Zusatz »freie« zur Abgrenzung vom Öffentlichen Dienst benutzt. Aussagen wie »in der freien Wirtschaft ist dies oder jenes üblich« sind jedoch zu generell, als dass sie in unserem Zusammenhang hilfreich wären.

Den Begriff »**Industrie**« werden Sie bei uns hingegen relativ häufig lesen. Vollständig müsste er eigentlich »**Verarbeitende Industrie**« heißen, denn damit ist die Gesamtheit der produzierenden Unternehmen in Abgrenzung zu Handel, Banken, Versicherungen, Dienstleistungen und Handwerk gemeint. Die Industrie hat in Deutschland – im Gegensatz zu vielen anderen entwickelten Wirtschaftsnationen – nach wie vor einen hohen Stellenwert und ist in seiner Gesamtheit ein enorm wichtiger Arbeitgeber.

Im allgemeinen Sprachgebrauch fallen häufig die Begriffe »**Mittelstand**« oder auch »**Mittelständische Industrie**«, deren Nutzung jedoch sehr unübersichtlich ist. Solange man nicht genau weiß, was der Benutzer dieser Begriffe damit meint, sollte man nicht davon ausgehen, dass man tatsächlich verstanden hat, was damit gesagt werden sollte. Unter **Mittelstand** werden nämlich häufig die kleinen Selbstständigen, die Handwerksbetriebe und der lokale Einzelhändler an der Ecke begrifflich zusammengefasst. Ist hingegen von der **Mittelständischen Industrie** die Rede, geht es dem Benutzer dieses Begriffes in der Regel darum, diese Art von Industrieunternehmen von den **Konzernen** abzugrenzen.

2 Was ist der verdeckte Stellenmarkt

Mit dem Begriff »verdeckter Stellenmarkt« bezeichnet man die Summe aller Arbeitsstellen, die ohne eine öffentliche Ausschreibung – also mehr oder weniger »unter der Hand« – besetzt werden. So stellt sich das jedenfalls für all diejenigen dar, die die Chance auf eine attraktive Position verloren haben, weil sie nicht mitbekommen haben, dass eine interessante Aufgabe zur Neubesetzung anstand. Leider betrifft dies die große Mehrzahl aller neu zu besetzenden Stellen.

2.1 Wie groß ist der verdeckte Stellenmarkt

Wir gehen davon aus, dass 70 % aller Neubesetzungen von Positionen ohne öffentliche Ausschreibung zustande kommen und entsprechend 30 % mittels Ausschreibung – das lassen zumindest die Zahlen vermuten, die die Bundesagentur für Arbeit nennt.

Betrachtet man die Besetzungen im Segment der mittleren Führungskräfte, so vermuten wir, dass sich das Verhältnis in Richtung 80 % zu 20 % bewegt, und bei Top-Positionen in Richtung 90 % zu 10 %.

Und im absoluten Top-Segment ist alles »verdeckt« – für DAX-Vorstände und Vorstände vergleichbar großer Unternehmen haben wir bisher noch keine Stellenausschreibung gesehen.

2.2 Was ist mit dem verdeckten Stellenmarkt gemeint

Die oben genannten Zahlen eigenen sich hervorragend für verschwörungstheoretische Mutmaßungen, nach dem Motto: »Da kungeln in irgendwelchen Hinterzimmern irgendwelche finsteren Seilschaften aus, wer welchen Posten zugeschoben bekommen soll.«

Wenn es um die Verteilung von »öffentlichen Posten« geht, mag das so sein, aber bei der Besetzung von Positionen innerhalb von Privatunternehmen ist die Realität meist sehr viel trivialer: Ausschreibungen kosten Zeit, Geld und ziehen viel Arbeit nach sich, die das Unternehmen ganz gerne vermeiden möchte oder sich gar nicht leisten kann, weil einem die Fachleute dafür fehlen. Wenn die Möglichkeit dazu besteht, verzichtet man also lieber auf Ausschreibungen.

In der Mehrzahl aller Firmen gibt es keine Personalabteilung und keinen »Personalchef«, der mit der Besetzung einer vakanten Position beauftragt werden könnte. Wird also eine Position vakant oder werden zusätzliche Mitarbeiter benötigt, probiert wohl jeder betroffene Manager, erst einmal auf direktem Wege an geeignete Kandidaten heranzukommen: Man prüft, ob sich der passende Kandidat im Bekanntenkreis oder im Kreis ehemaliger Mitarbeiten und Kollegen findet und bittet Bekannte, Kollegen und Mitarbeiter, ihrerseits ihr Netzwerk unter diesem Gesichtspunkt durchzugehen. Viele Firmen ermuntern ihre Mitarbeiter mittlerweile sogar durch Prämien, sich durch Empfehlungen an der Suche nach geeigneten Kandidaten zu beteiligen.

Persönliche Empfehlungen beruhen in der Regel auf langer Zusammenarbeit – Empfehlender und Empfohlener kennen sich oft seit Jahren –, sind also sehr viel aussagefähiger und fundierter als die klassische schriftliche Bewerbung. Da der Empfehlende seine persönliche Reputation mit in die Waagschale wirft, ist sein Vorschlag in der Regel wohlüberlegt; sein Renommee würde erheblich leiden, wenn sich seine Empfehlung als Flop erweisen sollte, sodass der Weg über Empfehlungen nicht selten sogar die besseren Kandidaten liefert als die Ausschreibung.

Auch die eigenen Mitarbeiter als potenzielle Kandidaten für eine vakante Position kritisch unter die Lupe zu nehmen, kann ein sinnvoller Ansatz sein; vielleicht gibt es ja unter den bereits im Unternehmen Befindlichen einen passenden Nachfolger. Das könnte die Neubesetzung ungemein beschleunigen.

Stellenanzeigen in den gängigen Jobbörsen kosten zwar nur noch ein Bruchteil dessen, was früher für Ausschreibungen in überregionalen Printmedien zu zahlen war. Aber die eigene Anzeige tritt sehr schnell durch nachrückende Neuerscheinungen in den Hintergrund und wird kaum noch gesehen, sodass bereits ca. zwei Wochen nach dem Erscheinen der Bewerbungseingang drastisch zurückgeht. Das kann kompensiert werden, indem erneut, also mehrfach inseriert wird, oder man hat Glück und die Jobbörse aktualisiert wegen der schwachen Resonanz das Erscheinungsdatum, sodass die Anzeige noch einmal unter den tagesaktuellen Ausschreibungen erscheint und einen Schub an neuen Bewerbungen nach sich zieht.

Den eigentlichen Kostenblock stellen aber nicht die Anzeigen dar, sondern werden durch die Bearbeitung des Bewerbungseingangs – das »Handling« der Bewerbungen und der Bewerber – verursacht. Bei Führungspositionen sowie Nachwuchsführungskräften ist es üblich, dem Interessenten den telefonischen Vorabkontakt zu einem kompetenten Ansprechpartner zu ermöglichen. Dieser Partner verbringt, wenn die Ausschreibung auf großes Interesse stößt, durchaus mehrere Tage damit, die telefonischen Anfragen zu beantworten. Ist dieser Partner – die Auskunftsperson – inkompetent, dann kosten die Anrufe nicht nur Zeit, sondern auch Reputation.

Dummerweise kosten die uninteressantesten Bewerber bei den telefonischen Auskünften die meiste Zeit: Sie stellen unüberlegte Fragen, insbesondere solche, die sich bereits aus dem Anzeigentext beantworten ließen, und brauchen viel Zeit für ihre Selbstdarstellung. Genauso schlimm oder schlimmer sind Bewerber, die völlig unpassend sind, aber nicht vorher anrufen. Bei einem Telefonat hätte der Verantwortliche ihnen relativ zügig klarmachen können, dass sie keine Chancen haben. Ist aber die Bewerbung schon im Haus, muss man sich auch mit ihr beschäftigen und sie formal korrekt abwickeln. Gibt man sich bei der Abwicklung der Bewerbungen Blößen, hagelt es Minuspunkte. Je unpassender der Bewerber, desto mehr Zeit hat er in der Regel, sich im Internet oder auch an anderer Stelle darüber auszulassen, wie schlecht er behandelt wurde.

Unerfahrenen Anzeigentextern kann es übrigens leicht passieren, dass sie mit ungeschickten oder missverständlichen Formulierungen völlig an der gewünschten Zielgruppe »vorbeiformulieren« und stattdessen Bewerber anziehen, von denen so gut wie keiner für die Stelle infrage kommt. Das bringt absolut überflüssige Arbeit mit sich, die aber trotz allem akkurat erledigt werden muss, damit es nicht zu Imageschäden kommt.

Am wenigsten Anzeigenkosten verursachen Ausschreibungen, die man auf der eigenen Webseite veröffentlicht. Ob das, was bei großen, bekannten Unternehmen funktioniert, auch für kleinere, unbekannte Firmen sinnvoll ist, sei dahingestellt. Selbst wenn sich Crawler und Spider früher oder später einer solchen Ausschreibung annehmen, dürfte die Resonanz hinter den Erwartungen zurückbleiben oder zu lange auf sich warten lassen. Gut möglich, dass eine solche Insertion dann eher dem verdeckten Stellenmarkt zugerechnet würde – nicht, weil die Anzeige so gut versteckt ist, sondern weil niemand sie findet.

Ziel jeder Ausschreibung ist es, möglichst genau den Kreis von Interessenten anzusprechen, an dem das Unternehmen interessiert ist; es kann jedoch gut sein, dass der anvisierte Adressatenkreis nicht oder nur schwer erreichbar ist. Personen, die in ihrem derzeitigen Job glücklich und zufrieden sind und nicht an einen Wechsel denken, vergeuden ihre Freizeit nicht mit der Lektüre von Stellenanzeigen. Aber gerade der glückliche und zufriedene Mitarbeiter oder Manager ist der interessanteste Kandidat. Ist ein Manager in seinem derzeitigen Job unzufrieden oder ist bereits absehbar, dass sein Job zu Ende gehen wird, betrachtet man ihn bereits als Kandidaten zweiter Wahl. Ist der Arbeitsvertrag gar schon beendet, ist er kein »Wunschkandidat« mehr, was aber nicht bedeutet, dass er keine Chancen mehr im Markt hätte.

Das, was eine Firma durch Ausschreibungen erzielt, kann natürlich auch mithilfe von Personalberatern durchgeführt werden; man muss dann auch nicht mit dem eigenen Namen in Erscheinung treten, was in manchen Fällen vorteilhaft sein kann. Die Position ist damit aber immer noch im offenen Stellenmarkt für jedermann zugänglich – also nicht »verdeckt«.

Soll ein Stelleninhaber nicht erfahren, dass geplant ist, ihn durch einen neu zu suchenden Kandidaten zu ersetzen, wird man naheliegenderweise gleich einen Headhunter mit der Direktansprache geeigneter Kandidaten beauftragen. Das läuft in der Regel so diskret ab, dass nicht einmal der Betroffene etwas davon mitbekommt. Das wiederum ist wichtig, wenn verhindert werden soll, dass der Betroffene nur noch »Dienst nach Vorschrift« macht, sobald er erfährt, dass man ihn ablösen will. Wenn es bis zur Neubesetzung etwa ein halbes Jahr dauert, dann ist eine unterdurchschnittliche Performance des aktuellen Stelleninhabers immer noch besser als gar keine Performance.

Die Neubesetzung bestimmter Führungspositionen kann »der Öffentlichkeit« – sprich konkret dem Wettbewerb – auch sehr deutliche Hinweise darauf geben, dass ein Unternehmen neue Geschäftsfelder besetzten möchte – also z. B. in neue Produktbereiche oder Länder expandieren möchte. Durch die Suche nach bestimmten Erfahrungen und Qualifikationen gibt man also mitunter strategische Zielsetzungen preis und ermöglicht damit dem Wettbewerb, sich rechtzeitig auf eine neue oder veränderte Wettbewerbssituation einzustellen. Mit der Beauftragung eines Headhunters kann man dafür sorgen, dass die eigenen Absichten noch eine ganze Weile »unter der Decke« gehalten werden, sodass der Wettbewerb erst reagieren kann, wenn vollendete Tatsachen geschaffen sind.

Die drei Verfahren

- **Direktansprache (Headhunting),**
- **Netzwerken und**
- **Initiativbewerbungen**

sorgen dafür, dass eine Ausschreibung gar nicht erst nötig wird.

Direktansprache/Headhunting

Ein wesentlicher Vorteil der Direktansprache ist, dass die suchende Firma all die Nachteile, die mit Anzeigenschaltungen verbunden sind, auf einen Schlag los ist. Ein weiterer entscheidender Vorteil ist, dass Personen zugänglich werden, die mit Anzeigen nicht oder nur mit großen Streuverlusten erreichen werden können.

Beim Headhunting, auch Direct Search oder Executive Search genannt, wird zunächst versucht herauszufinden, welche Personen die geforderten Anforderungen erfüllen könnten – das ist in Personalberatungsgesellschaften die Aufgabe der »Researcher«; anschließend werden die identifizierten Personen telefonisch (oder zunächst per E-Mail) kontaktiert: Im Telefonat wird geprüft, ob die ermittelten Informationen zutreffen, und ob bei den Angesprochenen Interesse besteht, über eine neue Position zu sprechen. Auch dies ist in der Regel noch Aufgabe des Researchs. Wenn die Voraussetzungen stimmen und Interesse vorhanden ist, nimmt schließlich der Personalberater selbst Kontakt auf und führt mit den »Kandidaten« ein telefonisches Vorinterview, das dann – bei beiderseitigem Interesse – zu einem persönlichen Treffen führt. Der Auftraggeber kommt erst dann ins Spiel, wenn der Berater alle Interviews geführt und eine Auswahl aus den gesehenen Kandidaten getroffen hat.

Direktansprache geht aber auch ohne Headhunter. Ein Unternehmen, das daran interessiert ist, mit ganz bestimmten Personen ins Gespräch zu kommen, wird diese in der Regel nicht selbst kontaktieren, um sich nicht dem Vorwurf der gezielten Abwerbung auszusetzen. Die Mittelsperson, die man vorschickt, um das Terrain zu sondieren, muss nicht unbedingt Personalberater oder Researcher sein, es kann auch der Rechtsanwalt oder Steuerberater des Unternehmens sein, ein Beiratsmitglied, der Filialleiter der Hausbank oder der beste Freund des Firmeninhabers – der Fantasie sind keine Grenzen gesetzt. Das suchende Unternehmen lässt das Visier erst dann hoch, wenn der Angesprochene ein gewisses Interesse signalisiert hat.

Es werden sicherlich weitaus mehr Führungspositionen über Direktansprache als über Anzeigensuchen besetzt; aber zu glauben, dass die meisten oder fast alle Positionen im verdeckten Stellenmarkt durch Headhunter besetzt werden, ist völlig abwegig. Nach unseren überschlägigen Berechnungen – leider kennt niemand die genauen Zahlen – dürfte es maximal jede 5. bis 6. Führungsposition sein, die auf diese Weise besetzt wird. So liefert die Marktstudie »Headhunting in Deutschland« (2015, S. 12) das Ergebnis, dass nur 33 % der befragten Unternehmen, Headhunter »Regelmäßig« (18 %) oder gar »Häufig« (15 %) einsetzen. Die wichtigsten Argumente gegen Headhunter sind zu hohe Kosten und fehlende Unternehmenskenntnisse.

Das Netzwerken

In der Bewerbungsliteratur nimmt das Thema Netzwerken einen breiten Raum ein und viele Menschen, die auf der Suche nach einem neuen Job sind oder sich neu orientieren müssen, weil sie ihre bisherige Arbeitsstelle verloren haben, sind der irrigen Annahme, sie täten sich deutlich leichter, einen neuen Job zu finden, wenn sie auf »Vitamin B« zurückgreifen könnten – also auf die Hilfe eines »Gönners«, »Förderers« oder »Mentors«, der sich für sie einsetzt und ihnen an allen Mitbewerbern vorbei Zugang zu den »wirklich« interessanten und gut dotierten Jobs verschafft.

Diese Vorstellung ist so schön, dass sie nicht wahr sein kann. So funktioniert das heute nicht mehr, wenn es denn jemals so funktioniert hat. Kaum ein »Gönner« kann heute noch seine »Buddys« – seine guten alten Kumpel – so einfach in einem befreundeten Unternehmen »unterbringen«. In den meisten Firmen ist man in höchstem Maße sensibilisiert, sobald es um Themen wie Compliance oder Diskriminierung geht. Niemand will sich leichtfertig dem Vorwurf aussetzen, einer Günstlingswirtschaft Vorschub zu leisten oder andere, qualifizierte Kandidaten zugunsten des eigenen Freundeskreises zu diskriminieren. Schließlich stehen auch Top-Leute unter Beobachtung und sind in aller Regel ihren Gesellschaftern oder einem Aufsichts- bzw. Beirat rechenschaftspflichtig.

Außerdem ist kaum ein Inhaber, CEO oder Geschäftsführer heute noch bereit, einem guten Freund zuliebe Personen einzustellen, die suboptimale Voraussetzungen mitbringen. Der Preis ist viel zu hoch, denn das Thema ist ja nicht mit der Einstellung erledigt, man handelt sich damit Low Performer ein, die man viele Jahre mit durchschleppen muss. Der Wettbewerb ist hart; warum sollte ein Unternehmen sich selbst schwächen?

Nein, so etwas funktioniert höchstens noch auf dem Level der Sachbearbeiterpositionen oder Praktikumsplätze, also dort, wo sich der Schaden in Grenzen hält, der von den ungeeigneten Leuten (mit den richtigen Beziehungen) angerichtet werden kann.

Anders mag es aussehen, wenn ein Manager, der bei seinem neuen Arbeitgeber z. B. ein neues Produkt lancieren, einen neuen Absatzkanal erschließen oder etwas tun soll, was in diesem Unternehmen bisher noch nicht getan wurde. Dann freut man sich im neuen Unternehmen vermutlich, wenn der Manager erfahrene und bewährte Leute »mitbringt«, auf diese Weise schnell eine schlagkräftige »Truppe« aufbaut, erhebliche Rekrutierungskosten einspart und »glücklicherweise« damit auch gleich noch seinen bisherigen Arbeitgeber und zukünftigen Wettbewerber schwächt.

Die Personen, die gefragt werden, ob sie »mitgehen« wollen, versprechen sich davon ein zügiges Fortkommen im Windschatten ihres bisherigen Vorgesetzten und machen meist gerne mit, weil sie das als Auszeichnung interpretieren. Bitter wird es für solche nachgezogenen Leute allerdings immer dann, wenn ihr Mentor im neuen Unternehmen nicht wie erhofft Tritt fasst und es bereits nach kurzer Zeit wieder verlässt, was leider immer wieder passiert. Dann erleiden seine »Vasallen« dasselbe Schicksal oder sie hängen karrieremäßig betrachtet in der Luft. So erfreulich es zunächst scheint, auf diese Weise einen vermeintlich attraktiven neuen Job bekommen zu haben, so fatal ist es, wenn der Mentor scheitert.

Netzwerken hat in unseren Augen bei Weitem nicht den Stellenwert, der ihm zugerechnet wird. Aber auch wenn seine Wirksamkeit weit hinter der Initiativbewerbung zurückbleibt, so spricht aus unserer Sicht absolut nichts dagegen, sich trotzdem damit zu beschäftigen und es zu nutzen. Wer einen neuen Job sucht, der sollte – so unsere etwas martialische Empfehlung – aus allen Rohren schießen, deshalb erfahren Sie in Kapitel 5 mehr darüber, wie Sie das Netzwerken sinnvoll für sich nutzen.

Initiativbewerbungen (Spontanbewerbungen)

Die Unternehmen des DAX und wohl auch noch einige Firmen des M-DAX werden mit Initiativbewerbungen überhäuft. Siemens erhält angeblich jedes Jahr mehr als 100.000 Bewerbungen von Ingenieuren (ob das wohl stimmt?). Bei BMW und Porsche dürften die Zahlen ähnlich sein. Die einschlägige Wirtschaftspresse liefert regelmäßig »Rennlisten«, aus denen ablesbar ist, welche Arbeitgeber am beliebtesten sind und im

Fokus der Hochschulabsolventen stehen. Wenn diesen Unternehmen die interessanten Kandidaten ganz von alleine zulaufen, ergibt sich auch nicht die Notwendigkeit, sie per Ausschreibung zu suchen.

Welchen Anteil die Initiativbewerbungen an der Gesamtheit aller Bewerbungen haben, lässt sich kaum abschätzen. Die Erfahrungen der DAX- und M-DAX-Unternehmen sollten nicht auf kleinere Firmen übertragen werden. Die ersten zehn Firmen der Beliebtheitsskala von Hochschulabsolventen und Bewerben kennt jeder Bewerber, die Firmen auf den Plätzen 50 bis 100 kaum noch einer. Fragt man den typischen Initiativbewerber, wie viele Bewerbungen er versendet hat, lautet die Antwort: dreißig. Fragt man ihn, warum nicht vierzig, fünfzig oder achtzig, lautet die Antwort, dass er so viele Firmen gar nicht kenne bzw. keine konkrete Vorstellung mit deren Namen verbindet.

Die meisten Initiativbewerbungen, so unsere Erfahrung, wären ohnehin besser in den Reißwolf als in den Briefkasten gesteckt worden, weil sie unüberlegt abgefasst und an die »falschen« Adressaten gesendet werden – sie sind im wahrsten Sinne des Wortes Blindbewerbungen.

Wie werden Sie in diesem Buch so intensiv mit der Initiativbewerbung vertraut machen, dass Sie in der Lage sein werden, wirkungsvolle, zielgerichtete Anschreiben und Lebensläufe an mindestens 100 bis 150 für Sie passende Firmen zu senden.

3 Den »verdeckten Stellenmarkt« gibt es (eigentlich) nicht

Wir hatten eingangs relativ lapidar definiert: Als verdeckten Stellenmarkt bezeichnet man die Summe aller Arbeitsstellen, die ohne eine öffentliche Ausschreibung – also mehr oder weniger »unter der Hand« – besetzt werden.

3.1 Der »verdeckte Stellenmarkt« ist kein Markt

Bei genauerem Hinsehen muss jedoch festgestellt werden, dass die Bezeichnung »verdeckter Stellenmarkt« widersprüchlich, ja sogar unsinnig ist.

Wikipedia schreibt: Der Begriff »**Markt**« bezeichnet allgemeinsprachlich einen Ort, an dem Waren regelmäßig auf einem meist zentralen Platz gehandelt werden.

Und die Definition der Wirtschaftswissenschaften (ebenfalls lt. Wikipedia) lautet: **Markt** bezeichnet in der Wirtschaftswissenschaft das Zusammentreffen von Angebot und Nachfrage nach einem ökonomischen Gut (z. B. einer Ware oder Dienstleistung).

Wir hatten geschildert, dass die Stellenausschreibung gerne aus Kostengründen gemieden wird, und hatten erläutert, woraus und wodurch die mit einer Ausschreibung verbundenen Kosten entstehen.

Ersetzt wird die Stellenausschreibung wie gesagt durch:
- das Headhunting,
- das Networking,
- Initiativbewerbungen.

Wenn Stellen über öffentliche Ausschreibungen besetzt werden, dann ist es sicherlich zutreffend und mit den obigen Definitionen vereinbar, von einem Markt zu sprechen. Auch wenn an einer Uni eine sogenannte »Jobbörse« veranstaltet wird, auf der verschiedene Anbieter – sprich Firmen und Organisationen – ihre Arbeitsangebote und -möglichkeiten vorstellen und Studenten (im Prinzip aber auch jeder andere, der weiß, wie man auf das Unigelände kommt) sich dafür interessieren und ihr Interesse an einer Zusammenarbeit anmelden können, dann liegt sicherlich ein Markt vor.

Reden wir jedoch von Headhunting, Networking und Initiativbewerbung, dann sind dies Vorgänge, auf die man die Bezeichnung »Markt« letztlich gar nicht anwenden kann:

Beim Headhunting ist der Headhunter beauftragt, nach einer bestimmten Person oder einem Personenkreis mit bestimmten Erfahrungen und Eigenschaften zu fahnden. Dazu sucht er jedoch keinen Markt auf, er meidet aus Gründen, die wir bereits haben anklingen lassen, den Markt. Er spricht Personen gezielt direkt auf ihr mögliches Interesse an. Headhunting wird deshalb auf Deutsch ja auch als »Direktansprache« bezeichnet. Headhunting ist also eher so etwas wie ganz bewusste »Marktvermeidung«.

Auch das Networking ist im Prinzip eine Art von Direktansprache (unter Umgehung des klassischen Stellenmarktes). Und auch unser drittes Instrument – die Initiativbewerbung – zielt darauf ab, den eigentlichen Stellenmarkt zu umgehen: am Arbeitsmarkt vorbei direkt zum passenden Job.

Wir haben es bei allen drei Ansätzen – dem Headhunting, dem Networking und der Initiativbewerbung – also mit Vorgängen zu tun, die den Markt bewusst umgehen und meiden oder – harmloser und weniger konspirativ ausgedrückt – die das, was üblicherweise der Markt leistet, besser, schneller und kostengünstiger zuwege bringen.

Es liegt in der Natur der Sache, dass diese drei Tools nicht vor den Augen der Öffentlichkeit eingesetzt werden. Sie sind so verdeckt, wie persönliche Kontakte eben »nicht öffentlich« sind. »Verdeckt« klingt nach aktivem Bemühen, etwas vor der Öffentlichkeit zu verbergen. Das trifft in Einzelfällen auf das Headhunting, vielleicht auch noch auf das Networking, aber eigentlich nicht auf die Initiativbewerbung zu. Diese Vorgänge werden nicht systematisch vor der Öffentlichkeit abgeschottet sie sind einfach »privater Natur« und werden deshalb auch von der Öffentlichkeit nicht wahrgenommen – das ist etwas anderes als »verdeckt« im Sinne von »versteckt«. Anstelle von »verdeckt« sollte vielleicht einfach »nicht (für jeden) sichtbar« treten. Und wenn wir den Begriff »Markt« nicht verwenden wollen, weil er irreführend ist, müssten wir also statt »verdecktem Stellenmarkt« eigentlich sagen:

»Nicht sichtbare Verfahren zur Stellensuche und -besetzung jenseits des Stellenmarktes« oder einfacher und unaufgeregter:

»Verfahren zur Stellensuche und -besetzung jenseits des Stellenmarktes« – das ist es, worüber wir hier in aller Ausführlichkeit reden wollen und was den Hauptgegenstand dieses Buches darstellt.

Übrigens: Auch die Art und Weise, in der Bewerber auf eine klassische Stellenausschreibung beurteilt und ausgewählt werden, ist ja letztlich nicht öffentlich und transparent – also müsste konsequenterweise behauptet werden, dass auch der klassische Stellenmarkt mit seinen Ausschreibungen »verdeckt« sei, was jedoch nicht passiert.

Bei der Besetzung von Positionen im »Öffentlichen Dienst« bemüht man sich hingegen ganz besonders um Transparenz. Ja sogar Paragraf 33 des Grundgesetzes muss für die Begründung von Einstellungen herhalten, wie das folgende Zitat aus der Kolumne (»Nine to five«) mit dem Artikel »Staatstragende Absage« (FAZ vom 30.10.20), deutlich macht, in der die Absage eines öffentlichen Arbeitgebers wörtlich zitiert wird:

»Bei einem Vergleich zwischen den Bewerbenden aufgrund der Analyse der aktuellen Statusämter und des Gesamtergebnisses der Bewerbungsunterlagen sowie vorliegenden Beurteilungen/Zeugnissen, den daraufhin ergänzend herangezogenen Ergebnissen des modularen Auswahlverfahrens und erfolgten Bewertung der nicht konstitutiven Merkmale unter Berücksichtigung der Bewerbungsunterlagen und des modularen Auswahlverfahrens ist Herr Xaver Meier aus dem gesamten Auswahlverfahren als der nach den Vorgaben des Art. 33 Abs. 2 GG am besten geeignete Bewerber hervorgegangen.«

Herzlichen Glückwunsch übrigens, Herr Meier! Erstaunlich, dass sogar der Name des Bewerbers genannt wird, der zum Zuge kam. Ist das auf dem Hintergrund der DSGVO nicht ein wenig zu transparent?

Es geht uns hier nun aber – verdeckter Stellenmarkt hin oder her – nicht um Spitzfindigkeiten und Wortklauberei, deshalb werden auch wir weiterhin vom Stellenmarkt reden, auch dort, wo es um Methoden und Verfahren geht, mit denen man den Markt zu umgehen versucht. Wenn wir behaupten, der Markt für Positionen in der sogenannten »freien Wirtschaft« sei nicht wirklich verdeckt, sondern ein freier Markt, der jedem sperrangelweit offensteht, der einen neuen Job sucht, dann meinen wir damit die Gesamtheit aller Stellen (im Angestelltenverhältnis), die es in privaten Unternehmen gibt, also alle, die bereits einmal besetzt wurden, sowie alle Stellen, die wieder neu besetzt werden sollen/müssen, und schließlich auch die, die es in dieser Form bisher nicht gab, also neu geschaffen werden sollen.

Alle, wirklich alle (für Sie passenden) Positionen stehen theoretisch für Sie voll zur Disposition. Sie können sich jederzeit um alle diese Positionen bemühen, ohne dass irgendjemand Sie daran hindern würde. Ob Sie dann auch tatsächlich zum Zuge kommen, hat mir Ihrer Qualifikation zu tun, steht also auf einem anderen Blatt.

Das Gesagte gilt auch für die erwähnten (streng geheim gehaltenen) Neubesetzungen, die aus Gründen der Diskretion vom Headhunter besetzt werden sollen und deshalb im eigentlichen, richtigen Sinne »verdeckt« sind. Wie das geht?

Wenn Sie Firmen im Rahmen einer Direktbewerbungskampagne, also mittels Initiativbewerbung kontaktieren, kann es passieren, dass Sie folgende Rückmeldung erhalten: »Wir haben bereits einen Headhunter damit beauftragt, die Position neu zu besetzten, an der Sie interessiert sind.« Damit ist aber nicht »Deshalb können wir Ihre Bewerbung leider nicht berücksichtigen.« gemeint, sondern man wird Sie, wenn Sie gute Voraussetzungen mitbringen, fragen, ob man Ihre Unterlagen an den Headhunter weiterleiten darf. Echte Geheimhaltung sähe anders aus. Aber da man Ihnen zunächst nicht auf die Nase bindet, dass das Interesse an Ihnen dem Umstand zu verdanken ist, dass Herr oder Frau Müller ersetzt werden soll, ist dies auch gar nicht nötig.

Möglicherweise wird Ihre Initiativbewerbung sogar parallel zu den Aktivitäten des Headhunters weiterverfolgt, um eine Alternative zu haben, falls der Headhunter nicht die passenden Kandidaten liefern kann. Spätestens beim zweiten persönlichen Gespräch wird man Ihnen reinen Wein einschenken und Ihnen erläutern, weshalb man an Ihnen interessiert ist, und Ihnen dann eben auch sagen, dass Herr oder Frau Müller demnächst »über die Klinge springen wird«.

Unsere Kunden berichten übrigens immer wieder mit großem Erstaunen, dass ihnen – ist das Eis erst einmal gebrochen – mit bemerkenswerter Offenheit die geheimsten strategischen Überlegungen und langfristige Firmenziele anvertraut werden. Warum eigentlich auch nicht?! Welches Interesse sollten Sie haben, diese an die »große Glocke« zu hängen (und vermutlich haben Sie ja auch gar keinen Zugang zur »großen Glocke«)?

Wenn Sie Glück haben und zum richtigen Zeitpunkt auf der Bildfläche erscheinen, wird das Unternehmen vielleicht die Beauftragung des Headhunters vorerst hinausschieben, und wenn man im Idealfall mit Ihnen sogar handelseinig wird, kann es sich die Beauftragung des Headhunters sogar gänzlich sparen.

Sie können sich um jeden Job aktiv bewerben, der Sie interessiert, solange Sie gewisse Voraussetzungen erfüllen – nein, stopp, nicht mal dies ist eine Restriktion! Niemand teilt Ihnen im Vorfeld mit: »Sie haben die falschen Voraussetzungen, Sie dürfen uns nicht kontaktieren!« **Kontakt** dürfen Sie **immer** aufnehmen, selbst wenn Ihnen die meisten Voraussetzungen fehlen – Sie werden sich in solchen Fällen jedoch natürlich eher Absagen einhandeln.

3.2 Vakanzen und verdeckter Stellenmarkt

Der Begriff **»verdeckter Stellenmarkt«** wird auch immer wieder etwas diffus als Gegenstück zu dem Begriff »Vakanz« verwendet. Die »Vakanz« ist offen und wird »aller Welt« mitgeteilt; alle Positionen der nachfolgenden Positionen, die ja nicht vakant sind, werden dann gerne dem verdeckten Stellenmarkt zugerechnet.

- Frau Meyer, die Marketingchefin, ist schwanger – was wird mit ihr werden? Kehrt sie nach Ablauf des Mutterschutzes ins Unternehmen zurück?

- Herr Müller ist als Oberbuchhalter seit 30 Jahren im Unternehmen und wird wohl demnächst in den Ruhestand gehen wollen. Für ihn muss eine Nachfolgelösung gefunden werden.
- Über Frau Schmidt, die Leiterin HR, hört man aus dem Mund der Geschäftsleitungsmitglieder nur selten Anerkennendes und Positives, ihr Job dürfte »wackeln«. Wann ist sie wohl »fällig«?
- Geschäftsführer XX von Unternehmen YY hat auch ein halbes Jahr vor dem Auslaufen seines Vierjahresvertrages vom Beirat immer noch keine Vertragsverlängerung angeboten bekommen (dann wird er vermutlich auch kein Angebot mehr bekommen).

Alle genannten Beispiele beschreiben wie gesagt keine Vakanzen und trotzdem sind sie für potenzielle Bewerber von höchstem Interesse, weil klar ist, dass früher oder später eine Personalentscheidung ansteht.

Wir sprechen in all diesen Fällen von »latenten Vakanzen«.

Viele unserer Kunden erhoffen sich von der Zusammenarbeit mit uns, möglichst alle konkreten, derzeit vorhandenen Vakanzen im Markt kennenlernen und nutzen zu können. Umso erstaunter sind sie, wenn wir ihnen erklären, dass wir nicht den Ehrgeiz haben, Vakanzen zu identifizieren. Vakanzen haben nämlich den großen Nachteil, dass so gut wie jeder davon weiß, mit der Folge, dass sich auch »so gut wie jeder« darauf bewirbt. Zu keinem Zeitpunkt gibt es eine größere Zahl von Mitbewerbern. Eine Vakanz ist in unseren Augen also immer auch **der Moment der geringsten Erfolgsaussicht**.

Ganz anders verhält es sich mit der »latenten Vakanz«. Solange noch nicht publik ist (oder nur einem kleinen Kreis von Personen bekannt ist), dass eine Position demnächst neu besetzt werden muss, sind viele Maßnahmen zur Suche noch gar nicht eingeleitet, sodass man, wenn man sich per Initiativbewerbung selbst ins Spiel bringt, es mit einer sehr viel geringeren Zahl von Wettbewerbern zu tun hat. Möglicherweise hat man – eine gewisse Zeit lang – sogar eine gewisse Alleinstellung. Was kann einem eigentlich Besseres passieren?!

Natürlich ist es nicht leicht, die »latenten Vakanzen« **zeitgerecht** zu identifizieren. Machen wir uns nichts vor: Systematisch ist dies überhaupt nicht möglich. Es braucht dazu Glück. Wie groß dieses Glück sein muss, kann man allerdings überschlägig kalkulieren, denn es gibt für die meisten Stellen und Positionen gewisse »Verweildauern« – sogenannte »Umschlaghäufigkeiten«.

Dass bestimmte Positionen eine ganz besonders geringe Umschlaghäufigkeit haben, und was das für die eigene Karriereplanung bedeutet, wird noch einmal beim Thema Karrierestrategie ausführlich zur Sprache kommen.

Personalprofis haben häufig eine ganz klare Meinung dazu, wie eine berufliche Karriere »getaktet« sein sollte, um positiv bewertet zu werden. Ist eine Kandidatin zwölf Jahre lang im Marketing eines namhaften internationalen Markenartikelherstellers tätig und wurde alle zweieinhalb oder drei Jahre mit neuen, wachsenden Aufgaben betraut, dann wird der Personalprofi (innerlich) beifällig nicken und der Kandidatin seine Anerkennung zollen. Hat sich bei einer anderen Kandidatin in den zwölf Jahren ihrer Zugehörigkeit wenig getan – sie hat ihre zwei Stationen jeweils rund sechs Jahre lang innegehabt – dann ist gut vorstellbar, dass besagter Personalprofi seinen Kopf bedenklich wiegt und zu der Einschätzung kommt, die Kandidatin sei ihm zu wenig dynamisch und habe wohl auch bei ihrem bisherigen Arbeitgeber nicht voll überzeugt, sonst hätte man sie intensiver gefördert und schneller befördert.

Und nur am Rande gesagt: Bekommt unser Personalprofi es mit einem Kandidaten zu tun, der in relativ schneller Abfolge – also z. B. alle eineinhalb oder zwei Jahre – das Unternehmen oder die Branche gewechselt hat, wird er diesem »Pappenheimer« vermutlich sehr schnell den Stempel »Jobhopper« aufdrücken.

Es gibt für diese Taktung und die Frage, welche Zeiträume angemessen und positiv beurteilt werden, keine festen Regeln, außerdem kann die Taktung stark variieren – in einem Großunternehmen mit vielen Hierarchiestufen stellt sich das anders dar als in einem konservativen mittelständischen Familienunternehmen mit nur wenigen Ebenen, bei dem »das Ende der Fahnenstange« schnell erreicht ist. Auch spielen Faktoren wie der »Lernaufwand«, den es benötigt, um mit den Produkten des Unternehmens vertraut zu werden, eine gewisse Rolle. Bei technologisch anspruchsvollen Produkten kann sich der Vertriebschef nicht mit flotten Verkäufer-Plattitüden aus der Affäre ziehen, er muss schon bis ins kleinste Detail wissen, was seine Produkte und die des Wettbewerbs können – das ist im Bereich der Markenartikel vielleicht nicht ganz so kompliziert.

Die Taktung beruht auch nicht immer nur auf »Beförderung«, sie hat auch damit zu tun, dass Menschen ihre jeweilige Aufgabe nach einer gewissen Zeit nicht nur perfekt beherrschen, sondern auch sterbenslangweilig finden. Will der Arbeitgeber verhindern, dass ihm wichtige Mitarbeiter und Führungskräfte aufgrund von Langeweile und Unterforderung »von der Fahne gehen«, muss er sich etwas einfallen lassen. Das muss nicht notwendigerweise eine Beförderung sein, das kann auch in einer inhaltlichen Erweiterung oder Anreicherung der Aufgabe bestehen (Stichworte »Jobenrichment«, »Jobenlargement«). Die Position hat dann möglicherweise immer noch dieselbe Bezeichnung, z. B. »Fertigungsleiter«, und befindet sich auf der bisherigen hierarchischen Ebene, aber sie umfasst dann nicht mehr nur die Führung von zwei Werken, sondern von drei oder vier.

Nach dem Lesen einiger Hundert Lebensläufe kommt man zu der Erkenntnis, dass in den meisten Werdegängen alle drei, vier oder fünf Jahre – im Schnitt alle vier Jahre – eine Veränderung stattfindet. Im bisherigen Unternehmen oder eben auch durch den Wechsel zu einem anderen Unternehmen.

Dass sich dann aber in diesen vier Jahren nichts täte, also auch keine Chance bestünde, als außenstehender Bewerber selbst zum Zuge zu kommen, wäre jedoch eine Fehlannahme.

Bei Spezialisten und Führungskräften beträgt die Probezeit in aller Regel sechs Monate. In diesen sechs Monaten steht der neue Stelleninhaber immer noch auf dem Prüfstand. Erfüllt er die Erwartungen nicht, ist man im Unternehmen sicherlich ganz froh, eine Alternative in petto zu haben. Das Interesse an einem zusätzlichen Kandidaten besteht also sehr wohl auch noch nach der Besetzung einer Position und erlischt erst dann, wenn die eingestellte Person die Probezeit erfolgreich absolviert hat und etabliert ist.

Dem eben erwähnten Fertigungsleiter wird die zusätzliche Verantwortung für Werk drei und vier auch nicht von heute auf morgen, also nach exakt dreieinhalb Jahren in der bisherigen Position übertragen; es hat bereits im Vorfeld dieser Veränderung zahlreiche Überlegungen und Erwägungen hinsichtlich der Weiterentwicklung des Fertigungsleiters und seiner Kollegen gegeben. Schließlich ist er nicht der Einzige im Unternehmen, der Verantwortung trägt. Auch über seine Kollegen links und rechts im Organigramm und über die Aufgabenabgrenzung auf den Ebenen darunter und darüber wurde höchstwahrscheinlich nachgedacht. Die Veränderungen sind also vermutlich bereits ein halbes oder ganzes Jahr in der Diskussion, ehe sie konkret vollzogen werden.

Im Zeitraum dieser Diskussion ist man in aller Regel ebenfalls offen für Bewerbungen von außen – man weiß ja nie, ob das »Puzzle« am Ende aufgeht, und ob nicht auch ein Puzzleteilchen bei der ganzen Hin- und Herschieberei unerwartet abhandenkommt. Es ist deshalb sicherlich nicht falsch, davon auszugehen, dass ein Stelleninhaber in den dreieinhalb Jahren, die er in einem Job zubringt, nur zwei- oder zweieinhalb Jahre »in Ruhe gelassen wird«. In der Probezeit ist er noch nicht fest etabliert und wird, wenn er sich als Fehlbesetzung erweist, ausgetauscht. Und nach rund zweieinhalb oder drei Jahren setzen bereits erste Überlegungen ein, wie es mit ihm im positiven oder im negativen Sinne weitergehen könnte.

Diese Überlegung vermittelt ein ungefähres Gefühl dafür, wie lang eigentlich die Phase der Latenz ist – also die Phase, in der verschiedene Optionen im Unternehmen diskutiert werden – und dass die Chancen, auf eine »latente Vakanz« zu treffen, nicht so schlecht sind, wie es zunächst einmal erscheinen mag.

3.3 Chancen jenseits von Vakanzen und latenten Vakanzen

Es gibt nicht nur Vakanzen und latente Vakanzen, die Ihnen zu Ihrem beruflichen Glück verhelfen können, es gibt noch weitaus mehr Chancen, die Ihnen allerdings komplett entgehen, wenn Sie ausschließlich auf Stellenausschreibungen setzen.

3.3.1 Verdrängung

Eine Chance, wenn auch vielleicht nicht von der »feinsten Art«, ist die Verdrängung eines Stelleninhabers. Beispiel: Ihre Spontanbewerbung kommt bei Ihrem Adressaten gut an, weil Ihre Qualifikation – bei vergleichbarem Einkommen – so deutlich über der des derzeitigen Stelleninhabers liegt, dass die Frage aufkommt, weshalb man sich länger mit einem Low Performer zufriedengeben soll, wenn man einen guten oder sehr guten »Performer« haben könnte. Und schwupp sind Sie im Gespräch – keine Vakanz, keine latente Vakanz, keine Stellenausschreibung, kein Headhunter in Sicht. Anlass für ein schlechtes Gewissen Ihrerseits gibt es auch nicht, schließlich haben Sie sich nicht in der Absicht beworben, dem Low Performer zu schaden (das macht er selbst).

3.3.2 Erweiterung

Wenn Sie eine Qualifikation repräsentieren, die bisher nicht gebraucht wurde, aber absehbar ist, dass sie in Zukunft aber dringend erforderlich sein wird, haben Sie ebenfalls eine gute Chance, Fuß zu fassen und ins Gespräch zu bekommen. Beispiel: Der bisherige kaufmännische Leiter ist bestens mit »SAP« vertraut, das Unternehmen will nun aber eine Firma kaufen, die seit langem »Oracle« einsetzt – das kann zwar noch eine gewisse Zeit so weiterlaufen, aber irgendwann muss sich jemand darum kümmern, dass es zu einer Konsolidierung der verschiedenen ERPs kommt. Damit wartet man normalerweise, bis der Firmenzukauf unter Dach und Fach ist. Sie kennen nun beide ERPs und haben auch ansonsten interessante Voraussetzungen – was für ein Glücksfall! Warum also sollte man sich die Gelegenheit entgehen lassen, sich intensiv mit Ihnen zu befassen?

3.3.3 Reorganisationen

Manche Reorganisationen sind unumgänglich, um das Überleben eines Unternehmens sicherzustellen, andere werden erforderlich, weil ein Unternehmen übernommen wurde bzw. weil es neue Gesellschafter gibt. Solche Veränderungen sind in aller Regel mit einem Strategiewechsel verbunden und ein Strategiewechsel zieht normalerweise auch deutliche Veränderungen in der Organisationsstruktur nach sich. Vakanzen gibt es in dieser Situation aber erst einmal keine. Wahrscheinlicher ist, dass es zu viele »Häuptlinge« gibt, die nicht im Sinne der neuen Firmenphilosophie »ticken« und früher oder später freigesetzt werden sollen/müssen; oft genug eher »später«, da man mit der Reorganisation nicht zu viel Unruhe ins Unternehmen hineintragen und die Leistungsträger nicht verschrecken möchte. Ausschreibungen und Headhunterbeauftragungen passen in einer solchen Situation nicht gut ins Bild. Trotzdem sind Kandidaten, die gut zur neuen Firmenstrategie passen, jederzeit hochwillkommen. Also, ran an den Speck!

3.3.4 Neue Positionen

Es gibt in allen Wirtschaftszweigen immer wieder neue Anforderungen und damit neue Positionen, die es in dieser Form vor wenigen Jahren noch nicht gab, nehmen wir nur als Beispiel den SCM – den Supply-Chain-Manager – oder den CDO – den Chief Digital Officer. Solche Phänomene wird es auch weiterhin geben, und auch solche Positionen können Sie mit einer Initiativbewerbung in den Blick nehmen – und das sogar, ohne bereits ganz genau zu wissen, welche Bezeichnung sich schließlich für eine solche Position einbürgern wird. Sie müssen in solchen Fällen nicht den »Kuchen« genau bezeichnen, den Sie backen wollen – das können Sie getrost Ihren zukünftigen Arbeitgeber überlassen. Es reicht, wenn Sie dem potenziellen neuen Arbeitgeber mitteilen, welche »Backzutaten« Sie mitbringen und was Sie konkret tun möchten.

Häufiger entstehen neue Positionen im Unternehmen, wenn Aufgaben ins Unternehmen zurückverlagert werden, die zuvor ausgelagert oder überhaupt noch nicht wahrgenommen wurden.

Beispiele:

- Die Buchhaltung hat man selbst gemacht, Bilanzen und Steuerklärungen hat man den Steuerberater überlassen.
- Putz- und Sicherheitsdienstleistungen hat man bisher eingekauft, in Zukunft möchte man sie aus Sicherheitsgründen mit eigenem, fest angestelltem Personal erbringen.
- Flüge, Dienstreisen und Veranstaltungen hat man sich bisher von einem externen Reisebüro organisieren lassen, nun möchte man dafür eine firmeninterne Eventabteilung aufbauen.
- Um Werbung, Marktforschung und PR haben sich bisher externe Agenturen gekümmert, diese Funktionen möchte man nun im Rahmen einer erweiterten Marketingabteilung selbst in die Hand nehmen.

Diese Jobs gab es auch schon vorher – nämlich bei den Dienstleistungsunternehmen, die zuvor beauftragt wurden –; sie sind also nicht wirklich »neu«, aber es gibt sie jetzt in einer wahrscheinlich für Sie sehr viel interessanteren Konstellation und Kombination.

Viele Jahre lang war es die gängige Philosophie, alle Prozesse, die nicht zu den Kernprozessen der Wertschöpfung gehören, auszulagern. Das war die eingebürgerte »Doktrin« an den meisten Business Schools. Aber es gibt immer wieder auch Gegenbewegungen. Anstoß dazu liefern unerwartet auftretende Probleme. In jüngster Zeit waren das zum Beispiel der Chipmangel in der Automobilindustrie (man hatte mit seinen Planungen die Automobilkonjunktur unterschätzt) oder die Unterbrechung von Lieferketten durch die Coronapandemie. Gut möglich, dass man diese Thematik immer wieder unter einem völlig neuen Blickwinkel betrachten muss – lassen Sie es einfach auf den Versuch ankommen.

Wann immer ein Unternehmen Aufgaben, die es an externe Anbieter vergeben hat, genauso gut auch selbst wahrnehmen kann, besteht für Sie Möglichkeit, sich selbst, Ihre Erfahrung und Ihre Arbeitsleistung in die Debatte zu werfen– ohne dass es zuvor eine Ausschreibung oder eine Vakanz gegeben hätte. Sie können sich also jederzeit als »Ideenlieferant« betätigen und dem Unternehmen Jobs vorschlagen, die es bisher noch nicht gibt.

Eine Initiativbewerbung ist wie Direktvertrieb: Sie dürfen doch auch jedes Unternehmen kontaktieren, wenn Sie zum Beispiel Büromöbel, Maschinen, LKW, Gabelstapler, Bohrmaschinen, Schutzkleidung oder irgendwelches Verbrauchsmaterial anzubieten haben – sei es als Hersteller oder als Händler. Dasselbe gilt für Dienstleistungen, also wenn Sie dem Unternehmen etwa Handwerks-, Putz-, Bewachungs- oder Trainingsleistungen anbieten wollen. Niemand wirft sich Ihnen in den Weg, wenn Sie Ihr Zielunternehmen aufsuchen wollen –, kein Polizist, nicht der zuständige Gewerkschaftssekretär, auch kein Vertreter der europäischen Monopolkommission. Allenfalls der Pförtner oder ein Empfangsmitarbeiter wird Sie, nachdem Sie das Firmengelände unaufgefordert betreten haben, fragen, ob Sie einen Termin haben.

Ein Vermittlungsmonopol der Arbeitsämter, wie es das von 1927 bis 1993 in Deutschland gab, existiert schon lange nicht mehr. Im Jahr 1991 entschied der Europäische Gerichtshof, dieses Monopol sei nicht mit dem EU-Recht vereinbar. Seit dem Jahr 1994 ist private Arbeitsvermittlung deshalb in Deutschland wieder erlaubt.

Sie können Ihre berufliche Karriere also aktiv und gezielt in Eigenregie gestalten – ist das nicht herrlich? Allerdings hat niemand behauptet, dass dies ein Kinderspiel sei. Vor den Erfolg haben die Götter den Schweiß gesetzt!

4 Was der Headhunter für Sie tun kann und was nicht

Im Kopf vieler Stellensuchender ist der Headhunter die zentrale Figur bei den Überlegungen für einen neuen Job. Lassen Sie uns gleich mit der Tür ins Haus fallen: Der Headhunter kann nicht viel für Sie tun. Wenn Sie Ihre Hoffnungen darauf setzen, dass Sie dank Ihrer guten Kontakte zu verschiedenen Personalberatungsgesellschaften schon bald einen neuen Job angeboten bekommen werden, und deswegen andere Suchaktivitäten vernachlässigen, lassen Sie unnütz viel Zeit verstreichen, um die es Ihnen noch sehr leidtun könnte.

Viele, wenn nicht die meisten Stellensuchenden, halten die Headhunter und Personalberater (wir verwenden beide Bezeichnungen synonym) für die zentralen Figuren, wenn es darum geht, Karriere zu machen und beruflich weiterzukommen. Die »haben« die Jobs und verhelfen den Stellensuchenden zum passenden Job, so die Vorstellung. So weit, so falsch.

Die Zahl der Top-Projekte, die mittels Headhunter durchgeführt werden, wird in aller Regel stark überschätzt. Viele unserer Kunden tippen auf einen Anteil von 60–70 %, andere glauben, er läge bei 20–30 %. Letzteres dürfte der Realität schon sehr viel näher kommen. Allgemein verbindliche Zahlen können auch wir Ihnen nicht nennen. Aber wir können Ihnen sagen, in wie vielen Fällen unserer Projekte der Personalberater erster Ansprechpartner für unsere Kunden ist und auch bei der Auswahl ein entscheidendes Wörtchen mitzureden hat: Unsere Zahlen schwanken zwischen müden 10 und 15 %. Dies bedeutet für unsere Kunden, dass bei 85–90 % aller Besetzungen, zu denen wir mit unserer Dienstleistung den Anschub geliefert haben, weit und breit kein Headhunter in Sicht, geschweige denn involviert war.

Der einzige Schluss, den man unseres Erachtens aus diesen Zahlen ziehen kann, lautet: Lassen Sie die Headhunter erst einmal Headhunter sein. Konzentrieren Sie Ihre Aktivitäten bei der Suche nach einem Job nicht darauf, sich die Headhunter gewogen zu machen. Und vergessen Sie vor allem nicht: Sie können mit der Initiativbewerbung dem Headhunter direkt Konkurrenz machen. Schnappen Sie sich den Job, bevor der Headhunter mit der Suche beauftragt wird. Dann kann Ihnen der Marktanteil der Headhunter völlig egal sein.

Der Markt, in dem sich die Headhunter tummeln, ist auch Ihr Markt. Es ist derselbe Markt, und der ist auch für Sie frei zugänglich. Eine Firma, die einen Top-Kandidaten auf direktem Weg bekommt, eine Firma, der »die gebratene Taube sozusagen direkt ins Maul geflogen ist«, beauftragt keinen Headhunter mehr!

Wenn Sie Ihre Kernaktivitäten zur Suche nach einem neuen Job – also eine umfangreiche Initiativbewerbungskampagne – auf den Weg gebracht haben und Ihnen die Zeit lang wird, weil die Reaktionen auf Ihre Initiativen eine gewisse Zeit benötigen wird, dann ist der Moment gekommen, zu überlegen, ob man mit Beraterhilfe nicht doch noch die eine oder zusätzliche Einladung generieren könnte. Denn es kann niemals schaden, »aus allen Rohren zu schießen«, wenn man seinen Job verloren hat und unter Zugzwang geraten ist. Vor allem kostet es nur wenig Zeitaufwand, die Berater zu aktivieren, weil man sie typischerweise per E-Mail anschreibt.

Wie Headhunter arbeiten

Vom Headhunter wird erwartet, dass er dem Unternehmen, das ihn beauftragt hat und bezahlt, ein paar Wochen nach der Auftragserteilung mindestens drei, besser noch fünf gut passende Kandidaten vorstellt. Welche Kriterien die Kandidaten erfüllen sollten, steht üblicherweise im Anforderungsprofil, das der Berater zusammen mit dem Auftraggeber erarbeitet hat. Darin sind oft 15 bis 20 Mindestanforderungen, sowie weitere Wunschanforderungen definiert. Im Allgemeinen kommen dabei rund 30 Kriterien zusammen, die die gesuchten Kandidaten erfüllen sollten.

Ganz nebenbei: Ruft Sie ein Headhunter an und möchte mit Ihnen über eine Position reden, für die es kein Anforderungsprofil gibt, dann ist die Position entweder noch nicht spruchreif, oder der Berater ist gar nicht beauftragt, die Position zu besetzen. Egal, was von beidem zutrifft – in solchen Fällen ist es ratsam, überhaupt nicht mit dem Berater zu reden.

Zurück zum Ausgangspunkt: Sind alle Anforderungen an den idealen Kandidaten abschließend diskutiert und schriftlich festgehalten, beginnt der Headhunter mit seiner Suche. Nach einigen Wochen Sucharbeit stellt er seine Kandidaten zunächst einmal schriftlich und unmittelbar danach persönlich vor. Stellt sich dabei heraus, dass ein paar der definierten Anforderungen von seinen Kandidaten nicht erfüllt werden – zum Beispiel sind nicht alle Anfang bis Ende 40, wie im Anforderungsprofil gefordert, sondern deutlich über 50, und sind auch nur bei drei von vier Kandidaten die definierten Branchenvoraussetzungen erfüllt oder hat einer der Kandidaten bereits einen Aufhebungsvertrag abgeschlossen, dann ist die Reaktion des Auftraggebers vorhersehbar: Er ist unzufrieden mit seinem Headhunter! Kompromiss-Kandidaten hätte er selbst genug an der Hand gehabt; mit der Beauftragung des Beraters will er aber gerade die besten derzeit am Markt verfügbaren Kandidaten!

Spätestens jetzt sollte Ihnen klar werden, dass Sie den von Ihnen sehr geschätzten und oft beauftragten Personalberater in arge Verlegenheit bringen, wenn Sie ihn bitten, Sie bei seinen Projekten zu berücksichtigen, obwohl Sie mit großer Wahrscheinlichkeit nur selten alle geforderten Voraussetzungen erfüllen werden.

Auch ein weiterer Gesichtspunkt ist noch wichtig: Wie wahrscheinlich ist es überhaupt, dass Ihr Berater jetzt, in den nächsten 6, 12, 18, 24 Monaten einen Job zu besetzen hat, der perfekt zu Ihrem bisherigen Werdegang passt? Nehmen wir an, Ihr Lieblingsheadhunter arbeite derzeit aktiv an folgenden Projekten:

1. Gruppenleiter Controlling und stellv. Leiter Finanz- und Rechnungswesen Maschinenbau
2. Regionaler Verkaufsleiter für einen Schraubenhersteller
3. Betriebsleiter Fertigungsstandort Deutschland für einen namhaften deutschen Textilhersteller
4. IT-Chef mittelständisches Handelskonglomerat
5. Stellv. des Managing Directors China – Sitz im Norden von Bejing – Lager- und Regaltechnik
6. Supply Chain Manager – Großhandelsorganisation Landhandel
7. Vertriebsleiter EURAFME – französischer Bauzulieferer
8. Altersnachfolge – Mineralbrunnen – Vulkaneifel
9. Allein-GF eines Importeurs von Pyrotechnik

Nichts Passendes für Sie dabei? Haben Sie etwas anderes erwartet?

Stellen wir uns trotzdem vor, Sie hätten unheimliches Glück, eines der aktuellen Projekte gefiele Ihnen richtig gut und Sie hätten dafür auch ganz brauchbare Voraussetzungen, sodass Sie die Chance bekommen, mehr über die anstehenden Aufgaben zu erfahren.

Sind Sie sicher, dass …

1. … Sie sich in den ersten drei Jahren Ihrer neuen Tätigkeit vor allem mit den Ungereimtheiten in der Buchhaltung Ihres neuen Arbeitgebers herumschlagen wollen?
2. … Sie den Konkurs, an dem das Unternehmen schon zweimal vorbeigeschrammt ist, durch Ihren Einsatz vermeiden können?
3. … Textilien noch lange zu vertretbaren Kosten in Deutschland produziert werden können?
4. … es tatsächlich um digitale Transformation geht, und nicht etwa darum, die festgefahrene Umstellung eines überdimensionierten ERP-Systems in drei statt in fünf Jahren zu bewältigen?
5. … die Gesundheit Ihrer Familie stabil genug für die Umweltverhältnisse nördlich von Bejing sind?
6. … Sie, wenn Sie nach fünf oder sechs Jahren wieder was anderes machen wollen, noch ein Top-Job außerhalb der Branche finden werden?
7. … Sie sich mit einer Firmenkultur anfreunden werden, die so zentralistisch ist wie das Straßennetz von Paris?

8. ... der 70-jährige Inhaber nicht in ein paar Monaten zu der Erkenntnis kommt, es sei besser, doch selbst wieder das Ruder zu übernehmen?
9. ... nach einer weiteren Verschärfung der Feinstaubrichtlinien noch genügend Bedarf für Ihre Produkte bestehen wird?

Bei näherem Hinsehen werden Sie leider feststellen müssen, dass es in vielen Fällen auch einen Hauptgrund gab, den Headhunter einzuschalten: Viele Jobs sind nicht so attraktiv, dass sich leicht Bewerber finden ließen.

Noch viel enttäuschender für Sie wird sein, erfahren zu müssen, dass viele Headhunter bei Weitem nicht so viele Projekte abwickeln, wie unser Beispiel unterstellt. Wenn man die Zahlen der BDU-Studie »Personalberatung in Deutschland 2019« unter die Lupe nimmt, und die dort aufgeführte Projektzahl durch die Anzahl an Personalberater dividiert, stellt man fest, dass die durchschnittliche Zahl der Aufträge pro Jahr bei den ganz kleinen bis mittleren Beratungsgesellschaften (mit weniger als 500.000 € Jahresumsatz) zwischen 5 bis 10 Aufträgen liegt. Mit anderen Worten: Die Chance, dass bei diesen Beratungsgesellschaften gerade jetzt genau das richtige Projekt für Sie dabei sein könnte, ist nicht nur gering, sie ist nahe null. Bei den mittelgroßen werden im Schnitt 10 Projekte pro Jahr abgewickelt und nur bei den wirklich großen Beratungsgesellschaften (über 5 Mio. € Jahresumsatz) liegt der Schnitt bei 15.

Es müssten schon sehr viele Zufälle zusammenkommen, damit der Headhunter genau jetzt – also im aktuellen Zeitfenster – genau den Job zu besetzten hat, der für Sie ideal wäre. Auch sind Sie nicht automatisch der Top-Kandidat des Beraters, nur weil Sie ihm früher Aufträge erteilt haben. Im Idealfall sind Sie einer von fünf Kandidaten. Vielleicht sind Sie auch Nummer sechs bis zehn. Egal, an welcher Stelle in der Rangfolge Ihr Berater Sie sieht – er wird sich alle Mühe geben, Sie darüber im Unklaren zu lassen.

Egal, was Sie von Ihrem Headhunter erwarten – wenn Sie Ihre Erwartungen konsequent zu Ende denken, müsste Ihnen klar werden, wie abwegig es ist, auf die Hilfe des Headhunters zu bauen.

Nachdem dies nun klargestellt ist, wundern Sie sich bitte nicht: **Wir raten Ihnen trotzdem, auch die Headhunter in Ihre Suchstrategie einzubeziehen**. Dabei sollte es dann aber nicht bei den drei oder vier Beratern bleiben, die Ihnen persönlich bekannt sind, Sie sollten sich um **alle** kümmern, die eine gewisse Größe haben. Die Überlegung dahinter ist, dass sich eine Erfolgswahrscheinlichkeit von vielleicht 0,5 % pro Berater bei 30 Beratern auf immerhin 15 % multipliziert.

Wir haben in der nachfolgenden Tabelle alle Executive-Search-Firmen zusammengestellt, die mindestens fünf Berater/Partner haben oder mindesten 5 Mio. Honorarumsatz machen oder mindestens 75 Projekte pro Jahr abwickeln (z. T. geschätzt). Die

Tabelle erhebt keinen Anspruch auf Vollständigkeit und trifft auch keine Aussage über die Qualität dieser Gesellschaften.

Die meisten dieser Firmen sind international aufgestellt, und seit vielen Jahren in Deutschland und bei den großen deutschen Konzernen und in der Mittelständischen Industrie etabliert. Die meisten dieser Gesellschaften – dies sei vor allem den jüngeren Lesern gesagt – befassen sich nur mit Positionen über 150.000 € Jahreseinkommen. Liegen Sie heute finanziell noch deutlich darunter, ist es wenig sinnvoll, diese Firmen zu kontaktieren.

Es gibt ein paar Einzelpersönlichkeiten, die prototypisch für die Branche der Headhunter stehen; ob es sich dabei um Namen wie Rickert, Osthues, van Emmerich oder Nedelcu handelt – diese Herrschaften sind, obwohl mittlerweile nicht mehr ganz jung, immer noch tätig, aber sie kümmern sich um eine überschaubare Zahl von hoch dotierten Top-Jobs. Diese Berater machen mit zwei oder drei Projekten auf Vorstandslevel so viel Honorarumsatz, wie ein mittleres Beratungsunternehmen im ganzen Jahr; deshalb haben wir darauf verzichtet, sie in unsere Liste aufzunehmen.

Große Personalberatungsgesellschaften in alphabetischer Reihenfolge:

Amrop civitas	amropcivitas.com
Board Consultants	bci-partners.com
Boyden	boyden.de
Deininger	deininger.de
Delta	delta-maco.de
Hager	hager-ub.de
Heads!	headsinternational.de
Heidrick & Struggles	heidrick.com
Hoffmann & Partner	hp-ec.de
Hofmann-Consultants	hofmann-consultants.com
InterSearch	intersearch-executive.de
Korn Ferry	kornferry.com
LAB	labcompany.net
Odgers Berndtson	odgersberndtson.com
Russel Reynolds	russellreynolds.com
Eric Salmon	ericsalmon.com
Spencer Stuart	spencerstuart.de
Stanton Chase	stantonchase.com
Transearch	transearch.com
Egon Zehnder	egonzehnder.com

Vermutlich werden Sie eine ganze Reihe von bekannten »großen« Namen der Personalberaterszene vermissen – beispielsweise Kienbaum, Dr. Maier, Baumann, Steinbach, Mercuri Urval oder Michael Page. Wir haben alle großen Beratungsgesellschaften weggelassen, die auf ihrer Webseite im Detail alle Positionen veröffentlichen, die von ihnen zu besetzen sind. Das sind ganz reguläre Stellenausschreibungen, die für jedermann zugänglich sind – mit dem verdeckten Stellenmarkt hat das also nichts zu tun. Würden Sie dort per Initiativbewerbung anklopfen, wird man Sie lapidar auf die offenen Ausschreibungen verweisen und Sie auffordern, sich konkret auf eine der ausgeschriebenen Stellen zu bewerben.

Auch Firmen, die im Schwerpunkt nur bestimmte Funktionsbereiche oder Branchen abdecken – wie beispielsweise Dwight Cribb (IT) oder Westwind (Immobilien) – werden Sie ebenfalls nicht in der obigen Liste finden. Es ist sinnvoller und einfacher, wenn Sie Spezialist sind, sich solche Gesellschaften gezielt durch Google zu suchen.

Der BDU (Bund Deutscher Unternehmensberater) hat auf seiner Webseite (https://www.bdu.de/services/wie-wir-unternehmen-unterstuetzen/personalberaterdatenbank/) eine Datenbank, die man mittels Freitext durchsuchen kann. Das ist jedoch etwas umständlich, weil dort die einzelnen Berater der Mitgliedsfirmen aufgelistet werden. Firmen, die nicht Mitglied des BDU sind – und das sind etliche – werden Sie dort natürlich auch nicht finden.

Die sicherlich größte Datenbank mit international ausgerichteten Executive-Search-Gesellschaften befindet sich auf der Webseite der AESC (Association of Executive Search and Leadership Consultants). Unter https://www.aesc.org/members können Sie komfortabel nach den Büros der weltweit größten Headhunting Companies in aller Welt suchen und dort auch gleich die richtigen Ansprechpartner identifizieren – falls Sie zum Beispiel demnächst in Singapur tätig werden wollen. In dieser Datenbank werden Sie übrigens auch die meisten Gesellschaften unserer Liste wiederfinden.

Sie müssen nicht jedes der regionalen Büros separat anschreiben (es sei denn, Sie interessieren sich für einen Einsatz in einem bestimmten Land oder einer bestimmten Region) und Sie müssen auch nicht versuchen herauszufinden, welcher der Partner oder Berater aufgrund seiner Branchenkenntnisse der für Sie optimale Ansprechpartner sein könnte. Es reicht völlig, Ihre Unterlagen an die info@.....-Webadresse zu schicken. Die Research-Mitarbeiter dieser Firmen sorgen dann in aller Regel dafür, dass Ihre Unterlagen in die richtigen Hände kommen.

Auch hinsichtlich des Anschreibens müssen Sie keine besonderen Klimmzüge machen; es reicht völlig, wenn Sie Ihr Standard-Anschreiben verwenden und im letzten Satz sagen: »Es würde mich freuen, wenn Sie derzeit ein Projekt haben, für das ich als Kandidat infrage kommen könnte« oder sinngemäß.

Trennen Sie sich von der Vorstellung, Sie bräuchten »Mittelsmänner«, um an Headhunter heranzukommen. Die brauchen Sie absolut nicht. Wenn Sie in das »Beuteschema« eines Beraters passen und er derzeit den für Sie passenden Job als Projekt am Laufen hat, dann interessiert er sich für Sie, gänzlich unabhängig von irgendwelchen »Zwischenhändlern«. Wenn Sie der Richtige sind, wird er sich um Sie bemühen. Sind Sie der Falsche oder der besagte Kompromisskandidat, wird er sich nicht für Sie interessieren – ganz einfach.

Wenn Sie es mit einem Berater zu tun bekommen, durch den Sie sich nicht optimal behandelt und betreut fühlen, raten wir Ihnen: »Augen zu und durch«. Entscheidend ist nicht, wie Sie den Berater finden, sondern dass der Job, den er besetzen soll, für Sie interessant ist.

5 Richtig netzwerken

Jeder Mensch hat ein gewisses Kontaktbedürfnis – der eine mehr, der andere weniger. Wenn uns unsere Kunden sagen, dass sie mehr für ihr Netzwerk hätten tun sollen (Konjunktiv!), wissen wir, dass sie eigentlich keine Lust haben und hatten, einen nicht unwesentlichen Teil ihrer Zeit auf Kontakte und Kontaktanbahnung zu verwenden.

Witzigerweise äußern sich Leute mit hervorragenden Verbindungen in dieser Situation ganz ähnlich. Fakt dürfte sein, dass kaum jemand in seinem Freundes- und Bekanntenkreis genügend Personen hat, die laufend über die Besetzungen von Positionen entscheiden, und selbst wenn, dann ist es unwahrscheinlich, dass diese Personen gerade in diesem Moment genau den Job zu besetzen hat, den man im Moment gerne hätte.

Das Netz ist in solchen Situationen immer zu klein, egal wie groß es ist, und man kennt immer die Falschen: Wenn Sie eine Geschäftsführungs- oder Vorstandsposition anstreben, ist es wenig hilfreich, viele andere Geschäftsführer oder Vorstände zu kennen. Sie bräuchten Kontakte zu Aufsichtsräten, Gesellschaftern, Inhabern etc. – wer hat die schon? Wenn Sie einen Job im Mittleren Management suchen, müsste Ihr Bekanntenkreis – Ihr Netzwerk – überwiegend aus Geschäftsführern bestehen. Ist das eine realistische Annahme?

Einen Job aktiv über Empfehlungen zu suchen, ist nur erfolgversprechend, wenn man nicht unter Zeitdruck steht. Ansonsten gilt: Sein Netzwerk nutzt man deshalb nicht zum Suchen, sondern zum Gefundenwerden. Man arbeitet nicht an der Erweiterung seines Netzwerkes, das würde viel zu lange dauern, man arbeitet an seiner »Findbarkeit« – man verbessert seine Identifizierbarkeit oder stellt sie überhaupt erst einmal her.

Das beginnt damit, die eigenen Daten in den einschlägigen Netzwerken (LinkedIn, Xing etc.) zu überprüfen und das Profil zu schärfen. Sie sollten sich fragen: »Mit welchen Stichworten würde ich suchen, wenn ich jemanden für den Job suchen müsste, den ich selbst jetzt haben möchte?«. Sind Sie den einschlägigen Netzwerken gar nicht vertreten, dann sollte dies jetzt nachgeholt werden.

Neben dem »elektronischen« Netzwerk, das die meisten Menschen heute haben und pflegen, hat jeder Mensch ein nicht-elektronisches Netzwerk, auch wenn es nicht besonders groß sein mag. Meist ist es jedoch weitaus größer als gedacht. Wer seine letzten zehn oder fünfzehn Ausbildungs-, Schul-, Hochschul- oder Berufsjahre vor seinem geistigen Auge ablaufen lässt und die Namen aller Personen, denen er dabei begegnet ist, auf einem Blatt vermerkt, wird staunen, wie schnell sich das Blatt füllt. Die meisten der Menschen auf dem Blatt wird man längst aus den Augen verloren haben, aber nie war es leichter als heute, mittels Internet alte Kontakte und Bekanntschaften zu reanimieren.

Keine dieser Personen wird Ihnen direkt einen neuen Job besorgen können, und Sie sollten sich davor hüten, konkret und direkt danach zu fragen. Aber Sie können mit allen darüber sprechen, dass Sie suchen, und was Sie suchen; die richtigen Tipps kommen dann von ganz allein, denn viele Menschen erfahren von Vakanzen: Die Kollegen im Job wissen in aller Regel ganz genau, wer wann in Pension gehen wird und wer auf der Abschussliste steht.

Weil jedes Jahr rund 25% aller Positionen neu besetzt werden, kann man davon ausgehen, dass eigentlich jeder Berufstätige im Durchschnitt von mindestens einer Vakanz weiß. Jeder, wirklich jeder, mit dem man in Kontakt kommt, kann als potenzieller Tippgeber infrage kommen.

Besonders vielversprechende Tippgeber sind sogenannte Multiplikatoren. Den wenigsten Menschen kann man die Größe ihres Bekanntenkreises an der Nasenspitze ablesen, aber möglicherweise an ihrem Beruf. Es gibt eine Reihe von Menschen, die sind »von Berufs wegen« Netzwerker und damit Multiplikatoren:

- Journalisten, Presse- und Medienvertreter aller Art;
- Menschen, deren Aufgabe es ist, Verbindungen zu knüpfen und zu pflegen, wie z. B. Verbandsvorsitzende, Verbandsgeschäftsführer, PR-Leute;
- Menschen, die gerne im Rampenlicht stehen, wie z. B. Redner, Referenten oder prominente Persönlichkeiten des öffentlichen Lebens;
- Menschen, die laufend mit Kunden oder Lieferanten in Verbindung stehen, wie z. B. Verkäufer und Einkäufer;
- Menschen, die häufig mit der Einstellung oder Freisetzung von Personen zu tun haben, das sind neben den Managern und Personalchefs auch Betriebsratsmitglieder und Gewerkschaftsfunktionäre
- und noch viele andere wie Pfarrer, Bürgermeister, Kommunalpolitiker oder Bankfilialleiter.

Multiplikatoren verbringen den größten Teil ihrer Zeit mit anderen Menschen und nicht vorrangig mit der Bewältigung von Sach- oder Fachproblemen. Multiplikatoren sind also in der Regel Generalisten, nicht Spezialisten. Das bedeutet, dass man mit ihnen über den bisherigen oder den zukünftigen Job nicht in einem für sie unverständlichen »Fachchinesisch« sprechen sollte. Sie sind zwar sehr interessiert und aufgeschlossen, haben aber eine andere Berufserfahrung als Sie. Trotzdem sind sie selbstverständlich in der Lage, Sie zu verstehen – vorausgesetzt, Sie drücken sich anschaulich aus und verwenden eine Sprache, die zu ihrer Vorstellungswelt passt. Die Multiplikatoren, die wir oben aufgezählt haben, sind zum großen Teil hochgebildete, erfahrene und weltgewandte Leute, aber die Vorstellung, dass sie deshalb Ihre Fachsprache sprechen und Sie sofort richtig verstehen müssten, ist falsch. Mit den Multiplikatoren verhält es sich wie mit den meisten übrigen Mitgliedern Ihres Netzwerkes: Sie müssen mit ihnen reden, als hätten Sie von Ihrem Fachgebiet keinerlei Ahnung – anschaulich, bildhaft, prägnant und kurz.

Bevor man nicht in zwei oder drei Sätzen verständlich und anschaulich vermitteln kann, was man bisher getan hat oder was man zukünftig tun möchte, sollte man tunlichst mit niemandem reden, um sich nichts zu »vermasseln«.

Nicht wenige Outplacement-Gesellschaften erwecken gerne den – trügenden – Anschein, sie hätten aufgrund ihres guten Netzwerkes den nötigen Einfluss oder sogar so etwas wie ein Mitspracherecht, um für die Kunden – also die Job suchenden Manager – bei Unternehmen oder Headhuntern eine bevorzugte Behandlung zu erreichen. Gerade so ist es nicht!

Der Outplacement-Berater ist nicht die viel gefragte neutrale Instanz, ohne dessen Rat und Zutun in den Top-Etagen der Unternehmen keine Entscheidung fiele. Der natürliche Gesprächspartner des Outplacement-Beraters ist die HR-Abteilung – HR entscheidet aber so gut wie nichts, schon gar nicht Top-Personalien.

Wenn Sie Ihren Bekanntheitsgrad systematisch und aktiv erhöhen möchten, sollten Sie überlegen, publizistisch tätig zu werden. Schreiben Sie (für Fachzeitschriften) Erfahrungsberichte; schildern Sie, mit welchen Schritten Sie Ihr Unternehmen vorangebracht haben; halten Sie Vorträge auf Fachveranstaltungen. Wenn Ihnen Schreiben jedoch nicht liegt, verzichten Sie besser darauf. Richtig schnell ist auch diese Maßnahme nicht, darüber muss man sich allerdings im Klaren sein.

6 Überlegungen zum Thema Karriere

6.1 Das Karrierefenster oder warum Sie unbedingt Karriere machen sollten

Karrierefenster, was soll das sein? Ist das jenes Fenster, aus dem man springt, wenn man sich nicht an die Compliance-Regeln seines Unternehmens gehalten hat und dabei erwischt wurde? Nein, wegen Ungereimtheiten, bei denen man ertappt wurde, springt heute niemand mehr aus dem Fenster, weder in der Wirtschaft noch in der Politik. Das Karrierefenster ist das Zeitfenster, innerhalb dessen typischerweise beruflich Karriere gemacht wird. Wäre dieses Fenster in Deutschland nicht so unheimlich klein, würden wir es hier gar nicht thematisieren.

Macht man eine »Lehre«, ist man Geselle in einem Alter, in dem Gymnasiasten üblicherweise ihr Abitur machen, also 18–20 Jahre. Meister kann man etwa mit 22 bis 24 werden – von da an kann man seinen eigenen »Laden« aufmachen, sprich einen Handwerksbetrieb eröffnen, übernehmen oder führen.

Bei einem FH-Abschluss öffnet sich das Karrierefenster etwa im Alter von 23 oder 24 Jahren. Handelt es sich um einen Uni-Abschluss, dann sind die Absolventen in der Regel zwischen 24 und 26. Kommt eine Promotion obendrauf, sind wir bei 26 bis 29 Jahren – in einigen Studienfächern, wie etwa der Chemie, tritt so gut wie kein Absolvent sein Arbeitsleben ohne Promotion an; ist der Chemie-Absolvent zu diesem Zeitpunkt 30 Jahre oder jünger, ist er eine Ausnahmeerscheinung. Ein Alter von 32 oder sogar 33 wäre absolut nichts Ungewöhnliches.

Wird vor der akademischen Ausbildung erst noch eine »Lehre« oder das Abitur über den 2. Bildungsweg gemacht, können auf die oben genannten Schätzzahlen noch einmal ein oder zwei Jahre obendrauf gerechnet werden. Muss sich der Student sein Studium durch Nebentätigkeiten selbst finanzieren, dann ist er in den Phasen, in denen er Geld verdient, zwar immer noch Student, aber kein »Studierender«, sondern eher ein »Arbeitender«, manchmal sogar tatsächlich »Arbeiter«. Auch dieses Arbeiten neben dem Studium führt in der Regel zu einer Erhöhung des beruflichen Eintrittsalters.

Wehr- oder Ersatzdienst sowie mit der Familiengründung verbundene Auszeiten lassen wir hier der Einfachheit halber beiseite, aber natürlich haben auch diese Einfluss auf das Eintrittsalter in Richtung Verzögerung oder bringen Unterbrechungen mit sich.

Praktika und Auslandsaufenthalte sind – so in den einschlägigen Artikeln zu den Themen Bewerbung und Berufseinstieg nachzulesen – angeblich ein absolutes Muss.

Natürlich können Praktika und Auslandsaufenthalte sehr lehr- und hilfreich für die weitere Berufswahl und für die persönliche Entwicklung sein.

Viele Praktika sind jedoch reine Zeitverschwendung – gemeint sind »Vorzeigepraktika«, mit denen die Berufseinsteiger vermeintlich erforderlichen Karrierevoraussetzungen erfüllen wollen. Da diese Praktika keinen direkten Bezug zur späteren beruflichen Tätigkeit haben, gelten sie meist nur als »Lehr- und Wanderjahre« – »Jahre der Desorientierung«, die Jugendlichen gerne zugestanden werden, solange sie zwei oder drei Jahre nicht überschreiten. Aber sie verkleinern natürlich das Karrierefenster.

Viele Praktika kommen mithilfe des gut geknüpften elterlichen Netzwerkes zustande. Diese gehören dann häufig in die Kategorie »Vorzeigepraktikum«. Sind die Eltern Unternehmer, nehmen sie in der Regel starken Einfluss auf die Praktikumswahl ihrer Kinder, weil sie als Langfristziel die Übernahme des Geschäftes durch ihre Kinder im Auge haben. Das ist dann allerdings eine andere Spielwiese als die, von der wir hier reden.

Es gibt Praktika, die sehen – wenn sie dann später ihren Eingang in die Bewerbungsunterlagen gefunden haben – ziemlich sinnlos oder überflüssig aus, ohne es tatsächlich gewesen zu sein. Das sind diejenigen Praktika, bei denen der Praktikant erkennt, dass er die Tätigkeiten, die er im Praktikum kennenlernt, später keinesfalls ausüben möchte, oder dass die Branche (und die Menschen darin) oder das Berufsfeld anders sind, als er sich das vorgestellt hat.

Solche Praktika lassen die Person nicht besonders zielstrebig erscheinen, sind jedoch überaus sinnvoll, weil sie davor schützen, eine falsche berufliche Entscheidung zu treffen, die später nur schwer zu korrigieren ist. Genau das ist ja auch der eigentliche Sinn von Praktika: Man verwendet wenige Wochen darauf, in ein Berufsfeld »hineinzuschnuppern«, um sich möglicherweise einen Umweg, der viele Jahre kosten könnte, zu ersparen.

Praktika, die mit dem Abfassen einer Diplomarbeit gekoppelt sind – vor allem in den Ingenieurwissenschaften ist das glücklicherweise recht häufig anzutreffen –, sind nicht nur überaus fruchtbar, sondern auch karrierefördernd. Ähnlich kann es sich bei Dissertationen verhalten, wenn es um praxisorientierte Themen geht. In diesen beiden Fällen öffnet sich das Karrierefenster mitunter sogar schon, bevor die Ausbildung abgeschlossen ist. Ähnliches gilt, wenn ein Doktorand den Lehrstuhlinhaber nicht nur bei seinen Vorlesungen vertritt und Übungen abhält, sondern auch in die Auftragsforschung eingebunden bzw. an einem Institut tätig ist, das mit einer gewissen Regelmäßigkeit Beratungsaufträge durchführt und bezahlte Forschungsaufträge einwirbt. Hier kann man sich seine Assistentenzeit – jedenfalls gedanklich – bereits als ersten Berufsschritt anrechnen, und würde sie auch in einem späteren CV als erste Station des beruflichen Werdeganges deklarieren.

»Karrierefenster hin, Karrierefenster her – was spielen denn diese paar Jahre früherer oder späterer Berufseintritt überhaupt für eine Rolle?«, werden Sie jetzt vielleicht sagen. »Wenn ich erst ein paar Jahre später beruflich abhebe, dann aber in einem steileren Winkel aufsteige, werde ich das leicht und locker überkompensieren.« Wenn Sie sich da mal nicht täuschen! Um Versäumtes auszuholen und seine Wettbewerber zu überholen oder auch nur gleichzuziehen, braucht es schon überaus günstige Verhältnisse und viel Rückenwind. Krisen, wie etwa eine Pandemie, dürfen Ihnen dann nicht in die Quere kommen, und wenn Sie realistischerweise davon ausgehen, dass im Wirtschaftsleben Krisen eher der Normalfall als die Ausnahme sind, dann sollte Ihnen klar sein, wie gewagt diese Annahme ist.

Vergleicht man Lebensläufe von Top-Managern mit denen von nicht ganz so erfolgreichen Managern, dann fällt auf, dass sich darin keine »nutzlosen« Berufsphasen befinden. »Nutzlos« im Sinne von »hatte eher den Charakter einer Wartezeit«, »war ein Experiment, von dem absehbar war, dass es negativ ausgehen würde«, »hat die Person weder fachlich noch persönlich weitergebracht«.

Auch die Karrieren von Top-Leuten sind nicht frei von Sprüngen, Disruptionen und Ungereimtheiten – das sind keineswegs Perlenketten, in denen sich eine schöne, perfekte Perle an die andere reiht, ganz im Gegenteil. Die meisten Top-Leute haben Stationen in ihrem Werdegang, die sich andere Menschen lieber erspart hätten, weil darin potenzielles Scheitern lauerte – also Phasen der Bewährung, in denen man zeigen musste, aus welchem Holz man geschnitzt ist.

Wenn sich Ihr Karrierefenster mit ca. 28 oder 30 Jahren öffnet und sich bereits im Alter von 48 oder 50 wieder schließt – jawohl, Sie haben richtig gelesen: Wenn es bis 50 nichts mit Ihrer Karriere geworden ist, dann können Sie sich meistens »abschminken«, dass in den Jahren danach noch etwas Entscheidendes passiert – dann reden wir also von gut zwanzig Jahren, in denen sich entscheidet, ob Sie Hammer oder Amboss sind bzw. ob andere nach Ihrer Pfeife tanzen oder ob Sie derjenige sind, der zu tanzen hat, ob Sie blühen und gedeihen oder ob Sie eher vor sich hin vegetieren. (Womit keinesfalls gesagt sein soll, dass ein erfülltes Leben nur im Beruf möglich ist!).

Zwanzig Jahre bei einer heute in Deutschland üblichen Lebenserwartung von knapp achtzig Jahren bei Männern und zusätzlichen vier oder fünf Jahren bei Frauen, das ist, so meinen wir, ausgesprochen kurz. Dass sich das Karrierefenster (in Deutschland) mit 50 bereits wieder schließt, ist brutal, aber es ist so, es sei denn, Sie haben sich für eine Position auf Top-Level qualifiziert – also für eine Rolle als Geschäftsführer oder Vorstand; in dieser Funktion dürfen Sie bei Antritt durchaus älter sein.

Wenn Sie als Abteilungs- oder Hauptabteilungsleiter Ihren Job mit 50, 53 oder gar 55 verlieren und sich noch einmal bewerben müssen, dann lernen Sie leider kennen, was **»Al-**

tersdiskriminierung« ist. Warum werden Manager im Alter diskriminiert? Weil es genug Manager und Managerinnen gibt, die fünf oder sieben Jahre jünger sind, nicht wesentlich weniger können, aber weniger verdienen und noch nicht im Ansatz so verknöchert sind wie ein Anfangsfünfziger (doch, doch – das gibt es leider erschreckend häufig, dass jemand bereits mit Anfang 50 alt, unflexibel, verbraucht oder »ausgebrannt« ist.)

Am besten lässt sich die Altersbegrenzung des Karrierefensters durch Selbstständigkeit bzw. durch eine unternehmerische Tätigkeit flexibler gestalten. Wenn Sie selbst darüber entscheiden, was Sie arbeiten und bis zu welchem Alter Sie arbeiten, dürfen Sie so lange arbeiten, wie Sie wollen. (Nur dürfen Sie nicht den Anspruch erheben, für Ihre Arbeit fürstlich bezahlt zu werden.)

Was passiert denn nun innerhalb dieses sogenannten Karrierefensters? Alle drei, vier oder fünf Jahre – im Schnitt alle vier Jahre – ändert sich etwas: Sie werden befördert (innerhalb Ihres bisherigen Unternehmens) oder Sie führen selbst eine Änderung herbei, indem Sie sich bei einer anderen Firma auf einen anspruchsvolleren, angenehmeren oder einfach nur anderen Job bewerben. Dann haben Sie fünf, vielleicht sechs Schritte, um das zu machen, was man Karriere nennt.

Das ist ganz bewusst sehr schematisch betrachtet, weil so besser sichtbar wird, dass sich das Berufsleben des »klassischen Angestellten« typischerweise aus vier, fünf oder sechs »Zeitscheiben« zusammensetzt. Was passiert, wenn Sie sich berufliche »Ausrutscher« erlauben, oder wenn Sie sich in eine berufliche Sackgasse hineinmanövriert haben, aus der man nur herauskommt, indem man den Rückwärtsgang einlegt – sprich einen Schritt zurück machen muss? **Sie haben weniger »Zeitscheiben« zur Verfügung als andere, weniger Optionen, etwas aus sich und Ihrem Beruf zu machen.**

Für Sie als Leser klingt es möglicherweise so, als seien wir der Überzeugung, wer als Angestellter tätig ist, müsse oder solle unbedingt »Karriere machen«. Das wäre jedoch ein Missverständnis. Es gibt ja schließlich auch viele Berufszweige, in denen es so etwas wie eine »Karriere« gar nicht gibt. Denken Sie an Ihren Arzt, Zahnarzt oder Rechtsanwalt. Wenn diese »niedergelassen« sind bzw. ihre eigene Kanzlei haben, machen sie üblicherweise keine Karriere in dem Sinne, wie es Angestellte in einem Wirtschaftsunternehmen tun, und blicken – hoffentlich – trotzdem am Ende ihres Berufslebens mit Befriedigung und Stolz darauf zurück.

Dieser Stolz auf die eigene Leistung und diese Befriedigung sollten unseres Erachtens auch das Ziel des »Angestellten« sein – egal ob Manager oder Spezialist.

»Karriere« ist nichts, was man brachial angehen könnte. Karriere ist in unseren Augen »Wachstum«. Und dieses Wachstum verläuft nur selten wie geplant, am besten aber auf dem schmalen Pfad zwischen Überforderung und Unterforderung.

Wer sich permanent überfordert, zahlt unter Umständen einen hohen Preis – in Form von gesundheitlichen und familiären Problemen bis hin zur Berufsunfähigkeit. Wer sich unterfordert bzw. permanent unterfordert wird, empfindet möglicherweise eine große Leere durch die damit verbundene Langeweile und bedauert vermutlich irgendwann, dass andere Menschen »an ihm vorbeigezogen« sind und ihn buchstäblich hinter sich gelassen haben. Das Gefühl, nichts aus sich gemacht zu haben, ist kein schönes. Auf dem Totenbett – so haben wir uns sagen lassen – bereuen die meisten Menschen nicht, was sie getan, sondern was sie unterlassen haben.

Auch wenn der Berufsweg vieler Menschen in den Jahren 1960 bis rund 2000 weitgehend linear und kontinuierlich verlaufen ist, müsste heute jedem klar sein, dass jederzeit mit disruptiven Veränderungen zu rechnen ist. Denken Sie an Erscheinung wie die Künstliche Intelligenz, an Wirtschaftskrisen, Pandemien, Kriege oder andere Einflüsse, die für die Einzelperson nicht steuer- und beeinflussbar sind.

Wenn bestimmte Entwicklungen weder vorhersehbar noch steuerbar sind, wenn man also dem Schicksal bis zu einem gewissen Grad ausgeliefert ist, dann sollte man – das ist unser Credo – zumindest jene Phasen seines Berufslebens, auf die man aktiv Einfluss nehmen kann, auch tatsächlich aktiv gestalten. »Karriere machen« heißt für uns, seinen eigenen Berufsweg aktiv und mit einem klaren inneren Kompass zu beschreiten. »Karriere machen« heißt für uns, sich nicht treiben zu lassen, und es bedeutet, anderen Menschen nicht die Entscheidungen über die eigene berufliche Entwicklung zu überlassen.

Man kann seinen Beruf übrigens durchaus als reinen Broterwerb konzipieren, um Sinn und innere Befriedigung an anderer Stelle, z. B. durch Freizeit, Hobby, Familie, Freunde oder Ehrenamt, zu erlangen. Warum denn nicht, wenn Sie sich zutrauen, das beruflich durchzuhalten!

Altersunterschiede

Unterschätzen Sie bitte nicht, wie »hart« es werden kann, einen deutlich jüngeren (und wenig kompetenten) Vorgesetzten zu haben. »Ich lass mir doch von einem solchen Schnösel nicht sagen, was ich zu tun und zu lassen haben« – das sind die klassischen Aussagen, die in diesem Zusammenhang immer wieder fallen. Ein 26-Jähriger wirkt auf einen 30-Jährigen, wie ein 34-Jähriger auf einen 40-Jährigen bzw. wie ein 42-Jähriger auf einen 50-Jährigen. Der Begriff »Schnösel« wird also durchaus auf alle Drei – den 26-, den 34- und den 42-Jährigen – angewendet.

Langeweile

Unterschätzen Sie auch die Langeweile nicht, wir haben bereits mehrfach davon gesprochen.

Am Anfang jeder beruflichen Tätigkeit gibt es eine Reihe von erstrebenswerten Funktionen und Aufgaben, für die man aber noch nicht die richtigen Voraussetzungen oder die nötige Erfahrung hat, um sie alleinverantwortlich wahrnehmen zu können. Das sind die »Will ich, aber kann ich nicht«-Aufgaben, die einen hohen Reiz ausüben. In einer solchen beruflichen Anfangssituation ist es gut, einen »Gönner« oder Förderer zu haben, der Sie fachlich anleitet und das Vertrauen in Sie setzt, dass Sie früher oder später schon mit der Aufgabe klarkommen werden.

Ist es soweit, dass man eine oder mehrere dieser Aufgaben ausreichend gut beherrscht, kommt man in eine Art »Flow«, man bekommt Anerkennung, die Arbeit macht Spaß, man fühlt sich gut. Eine solche »Flow«-Phase kann ein oder zwei Jahre dauern, bei manchen Menschen auch durchaus drei, vier oder fünf Jahre. Das ist die Phase »Will ich und kann ich«.

Egal ob früher oder später, irgendwann verliert mit großer Wahrscheinlichkeit jede Aufgabe ihre Anziehungskraft und Faszination – es kommt Routine auf und mit der Routine geht Langeweile einher.

Dauert die Langeweile eine gewisse Zeit an, setzt die Phase »Kann ich, will ich nicht mehr« ein – man entwickelt einen Widerwillen gegen eine Aufgabe, die man ursprünglich als herausfordern empfand.

Wird der Widerwille groß und größer und gelingt es nicht, die Aufgabe loszuwerden, kommt es zu Fehlern, die bei Außenstehenden den Eindruck entstehen lassen, dass man die Aufgabe nicht gut beherrsche. Das kann man als Phase »Will ich nicht, kann ich nicht« bezeichnen.

Befinden sich zu viele Ihrer Aufgaben in diesem »Endstadium«, müssen Sie etwas unternehmen. Das hat mit Karriere nichts zu tun – das ist reiner Selbstschutz!

6.2 Die klassischen »Ausrutscher«

Jeder Mensch trifft in seinem Berufsleben Entscheidungen, ohne vorher zu wissen, wie sie ausgehen werden. Manche Entscheidungen erweisen sich im Nachhinein als vorteilhaft, andere als nachteilig. Es gibt jedoch einige Entscheidungen, die **regelmäßig** »schiefgehen«, d. h. die Wahrscheinlichkeit, dass sie Nachteile nach sich ziehen, ist größer als die Wahrscheinlichkeit, dass es erfolgreich abläuft. Da wir als Berater recht häufig mit Personen zu tun haben, die wenig »Glück« mit ihren beruflichen Entscheidungen hatten, und wir durch die große Zahl von Fällen dabei gewisse Regelmäßigkeiten erkennen, möchten wir Sie vor einigen solcher Entscheidungen warnen.

Vielleicht erkennen Sie während des ersten Jobs, dass Sie besser ein anderes Studium gewählt hätten. Oder, dass Sie in einer Branche gelandet sind, die Ihnen letztlich doch nicht so zusagt, wie ursprünglich angenommen. Oder, dass die Funktion, die Sie ursprünglich angepeilt haben, gar nicht attraktiv für Sie ist. Solche beruflichen Fehlentscheidungen haben häufig folgende Ursachen:

- **Falsche Vorbilder,**
- **Schlechte Ratgeber,**
- **Fehleinschätzung der eigenen Person, Wünsche und Ziele,**
- **Schicksalsschläge.**

Falsche Vorbilder

»Bei uns in der Familie sind seit Generationen alle Schreiner/Schlosser/Lehrer/Juristen/Ärzte/in der Bauindustrie tätig/beim selben Arbeitgeber tätig usw.«. Gibt es eine solche Tradition in Ihrer Familie, sollten bei Ihnen alle Alarmglocken schrillen, denn Sie sind in höchstem Grade gefährdet, berufliche Fehlentscheidung zu treffen.

»Der Apfel fällt nicht weit vom Stamm« ist eine schöne, wenn auch falsche Metapher (und meint in der Regel wohl auch eher die negativen Persönlichkeitseigenschaften des »Stammes«, die dem »Apfel« mitgegeben wurden). Wir erleben häufiger, dass die Kinder, die in irgendeiner Form ihre Eltern beruflich »beerben« sollten, unter dieser Last eher scheitern oder verkümmern, als dass sie erfolgreich sind. Im Schatten eines großen Baumes ist es für kleine, zarte Pflänzchen überaus mühsam, zu wachsen und zu gedeihen.

Wenn Sie sich mit Motiven beschäftigen – dazu raten wir dringend (wir widmen ihnen auch ein eigenes Kapitel) – werden Sie feststellen können, dass sich die Prioritäten von Eltern und Kindern mitunter deutlich unterscheiden – für viele »Kinder« ist dies am leichtesten am Thema Ordnung ablesbar (»Bevor Du nicht Dein Kinderzimmer aufgeräumt hast, gibt es kein ...«) – und dass Kinder den Motiven ihrer Eltern und Großeltern notgedrungen oft mehr Wert beimessen, als der eigenen Entwicklung guttut.

Vielleicht sind die Motive Ihrer Verwandten so dominant, dass Sie Jahre brauchen, um dahinter Ihre eigenen Wünsche und Veranlagungen zu entdecken. Die Wahl der Schulform, die Wahl des Ausbildungsberufes, die Wahl des Studienfaches werden präjudiziert, und es ist mitunter geradezu merkwürdig, welche Ursprünge die Gehirnwäsche hat, der Kinder und Enkel seitens ihrer Eltern und Großeltern ausgeliefert sind.

Beispiel: Für die Oma hatte der örtliche Pfarrer das höchste Sozialprestige (weit vor dem Inhaber der einzigen Metzgerei am Ort – Letzterer fuhr zwar grundsätzlich immer den »dicksten Mercedes«, aber irgendwie war er der Oma suspekt). Für die Oma war »Status« also das wichtigste Motiv und daher war für sie sonnenklar: Der Bub soll Pfarrer werden, also muss er Theologie studieren, folglich muss er auf ein humanistisches

Gymnasium, wo er das Latinum und das Graecum machen kann. Bevor »der Bub« auch nur realisiert und artikuliert, dass ihn Flugzeuge weitaus mehr interessieren als Theologie oder Philosophie – dass also ein späteres Studium der Luft- und Raumfahrttechnik für ihn sehr viel passender wäre – steckt er bereits so tief in Latein und Griechisch drin, dass es für ihn keinen Weg zurück mehr gibt. Die Option, auf ein naturwissenschaftliches Gymnasium zu wechseln, besteht nach drei Jahren Latein und zwei Jahren Altgriechisch in aller Regel nicht mehr.

Schade, kann man da nur sagen; auf dem Weg zu einem Studium der Luft- und Raumfahrt wäre ein anderer Gymnasialzweig naheliegender gewesen. Wenn dann auch noch schlechte Noten in Latein und Griechisch den Notendurchschnitt im Abiturzeugnis verschlechtern und damit den Zugang zum eigentlichen Wunsch-Studium erschweren, ist dies fatal und die Wahrscheinlichkeit groß, dass das Karrierefenster nicht so groß ist, wie es hätte sein können.

Schlechte Ratgeber

Vielleicht haben Sie einen bestimmten Ausbildungsberuf oder ein bestimmtes Studienfach gewählt, weil die Medien berichteten, dass man zukünftig mehr Menschen von dieser oder jener Profession benötige. Als Sie mit dem Studium abschlossen – also rund fünf Jahre später – stellte sich dann aber heraus, dass die Journalisten, auf deren Anregung Ihre Wahl basierte, einfach nur unzureichend recherchiert oder keine Ahnung hatten, oder dass sich die Konjunktur in eine andere Richtung entwickelte, als die Journalisten es damals aus der Perspektive ihrer Schreibstube erwartet hätten.

Wir haben nicht grundsätzlich etwas gegen Journalisten, aber wir raten dringend davon ab, deren Empfehlungen besonders ernst zu nehmen. Woher sollte die Expertise des Journalisten stammen, wenn er heute über den Kommunal-Wahlkampf, morgen über die vertrackte Verkehrssituation in seiner Gemeinde und übermorgen über die Chancen von Ausbildungsberufen berichten muss?

Wir haben nicht nur nichts gegen Journalisten, wir haben auch nichts gegen die Arbeitsagentur. Trotzdem müssen wir die Arbeitsagentur auch unter der Überschrift »Schlechte Ratgeber« erwähnen. Die Arbeitsämter hatten – soweit wir das über mehrere Jahrzehnte beobachten konnten – noch nie die geringsten Hemmungen, Ausbildungen und Studienrichtungen für Berufe zu empfehlen, in denen es eine akute Mangelsituation gab, auch wenn sie nicht ansatzweise beurteilen konnten, wie sich die Situation ein paar Jahre später – also nach Abschluss des empfohlenen Ausbildungswegs darstellen würden.

Wie schon bei den falschen Vorbildern findet sich in der Verwandtschaft auch immer wieder der eine oder andere schlechte Ratgeber: Das sind Eltern, Onkel und Tanten, die ihren Traumberuf – aus unterschiedlichsten Gründen – nicht ergreifen konnten; sie haben einen fatalen Hang, eben jenen Traumberuf ihrem Nachwuchs nahezulegen, um nicht zu sagen aufzudrängen – meist mit negativen Folgen für die junge Generation.

Fehleinschätzung der eigenen Person, Wünsche und Ziele
Es gibt im Laufe eines Berufslebens so viele interessante und positive Erfahrungen zu machen, dass sich manche Menschen wünschten, sie hätten bereits sehr viel früher gewusst, wie reizvoll bestimmte Aufgaben für sie sind. Natürlich gilt auch das Gegenteil – manche Aufgabe, manche Erfahrung hätte man sich lieber erspart.

Zu den »Klassikern« gehört es, seinen Beruf in einem großen Unternehmen – vielleicht sogar in einem Konzern – zu beginnen, um erst später eher zufällig zu entdecken, dass einem das »Ambiente« und die Firmenkultur im Mittelstand weitaus mehr zusagen. Dabei sollten gewisse Zusammenhänge klar sein:

Je größer das Unternehmen, desto ausgeprägter ist in aller Regel die Arbeitsteilung, was auch gut an der höheren Zahl an Hierarchieebenen und der stärkeren Aufgliederung der Funktionen ablesbar ist. Der Leiter »Debitoren« in einem Großkonzern hat einen ähnlichen Stellenwert und entsprechend ein ähnliches Einkommen wie der Gesamtleiter »Finanz- und Rechnungswesen« in einem kleineren oder mittleren Unternehmen.

Starke Arbeitsteilung bedeutet in der Regel auch »scharfe« Ressortabgrenzung. Wenn Sie sich nun zu den Menschen zählen, die nichts lieber tun, als in Gesamtzusammenhängen zu denken und zu handeln, wird man in einem Konzern Ihre Versuche, dem Leiter »Kreditoren« immer mal wieder ins Handwerk zu pfuschen, sehr schnell einen Riegel vorschieben, wohingegen man sich im Mittelstand sehr freuen dürfte, wenn Sie sich nicht immer nur auf Ihre Debitoren beschränken und zurückziehen würden.

Ebenfalls in die Rubrik »passende/unpassende Firmenstruktur« gehört die Matrix- oder Geschäftsbereichsorganisation. Das Schöne oder – je nach Sichtweise – Unschöne an dieser Organisationsform ist, dass Sie nicht nur **einen** Vorgesetzten haben, sondern **mehrere**: einen Disziplinarvorgesetzten, einen Fachvorgesetzten und vielleicht auch noch einen regionalen (Kontinent-bezogenen) Vorgesetzten. Das Vertrackte an dieser Organisationsform ist jedoch, dass es sich dabei normalerweise um verschiedene Personen handelt, die mitunter auch noch sehr unterschiedlich in ihrer Art und ihrem Führungsstil sind.

Wir kennen eigentlich nur zwei Sorten von Managern; die einen sagen: »Ich liebe die Matrix!« – die andere Sorte sagt: »Ich hasse die Matrix!« Gehasst wird die Matrix von Menschen, die eindeutige Verhältnisse sowie schnelle und klare Entscheidungen lieben, geliebt wird die Matrix von Menschen, die sehr flexibel und diplomatisch sind und sich leicht auf unterschiedliche Mentalitäten einstellen können. Für den einen ist die Matrix »Gift«, der andere tummelt sich in der Matrix wie der Fisch im Wasser.

Ein anderes Beispiel: Einer unserer Kunden, ein in der chemischen Industrie sehr erfolgreicher Manager, antwortete auf die Frage, warum er sich für ein Chemiestudium entschieden habe, er sei als Jugendlicher sehr schüchtern und kontaktscheu gewesen und habe sich deshalb gefragt, in welcher Tätigkeit er die besten Chancen hätte, Menschen aus dem Weg zu gehen. Was ihm seinerzeit einfiel, war das »Chemische Labor« – dort, so seine Annahme, könne er gut ohne andere Menschen vor sich hin forschen. Die Möglichkeit, sich persönlich weiterzuentwickeln und Spaß am Umgang mit Menschen zu finden, erkannte er erst spät, aber zum Glück noch rechtzeitig.

An unseren Hochschulen, um ein letztes Beispiel zu nennen, scheint noch immer alles verpönt zu sein, was mit »Verkaufen« zu tun hat. Wenn ein Student der Fachrichtung BWL seinen Kommilitonen erzählen würde, er studiere BWL, um später Verkäufer zu werden, könnte er genauso gut herumerzählen, er sei geistesgestört. Man studiert doch, um sich aus solchen Trivialitäten rauszuhalten! Adorno hat ganze Arbeit geleistet. An der Hochschule weiß man: »Es gibt kein richtiges Leben im falschen« – »Verkaufen« gehört in Akademikerkreisen auf jeden Fall zum falschen.

Unter Intellektuellen und im akademischen Milieu werden die Begriffe »Verkauf« und »Staubsauervertreter« jedenfalls als synonym betrachtet. Kein Wunder, dass so mancher Manager sich erst von einer ganzen Reihe von Vorurteilen trennen muss, ehe er sich und anderen eingestehen mag, dass ihm »Verkauf« sehr viel Spaß macht. Dabei müsste sich doch mit einem halbwegs ungetrübten Blick erkennen lassen, wie dicht »Überzeugen« und »Verkaufen« beieinander liegen: Ideen verkaufen, begeistern, argumentieren, Menschen überzeugen, für sich einnehmen, führen – was ist daran so grundlegend als anders als am Verkaufen? Der Verkäuferberuf, der Lehrerberuf und der Managerberuf liegen doch gar nicht so weit auseinander?

Schicksalsschläge (»Pleiten, Pech und Pannen«)

Das Besondere an Pleiten im weiteren Sinne des Wortes ist, dass sie unterwartet kommen. Das gilt auch für so manche »Pleite« im engeren Sinne – für die wirtschaftliche Zahlungsunfähigkeit. Firmen können unvorhergesehene Schicksalsschläge erleiden, auch Handwerksbetriebe und Selbstständige können unverschuldet in eine Situation geraten, mit der sie nach menschlichem Ermessen niemals hätten rechnen müssen. Die Coronakrise hat uns ins Gedächtnis gerufen, dass es im echten Leben keine Linearität und Kontinuität gibt.

Man sollte auch zur Kenntnis nehmen, dass persönliche Schicksalsschläge wie Krankheiten und Unfälle zum Leben gehören. Ob und inwieweit diese sich durch bessere Information oder eine andere Lebensführung hätten vermeiden lassen, sei dahingestellt. Man kann immer bis zu einem gewissen Grad Vorsorge dafür treffen, dass verloren gegangene »Zeitscheiben« nicht zur persönlichen Lebenskatastrophe werden.

Es gibt aber auch **»Pleiten mit Ansage«** – die lassen sich vermeiden, indem Sie Ihr berufliches Schicksal selbst in die Hand nehmen:

- Nicht aus Bequemlichkeit Alarmsignale beiseiteschieben (ignorieren Sie das rheinische Grundgesetz: »Et hätt noch immer jot jejange«).
- Nicht den »Sirenenklängen« der Headhunter erliegen – selber urteilen, selber suchen.
- Informationen einholen, auch dort, wo es besonders zeitaufwendig und damit mühsam ist (»Fakten, Fakten, Fakten«).

Behalten Sie die Aussage von Charles Talleyrand im Auge: »Wenn die Unfähigkeit einen Decknamen braucht, nennt sie sich Pech.«

6.3 Karrierepfade, die überdurchschnittlich häufig in einer Sackgasse enden

Es gibt Positionen und Tätigkeitsfelder, in den es schwieriger ist, Karriere zu machen, als in anderen. Das hat zum einen mit der Anzahl der entsprechenden Stellen im Unternehmen und in der Wirtschaft ganz generell zu tun, zum anderen mit den geforderten Erfahrungen für bestimmte Positionen.

Chefeinkäufer

Simples Beispiel: Den **Chefeinkäufer** gibt es auch in großen Industrieunternehmen normalerweise nur einmal. Den Vertriebschef »Vorderer Orient/Asien« gibt es zwar auch nur einmal, aber es gibt weitere Vertriebschefs mit anderen Länderverantwortlichkeiten für z. B. Nord- und Südamerika, für Südeuropa/Nordafrika, für Europa West, für Europa Ost, GUS etc. Zwar kann nicht jeder Vertriebschef seine Kollegen ersetzen, weil bestimmte Sprach- und Marktkenntnisse für die Funktion erforderlich sind, aber die Zahl der Vertriebspositionen im Unternehmen ist so groß, dass ein Verkaufsmanager, der bei einer Beförderung übergangen wurde, sich dennoch Hoffnungen machen kann, irgendwann in die Ebene der Vertriebschefs aufzusteigen.

Wird der stellvertretende Chefeinkäufer nicht zum Chefeinkäufer befördert, weil die Stelle extern besetzt wurde, hat er so gut wie keine Chance mehr, jemals diesen Job oder einen mit vergleichbarer Funktionalität zu bekommen, und zwar weder im eigenen noch in einem anderen Unternehmen. Es gibt wie gesagt am Markt insgesamt betrachtet relativ wenig Chefeinkäufer-Positionen, und weil das so ist, wird sein Vorgesetzter wahrscheinlich sehr viel länger in dieser Position verharren, als dies in anderen Positionen der Fall wäre. Die »Umschlagshäufigkeit« im Fall des industriellen Einkaufs ist im Vergleich zu anderen Positionen entsprechend sehr gering.

Justiziar/Syndikus
Das gilt in ähnlicher Weise für die Position des **Justiziars** oder Syndikus – auch in dieser Funktion ist die Umschlagshäufigkeit überaus gering und die Zahl der verfügbaren Positionen ist überschaubar, sodass für Personen unterhalb der Top-Position die Aussichten, dem Chef nachzufolgen, gering sind.

Ausnahme Kaufmännische Leitung
In anderen Funktionsbereichen kann es sich damit grundlegend anders verhalten: Manche Positionen gibt es nicht nur in größerer Zahl – zum Beispiel die »**Kaufmännische Leitung**« bzw. den »Leiter Finanz- und Rechnungswesen« – den dürfte es wohl in so gut wie jedem Unternehmen geben, weil jedes Unternehmen eine G & V sowie eine Bilanz aufstellen muss – es spielt bei einem angepeilten Wechsel in diesem Funktionsbereich auch eher keine Rolle, ob Sie mit der Branche oder den Produkten des zukünftigen Arbeitgebers im Detail vertraut ist oder nicht. Es wird nicht als problematisch angesehen, wenn Sie aus der metallverarbeitenden Industrie stammen und in die holzverarbeitende Industrie wechseln wollen, solange es gewisse Ähnlichkeiten in der Fertigungs- und Absatzstruktur zwischen früherem und zukünftigem Arbeitgeber gibt – wir gehen auf solche Überlegungen und Kriterien noch ausführlicher im Kapitel zu den Zielunternehmen ein.

Controller
Es könnte aber zum Handicap für Sie werden, wenn Sie bisher »nur« oder hauptsächlich als **Controller** gearbeitet haben. Controlling ist für die meisten Kaufleute der interessanteste und kreativste Teil des Finanz- und Rechnungswesens, aber er ist eben nur ein Teilbereich und damit potenziell eine Sackgasse. Wenn Sie nicht auch noch sattelfest in Accounting, Bilanzierung, Steuern und Finanzierung sind und entsprechende Erfahrungen nachweisen können, haben Sie schlechte Karten. Umgekehrt gilt übrigens dasselbe: Wenn Sie zwar großer Buchungskünstler sind, aber mit dem Controlling noch so gut wie keine Berührung hatten, ist dies auch problematisch. Oder Sie sind der große Steuer- oder Finanzfachmann, haben aber Schwächen (oder gar keine Erfahrung) in den übrigen Teil-Ressorts. Hier wird Ihnen der Umstand zum Verhängnis, dass es aufgrund der nicht erforderlichen Branchen- bzw. Produkterfahrung jederzeit genügend Kandidaten mit der vollen funktionalen Bandbreite geben dürfte.

Natürlich können Sie auch im größeren Rahmen als Controller oder als Bilanzbuchhalter weitermachen, aber irgendwann – vielleicht mit 48 – kommt das »große Gähnen« und Sie werden Sie sich in Richtung Geschäftsführungsebene orientieren wollen, dann wird das schwierig, wenn nicht unmöglich, weil Sie nicht das gesamte Spektrum des Aufgabengebietes eines CFO abdecken.

IT-Leiter

Gut ablesen kann man diesen »Mechanismus« auch an der Position des **IT-Leiters.** Es gibt so gut wie kein Unternehmen, in dem der IT-Leiter auf der Geschäftsführungsebene angesiedelt ist, von Softwarehäusern einmal abgesehen.

Die IT wird in vielen Firmen der Allgemeinen Verwaltung oder dem CFO zugeordnet. Ihre Frage müsste also lauten, könnte ich das Ressort CFO alleinverantwortlich führen. Nein, natürlich nicht, dürfte die Antwort sein. Ist die Funktion der Technik zugeordnet, müssen Sie sich fragen, ob es bei Ihnen zum Technikchef des Unternehmens reicht. Die Antwort dürfte auch hier nein lauten. Also bleibt Ihnen wieder nur, Ihre bisherige Position in einem größeren Unternehmen anzupeilen, wenn Sie sich weiterentwickeln wollen. Da die Zahl der für Sie dann noch infrage kommenden Arbeitgeber begrenzt sein dürfte, haben Sie es auch hier wieder mit einer sehr überschaubaren Situation zu tun.

Leiter HR

In einer vergleichbaren Situation steckt der **Leiter HR**. Er ist normalerweise dem CFO zugeordnet, kann diesen aber nicht ersetzten oder beerben. Auf Vorstandsebene ist er nur bei den paritätisch mitbestimmten Unternehmen der Montanindustrie angesiedelt – als Arbeitsdirektor. Haben Sie jemals versucht herauszufinden, wie viele Unternehmen in Deutschland dieser Form der Mitbestimmung unterliegen? 2011 – also vor zehn Jahren waren es nach Angaben der IG Metall 31 Unternehmen. Sie können ja einmal eine Schätzung wagen, wie viele es in zehn Jahren auf dem Hintergrund sein werden, dass das erklärte Ziel der Politik die vollständige Dekarbonisierung – also das komplette Verschwinden der Montanindustrie ist.

Marketing/Vertrieb

Schauen wir uns das **Ressort »Vertrieb«** unter dem Gesichtspunkt Sackgasse näher an: In konsumnahen Branchen ist damit die Kombination aus Verkauf und Marketing gemeint. In technischen Branchen wird letztlich dasselbe darunter verstanden, nur wird dort der Begriff »Marketing« so gut wie nie benutzt.

Geht es um die Besetzung des Top-Jobs **»Vertriebschef«**, treten immer wieder dieselben Bruchlinien auf: Stammen Sie aus dem Verkauf, kann es gut sein, dass man Ihnen fehlendes strategisches Vermögen ankreidet (gemeint ist damit in der Regel fehlende Marketingerfahrung). Sind Sie hingegen »gelernter« Marketer, jammert man darüber, dass Sie zu wenig oder gar keine Verkaufserfahrung haben. Man bezweifelt also, dass Sie auch noch als gestandener Manager bereit wären, das Köfferchen in die Hand zu nehmen und die Kunden persönlich zu besuchen. Wenn Sie nicht für mindestens zwei oder drei Jahre im Verkauf gearbeitet haben, ist Ihre Chance, das Rennen zu machen, tatsächlich eher gering. Sie werden mit großer Wahrscheinlichkeit im Marketing stecken bleiben.

Werbung/PR/Marktforschung

Tut sich schon der lupenreine Marketer schwer, Vertriebschef zu werden, so hat der Werbefachmann in der Regel bereits große Probleme, irgendwo die Verantwortung für das Gesamtmarketing übertragen zu bekommen – von Vertriebsverantwortung ganz zu schweigen. Das gilt auch für die Marketing-Teilressorts PR und Marktforschung. Haben Sie in diesen Tätigkeiten bereits eine gewisse Flughöhe erreicht und wollen noch weiter aufsteigen, wird die Luft sehr dünn, die potenziellen Arbeitgeber, die es dann noch gibt, sind zahlenmäßig sehr überschaubar. Es gibt – über die gesamten Unternehmen am Markt betrachtet – also nur noch sehr wenige, bei denen Sie anklopfen könnten.

Um eine größere Zahl von Zielfirmen in den Blick nehmen zu können, müssten Sie kleinere Firmen auf Ihre Zielliste setzen. Dort gibt es aber niemanden, der als Leiter PR oder Leiterin Marktforschung das verdient, was Sie bereits heute verdienen. Stattdessen dann in diesen Unternehmen auf die Position »Marketingleitung« zu schielen, weil dort das verdient werden kann, was Sie heute verdienen oder vielleicht sogar ein wenig mehr, ist auch keine Lösung; Sie haben als Spezialist oder Spezialistin für einen Teilbereich des Ressorts so gut wie keine Chance, gegen Personen anzukommen, die das Ressort in seiner gesamten Breite kennengelernt haben.

Qualitätswesen

Auch das Ressort Technik kennt seine Sackbahnhöfe und Abstellgleise. Den Einkauf haben wir bereits eingangs erwähnt. Zum Top-Job in der Technik können verschiedene Pfade führen – zum Beispiel über Entwicklung & Konstruktion (je nach Branche auch F & E), über das Engineering (häufig einfach nur »Technik« genannt) und natürlich über die Fertigung. Nur über einen Strang werden Sie ganz bestimmt so gut wie nie an die Spitze der gesamten Technik kommen – über das **Qualitätswesen**. Sagen Sie also bitte nicht, wir hätten Sie nicht gewarnt.

Um sich vor solchen Fehlentwicklungen zu schützen, egal was Ihr konkreter Tätigkeitsbereich ist, sollten Sie sich bei jedem neuen Jobangebot fragen:

- **»Welche Funktionsbereiche sind normalerweise auf der Geschäftsführungsebene angesiedelt und decke ich das gesamte Spektrum oder zumindest wesentliche Teilfunktionen dessen ab, was normalerweise in dieses Geschäftsführungsressort hineingehört?«**
- **»Wenn nicht, bringt mich die neue Aufgabe wenigstens dem Ziel einer breiteren Verantwortung ein wenig näher?«**

Lautet Ihre Antwort in beiden Fällen nein, besteht die Gefahr, dass Sie irgendwann nicht mehr weiterkommen, also in Ihrem »Spezialgebiet« stecken bleiben.

Daraus lassen sich letztlich nur zwei Schlüsse ziehen: Entweder stellen Sie sich im Laufe Ihrer beruflichen Entwicklung bewusst breiter auf, indem Sie stärker über den eigenen Tellerrand schauen und sich um zusätzliche Verantwortung links und rechts des ursprünglichen Tätigkeitsgebietes bemühen, oder Sie freunden sich mit dem Gedanken an, sich mit Ihren Spezialkenntnissen und -erfahrungen früher oder später selbstständig zu machen und sich als Spezialist zu vermarkten.

7 Vorüberlegungen für die eigene Vorgehensweise

Der Begriff »Bewerbung« verursacht vielen Menschen Unwohlsein. Noch um einiges mehr der Begriff »Initiativbewerbung«. Warum ist das so? Weil man bei Bewerbungen sich und seine Person vermeintlich verkaufen muss und viele Bewerber von sich ganz klar sagen: »Ich kann und will mich nicht verkaufen.«

Bewirbt man sich auf eine Ausschreibung, bekommt man immerhin recht genaue Hinweise auf

1. die Art des suchenden Unternehmens,
2. die zu besetzende Stelle und den Grund der Stellenbesetzung,
3. die gewünschten fachlichen Voraussetzungen, den gewünschten Erfahrungshintergrund,
4. evtl. die geforderte »Einstellung/Haltung« und
5. die gewünschten Persönlichkeitseigenschaften.

An diesem Gerüst können sich Bewerber zwar ganz gut entlanghangeln; peinlich wird es erst, wenn sie nicht alle Voraussetzungen erfüllen und sich Erfahrungen, Eigenschaften oder Einstellungen andichten müssen, die sie gar nicht haben. Manche Bewerber gehen mit dieser Art von »Fake« recht locker um, für sie ist die Schauspielerei einfach normaler Bestandteil des Bewerbungsprozesses, anderen verursacht die Notwendigkeit zur Schauspielerei oder zur Schönfärberei das besagte Unwohlsein. Aber was tut man nicht alles, wenn man glaubt, der angebotene Job sei attraktiv, oder wenn man kurz zuvor seinen Job verloren hat?

Wer eine Direktbewerbungskampagne ins Auge fassen will, merkt sehr bald, dass es für ihn kein vergleichbares Gerüst gibt, an dem er sich bei seiner »Verkaufsargumentation« oder beim Aufbau seiner Suchstrategie entlanghangeln könnte. Da kann man schon mal schnell »ins Rudern kommen«.

Wir werden Ihnen zeigen, dass Sie es sich als Direktbewerber in einigen Punkten Ihrer »Verkaufskampagne« einfacher machen können als der klassische Bewerber. Leider müssen Sie sich aber mit einigen Gesichtspunkten intensiver auseinandersetzen, als das der »normale« Bewerber üblicherweise tut, obwohl wir auch diesem dringend anraten müssen, sich damit eingehend zu beschäftigen, um sich nicht auf Stellen zu bewerben, die zwar auf den ersten Blick attraktiv zu sein scheinen, aber letztlich doch nicht gut zu einer aktiven Karriereplanung oder zu seiner Person passen.

7.1 Das Unternehmen

Es gibt, wenn man Anzeigentexte liest, offenbar keine schlechten Firmen. Wir haben es immer nur mit überaus leistungsfähigen, erfolgreichen Unternehmen zu tun. Ein Arbeitgeber ist besser als der andere, jeder ist in seinem Segment, sei dieses Segment es auch noch so abwegig definiert, ein absoluter Top-Performer.

Haben Sie schon mal einen Anzeigentext gelesen, der etwa wie folgt lautete:

> Leider hat unser Unternehmen aufgrund seiner minderwertigen und überteuerten Produkte im letzten Jahre noch weiter Vertrauen und Glaubwürdigkeit im Markt eingebüßt. Selbst im Vergleich mit den drei Anbietern, die gleichartige Produkte herstellen, sind wir jetzt nur noch weit abgeschlagen die Nummer vier. Mit Blick auf die Gesamtbranche sind wir ja bereits seit vielen Jahren das Schlusslicht.
>
> Nun suchen wir einen
>
> **Vertriebschef**
>
> der naiv genug ist, die Nachfolge des bisherigen Stelleninhabers anzutreten, der vor neun Monaten unser Unternehmen unter Verzicht auf nicht unerhebliche, ihm noch zustehende Einkommensbestandteile fluchtartig verlassen hat.

Nein, so etwas werden Sie niemals lesen. Stellenanzeigen sind immer Werbung für das Unternehmen und natürlich für die Position. Werbung übertreibt in aller Regel, sonst wäre es keine Werbung.

Das sieht gänzlich anders aus, wenn Sie versuchen, sich per Internet intensiv mit einer Firma zu beschäftigen. Sie bekommen, wenn man so will, per Internet das komplette Sündenregister eines Unternehmens – jedenfalls zurück bis zu der Zeit, als das Internet Laufen lernte. Dazu gehören Gewinnwarnungen, Presseberichte über Umweltvergehen, über rüde Personalpolitik und gewerkschaftliche Auseinandersetzungen, aber natürlich auch Daten und Fakten über wirtschaftliche Erfolge, wichtige Patente und Produkte, zu Übernahmen und Beteiligungen, zu Gesellschaftern und Führungskräften.

Wer sich heute noch an die »falsche« Firma wendet, hat keine Ausrede mehr, er ist entweder zu bequem, sich mit den Daten auseinanderzusetzen, oder er hat keinen Internetanschluss.

Wie Sie zu einer sinnvollen Auswahl der Zielfirmen für Ihre Initiativbewerbungen kommen, schildern wir ausführlich im Kapitel 9. Also, keine Panik – Sie werden sehen, es gibt viele interessante Firmen, die für Sie als Arbeitgeber infrage kommen könnten.

7.2 Die zu besetzende Stelle und der Grund der Stellenbesetzung

In diesem Punkt sind Sie als Direktbewerber tatsächlich voll auf sich und Ihre Vermutungen gestellt.

Wie kommen Sie hier weiter? Unsere lapidare Antwort lautet: gar nicht.

In manchen Outplacement-Gesellschaften werden den Kunden, also den Arbeitsuchenden, alle relevanten Tages- und Wirtschaftszeitungen zur Verfügung gestellt und sie werden aufgefordert, ihre Wunschfirmen über einen gewissen Zeitraum zu beobachten, um Hinweise darauf zu bekommen, wohin sich das Unternehmen bewegt oder weiterentwickeln möchte. Dann, wenn sie in etwa wissen, wohin die Reise des Unternehmens gehen soll, bringen sie sich und ihre eigene Expertise ins Spiel.

Diese Vorgehensweise ist jedoch recht unproduktiv. Erstens dauert es ziemlich lange, ehe man als Zeitungsleser so etwas überblicken kann, zweitens bringt sie selten eine wirklich fundierte Information zutage, denn üblicherweise werden zukünftige Strategien nur selten in aller Öffentlichkeit breitgetreten; und drittens hat man Pech, wenn man mit seiner eigenen Erfahrung nur wenig zur neuen Strategie beitragen kann, also letztlich gar keinen Ansatz findet, sich ins Gespräch zu bringen.

Oberpeinlich wird es, wenn man Negativschlagzeilen zum Anlass nimmt, um sich dann selbst als »Retter in der Not« anzupreisen, etwa nach dem Motto:

»Den Meldungen der Presse entnehme ich, dass sich Ihr Unternehmen mit der Digitalisierung schwertut. Gerne würde ich als erfahrener und bewährter Digitalisierungsfachmann Sie darin unterstützen, den Prozess deutlich zu professionalisieren und zu beschleunigen« – oh ja, da wird man sich im Unternehmen sicherlich sehr freuen, dass sich endlich ein Held der Arbeitswelt findet, der dafür sorgt, dass sich mit seinem Eintritt ins Unternehmen alle Probleme in Luft auflösen.

Unser Tipp: Lassen Sie es bleiben, Mutmaßungen anzustellen. Sie können nicht ansatzweise wissen, welche Art von Qualifikation ein Unternehmen derzeit braucht. Sie können als Außenstehender selbst bei intensivster Marktforschung die bereits erwähnten latenten Vakanzen (mit Ausnahme der Positionen, die erst noch geschaffen werden könnten) nicht identifizieren – darüber haben wir ja bereits gesprochen.

Was Sie aber stattdessen tun könnten und sollten:

a) **Stellen Sie sicher, dass das, was Sie beruflich gerne tun möchten, im jeweiligen Zielunternehmen tatsächlich gemacht wird bzw. von jemandem gemacht werden muss – so was findet man jederzeit über eine solide Fir-**

menrecherche heraus (ein Unternehmen, das nichts produziert, braucht sicherlich keinen Fertigungsleiter).

b) **Vermitteln Sie dem Unternehmen klar und anschaulich, worin Ihre eigene Expertise besteht – unterteilt nach**
   I. Ihrem fachlichen Hintergrund
   II. Ihrer Erfahrung.

c) **Lassen Sie das Unternehmen wissen, was Sie zukünftig gerne (auf welchem Niveau) tun möchten.**

d) **Fragen Sie nach, ob es Bedarf und die Möglichkeit zu einem persönlichen Kennenlernen gibt.**

Sie glauben das funktioniert so nicht? Doch, das funktioniert – hundertfach, nämlich bei allen Projekten, die wir seit mehr als 20 Jahren durchführen – und es hat den Riesenvorteil, dass Sie sich nicht verbiegen müssen, dass Sie nicht zum Schauspieler und schon gar nicht zum Schaumschläger werden müssen. Natürlich sind Sie in dieser Situation ein Verkäufer Ihrer eigenen Expertise und Ihrer persönlichen Zielsetzung. Aber Sie schwatzen Ihrem potenziellen Kunden nicht mit Heißluft etwas auf, Sie unterbreiten ihm ein seriöses Angebot und machen ihm kein X für ein U vor.

Was die Zahl der Einladungen betrifft, sind Sie hiermit in derselben Situation wie der klassische Verkäufer; nicht jeder Kontakt mündet in ein Verkaufsgespräch, und nicht jedes Verkaufsgespräch führt zu einem Abschluss – sprich Vertragsangebot. Aber das ist bei der klassischen Bewerbung ja auch nicht grundlegend anders, nicht wahr?

7.3 Fachliche Voraussetzungen und Erfahrungshintergrund

Diese Punkte stellen das dar, was wir soeben unter Punkt b) bei der Initiativbewerbung abgehandelt haben – die Expertise.

Lassen Sie sich nicht durch die Fülle an Anforderungen, die in vielen Anzeigen aufgeführt werden, irritieren. Wenn Sie all das lesen, was in Anzeigen so geschrieben wird, könnten bei Ihnen schnell Minderwertigkeitskomplexe aufkommen – »Die suchen ja Helden«, werden Sie vielleicht denken, »wer soll denn alle diese Voraussetzungen erfüllen?«

Niemand! Es geht gar nicht darum, dass jemand all das erfüllt – es handelt sich um einen Maximalkatalog, in dem nichts ausgelassen wird, was Kandidaten in die Waagschale werfen könnten. Kann der Kandidat eines der geforderten Kriterien nicht in vollem Umfang erfüllen, kann er dies durch andere Erfahrungen und Kenntnisse ausgleichen.

Daraus schließt man in der Regel, dass die Anforderungen »da draußen« ja verdammt hoch sein müssten. **Nein, sie klingen nur so.** Es sieht so aus, als würden Halbgötter gesucht, aber sie werden nicht gefunden, deshalb werden am Ende auch immer nur Normalsterbliche eingestellt.

Anforderungen variieren darüber hinaus auch noch im Zeitablauf – das kann man bei Initiativbewerbungen nicht, aber bei Bewerbungen auf Stellenausschreibungen mitunter ganz gut beobachten.

Bei Ausschreibungen ist es immer zweckmäßig, anzurufen und sich die Gewichtung der Anforderungen erläutern zu lassen. Gibt es keine Möglichkeit anzurufen, sollten Sie übrigens gleich ganz auf eine Bewerbung zu verzichten.

Die Antwort auf Ihre Frage, was denn an den Anforderungen besonders wichtig sei, wird möglicherweise anders ausfallen, wenn Sie unmittelbar nach dem Erscheinen der Stellenanzeige anrufen, bzw. erst drei Wochen später. Der Inserent geht immer davon aus, dass etliche Bewerber seine Anforderungen erfüllen werden, sonst hätte er sie nicht so formuliert. Stellt er dann aber drei Wochen nach Erscheinen seiner Anzeige fest, dass so gut wie kein Bewerber die entscheidenden Kriterien erfüllt, wird er Abstriche von seinen Maximalforderungen machen und seine ursprünglich rigiden Bedingungen »aufweichen«.

Auch der umgekehrte Fall ist natürlich denkbar: Werden die in der Anzeige formulierten Kriterien von so gut wie jedem Interessenten erfüllt, wird der Inserent zusätzliche Auswahlkriterien in Betracht ziehen, um nicht mit einer Lawine von Bewerbungen überrollt zu werden. Also selbst, wenn Sie glauben, der Idealkandidat zu sein, ist es sinnvoll anzurufen, um zu klären, ob mittlerweile nicht noch weitere Kriterien hinzugekommen sind, von denen bisher nicht die Rede war.

Für die Initiativbewerbung kann das zuvor Gesagte nur heißen: Übertreiben Sie es nicht, überhäufigen Sie Ihren Adressaten nicht mit Daten und Fakten, konzentrieren Sie sich auf zwei oder drei wesentliche Punkte – alles andere verwischt nur die klaren Kanten Ihres Profils.

7.4 Einstellung/Haltung – Unterschiede Wirtschaftsunternehmen/Tendenzbetrieb

Wirtschaftsunternehmen

Viele Firmen schreiben in ihren Anzeigentexten ganz explizit, dass sie vom Bewerber **Engagement** und **eine gewisse »Wertehaltung«** erwarten. Das sagt sich so leicht, aber so gut wie nie wird konkret gesagt, wofür sich der Bewerber in dem Unternehmen denn engagieren soll – für die Einführung von Tariflöhnen bei Amazon? Für mehr Frauen im Management? Für flexiblere Arbeitszeiten? Für besseres Essen in der Kantine?

Vermutlich nichts davon, aber wofür denn dann? Wenn schon bei offenen Ausschreibungen nicht klar gesagt wird, was gefordert wird, wie soll dann erst der Initiativbewerber wissen, was man von ihm erwartet?

Die Antwort ist so erschreckend simpel und selbstverständlich, dass sie so gut wie nie explizit ausformuliert wird. Was das ist, lässt sich schnell herausfinden, wenn Sie sich zunächst einmal fragen, was denn überhaupt der **Zweck eines Wirtschaftsunternehmens** ist.

Gewinne machen? Falsch! Der eigentliche Zweck eines Wirtschaftsunternehmens ist es, Bedürfnisse anderer Menschen – sprich **Kunden** – zufriedenzustellen, denn nur auf diese Weise lassen sich **Gewinne** erzielen.

Sind die Produkte oder Dienste eines Unternehmens so gut und begehrenswert, dass sie dem Anbieter aus den Händen gerissen werden, bedeutet das jedoch nicht notwendigerweise, dass der Anbieter damit Gewinne erzielt. Für den Preis gibt der Markt in der Regel eine Obergrenze vor. Gelingt es dem Anbieter nicht, seine Produkte oder Leistungen zu Kosten zu erstellen, die unter diesem Marktpreis liegen, dann nützen ihm die kundenfreundlichsten Ideen nichts – er wird Verluste produzieren.

Verluste sind das Damoklesschwert, das über jedem, aber wirklich jedem Unternehmen bzw. Unternehmer schwebt.

Hat das Unternehmen genug finanzielle Substanz, sprich Eigenkapital und Reserven, die sich schnell und leicht wieder zu Geld machen lässt, kann es diese Verluste eine Weile verkraften, ohne gleich in die Knie zu gehen. Ist das Eigenkapital aufgebraucht, geht das Unternehmen zur Bank und lässt sich einen Kredit in den Rachen werfen? Nein, natürlich nicht – völliger Unsinn. Hat das Unternehmen kein Eigenkapital mehr, bekommt es auch keinen Kredit mehr, es ist nämlich pleite. Es muss zum Amtsgericht gehen und dort seine Zahlungsunfähigkeit erklären. Tut das Unternehmen dies nicht oder erst verspätet, muss sich der Unternehmer oder das Management wegen »Konkursverschleppung« verantworten.

Verluste tun also nicht nur weh, weil sie Ersparnisse aufzehren, Verluste werden sogar bestraft, und zwar ziemlich gnadenlos.

Dass Start-Ups jahrelang Verluste machen dürfen, ohne dafür bestraft zu werden, hängt mit der Bereitschaft von Aktionären oder Investoren zusammen, immer wieder Geld nachzuschießen, also die zuvor verlorenen, verbrauchten, verbrannten Ersparnisse bzw. das Eigenkapital immer wieder aufzufüllen. Man müsste also eigentlich etwas präziser sagen, Zahlungsunfähigkeit wird gnadenlos bestraft, Verluste dürfen durchaus gemacht und in Kauf genommen werden. Wer seine Ersparnisse und Finanzreserven verjubeln möchte, darf das gerne tun.

Fazit: Ohne Kapital (Ersparnisse) und ohne früher oder später realisierte Gewinne darf man in aller Regel nicht lange unternehmerisch tätig sein.

Wenn Sie einen Express-Service für die Hausanlieferung von Getränken aufgebaut haben, dann ist es Ihnen vermutlich wichtig, dass Ihre Leute (bei gleichem Stundenlohn) schneller und zuverlässiger arbeiten als die Ihrer Mitbewerber. Und es dürfte Ihnen wichtig sein, dass der Bestellvorgang simpel und narrensicher über das Internet möglich ist – Ihre Informatiker sollen leistungsfähiger und fantasievoller sein als die des Wettbewerbs. Und Ihre Werbewirkung sollte auch besser als die der Konkurrenz sein, also auch Ihre Werbeabteilung oder Werbeagentur sollte mehr leisten als der Durchschnitt.

Mit anderen Worten, sie richten Ihr Handeln als Unternehmer – ohne länger darüber nachzudenken – darauf aus, besser und schneller als der Wettbewerb zu sein; vielleicht sogar auch noch ein klein wenig preiswerter. Je leistungsfähiger Ihre Leute, desto größer Ihre Chance, Gewinne zu erzielen und den Gang zum Amtsgericht zu vermeiden. Je größer die körperliche Leistungsfähigkeit der Leute, die die vollen Flaschenkästen in den 5. Stock tragen sollen, je besser die Informatiker, die Ihren Internetauftritt erstellen, je pfiffiger die Werbeleute, die Ihre Geschäftsidee unter das Volk bringen sollen, desto besser für Sie, für das Finanzamt und für Ihre Mitarbeiter.

Menschen, die bereit sind, sich anzustrengen und dauerhaft bessere Leistungen zu bringen als der Durchschnitt – genau das ist es, wonach ein gewinnorientierter Arbeitgeber Ausschau hält, wenn er im Wettbewerb überleben will. Darin sind sich so gut wie alle Wirtschaftsunternehmen gleich. Wenn Sie das stets im Hinterkopf behalten, brauchen Sie nicht lange zu überlegen, was man von Ihnen erwartet und im Vorstellungsgespräch herausfinden will – und wovon Sie in Ihrem Anschreiben reden sollten.

Das muss in Ihre »Verkaufsargumentation« eingehen. Sie müssen in erster Linie von Ihren besonderen Leistungen und Erfolgen reden, egal ob Sie »klassischer« oder Initiativbewerber sind.

Lassen Sie sich nicht auf falsche Fährten locken:

- Nein, es werden nicht bevorzugt besonders »soziale eingestellte« Mitarbeiter gesucht, die bei der kleinsten Ungerechtigkeit auf die Barrikaden gehen und ihren Ehrgeiz darauf verwenden, für die Kollegen möglichst komfortable Arbeitsverhältnisse zu erstreiten.

- Nein, es wird auch nicht der »gesellige, kommunikative« Mitarbeiter gesucht, der sich bevorzugt in der Nähe von Kaffeeküche und Pausenzonen aufhält, um sich um das Betriebsklima verdient zu machen.
- Nein, es ist auch niemals das Kernziel eines Unternehmens, ökologisch zu sein und Einfluss auf den Klimawandel zu nehmen. Das kann allenfalls eine Nebenbedingung sein. Wenn ein Unternehmer oder das Management den Klimawandel – oder besser gesagt dessen Vermeidung – plakativ nach außen vertritt und seine Firmenstrategie darauf ausrichtet, dann hofft er, mit einer solchen Ausrichtung mehr Kunden und bessere Mitarbeiter zu finden. Man macht sich die Ideale, Haltungen und Ansichten seiner Mitmenschen zu eigen, auch wenn man sie nicht teilt – weil es zur Gewinnerzielung nützlich sein kann. Klingt zynisch, ist es aber nicht, wenn Sie noch einmal in Betracht ziehen, dass wir in einer Marktwirtschaft leben, in der Zahlungsunfähigkeit bestraft wird.

Aber es geht auch umgekehrt: Weil die Öffentlichkeit der Meinung ist, das Schweinefleisch müsse mehr kosten, damit es hochwertiger sein kann, und weil etlichen Menschen das Tierwohl ein wichtiges Anliegen ist, erhöhte Lidl die Fleischpreise – so geschehen Anfang des Jahres 2021. Wenn Lidl dann allerdings auf dem Fleisch sitzen bleibt und damit auch der Fleischproduzent, sprich der Bauer, weil die Hausfrau an der Theke anders entscheidet als der Redakteur in der Schreibstube der Ökozeitschrift oder die ehrenamtlichen Mitarbeiter der Tierschutzorganisation, dann setzt Lidl die Preise auch wieder runter. Sehenden Auges Verluste einzufahren, ist keine Option – Haltung hin, Haltung her.

Fachliche Anforderungen und deren Erfüllung haben in der Marktwirtschaft Vorrang vor Wertehaltung und Persönlichkeitseigenschaften – so jedenfalls unsere Erfahrung. Firmen entwickeln häufig sehr nuancierte Vorstellungen von dem für sie idealen Mitarbeiter, und die meisten Firmen machen ihr Urteil über einen Kandidaten glücklicherweise auch nur zu einem geringen Teil an Zeugnissen und Examensergebnissen fest! Auch ist der »Beste der Besten« bei Weitem nicht immer der ideale Kandidat; der »Beste« kann für seine Umgebung – Kunden, Kollegen, Mitarbeiter, Vorgesetzte – überaus strapaziös, nervig und damit lästig sein. Man kann also auch mit weniger guten und durchschnittlichen Examensnoten beruflich erfolgreich sein.

Dass Sie auch noch anpassungsfähig und kollegial sind, wird gerne gesehen, weil unterstellt wird, dass ein unkollegialer Quertreiber schnell negativen Einfluss auf die Leistungsfähigkeit der Gesamtmannschaft haben kann. Man sucht aber nicht den guten Kollegen und anpassungsfähigen Mitarbeiter, sondern man sucht unter den Leistungsfähigen und Engagierten diejenigen, die die wenigsten »Probleme« machen dürften.

Querdenker? Fehlanzeige – vielleicht im Top-Bereich, aber eher nicht auf dem Einstiegslevel. Teamplayer? Nice-to-have, aber nicht für jeden Job und schon gar nicht auf den Führungsebenen. Sozial engagiert? Kann nach außen hin ab und an ganz gut aussehen, ist nach innen mitunter auch ziemlich störend.

Tendenzbetriebe
Sind Ihnen hingegen andere Themen als Leistungs- und Erfolgsorientierung wichtiger – zum Beispiel soziale Gerechtigkeit, Bekämpfung von Kinderarmut, die Förderung sozial Benachteiligter, Seenotrettung im Mittelmeer – oder **passen möglicherweise »Profite« nicht gut in Ihr Weltbild**, dann sind Sie mit Ihrer Bewerbung bei Wirtschaftsunternehmen, die unter dem Druck stehen, sich tagtäglich gegen Wettbewerber zu behaupten und Gewinne zu erzielen, an der falschen Adresse.

Trösten Sie sich damit, dass es genügend potenzielle Arbeitgeber gibt, bei denen Gewinnerzielung nachrangig ist oder gar nicht angestrebt wird! Dies sind die sogenannten **Tendenzbetriebe**, wie die Betriebswirtschaftslehre solche Organisationsformen bezeichnet:

- Kirchen
- Kirchliche Einrichtungen
- Gewerkschaften
- NGOs
- Parteien
- Rundfunkanstalten
- Öffentliche Arbeitgeber
- Messegesellschaften
- Wirtschaftsförderung
- Städtische Baugesellschaften
- Städtische Schwimmbäder
- Kurverwaltung
- Sportvereine
- Abmahnvereine

um nur ein paar Beispiele zu nennen.

Die zur katholischen Kirche gehörende Caritas ist – was kaum einer weiß – Deutschlands größter Arbeitgeber. Auch solche Organisationen können attraktive Arbeitgeber sein, allerdings wiederum nur für Menschen, die sich mit den Zielen der Organisation voll identifizieren können. In manchen Bereichen geht es um einen Taufschein, in anderen Bereichen steht eher die Gesinnung oder eine politische Ausrichtung im Vordergrund: Bei städtischen Gesellschaften zum Beispiel – von der Energie- und Wasserversorgung über die Müllabfuhr, bis zur Verkehrsgesellschaft, die Kurverwaltung, die Messegesellschaft, die städtische Parkraumbewirtschaftung, die verschiedenen städtischen Baugesellschaften – geht es ohne ein Parteibuch in der Regel nicht so recht vorwärts.

Einfacher gesagt, überall dort, wo die Politik die Beiräte und Aufsichtsmandate stellt, bleibt es auch bei der Stellenbesetzung »politisch«. Dort wird auf den Parteien-Proporz geachtet, sodass bei der Besetzung wichtiger Positionen nicht selten fachliche Gesichtspunkte in den Hintergrund treten. Da sind Personalentscheidungen für Bewerber mit der passenden Qualifikation, aber dem falschen Parteibuch mitunter sehr bitter.

Der Non-Profit-Bereich unserer Volkswirtschaft ist groß, oder vielleicht sollten wir besser sagen, der Bereich, in dem man nicht in steter Furcht vor dem Konkursrichter leben muss. Trotzdem lassen wir dieses Segment beiseite, weil dort andere Gesetzmäßigkeiten herrschen. Welche Gesetzmäßigkeiten das sind, werden Sie sicherlich wissen, wenn Sie sich seit Längerem mit dem Gedanken beschäftigen, dort beruflich Tritt zu fassen.

8 Erkenne Dich selbst

Gnothi seauton – das ist Griechisch und heißt »Erkenne dich selbst«. Von wem diese Aufforderung stammt, ist umstritten, aber der genaue Ursprung ist im Moment für uns auch nicht relevant.

Dass wir uns hier diese Forderung zu eigen machen, hat den simplen Grund, dass Sie als Initiativbewerber selbst die Ideen dazu entwickeln müssen, was Sie beruflich tun wollen; Sie können sich nicht darauf verlassen, dass andere Ihnen Ideen bereitstellen und sie in Ihrem Sinne schon angemessen »verwursten« werden.

Sie werden, wenn Sie sich mit sich selbst und Ihren Persönlichkeitseigenschaften befassen, früher oder später feststellen, dass es zwar ganz gut ist, bestimmte Eigenschaften »dingfest« zu machen. Aber nicht alle Erkenntnisse, die Sie über sich gewinnen, werden Ihnen auch immer gleich klare Hinweise auf die für Sie am besten geeignete berufliche Ausrichtung liefern. Das ist leider so, wenn man auf sich selbst gestellt ist. Wichtig wäre es in solchen Fällen, mit einem erfahrenen Coach oder Mentor zu sprechen, der weiß, welche Anforderungen in welchen Positionen und auf bestimmten Hierarchieebenen verlangt werden. Auch Freunde und Bekannte, die in anderen Branchen tätig sind als Sie, können Ihnen mitunter gute Tipps und Hinweise für die richtige Einordnung Ihrer Erkenntnisse geben. Nutzen Sie diese Chance!

Kein Medium, keine größere Zeitschrift mag auf Themen verzichten wie

- Bewerbung,
- Schlüsselfaktoren für den beruflichen Erfolg,
- Persönlichkeitseigenschaften, mit denen Sie punkten können,
- etc.

Ob Bäckerblume, AOK-Nachrichten, DIE ZEIT, Welt oder FAZ – sie äußern sich alle dazu. Leider bleibt in vielen Fällen absolut unklar, wer der eigentliche Adressat solcher Artikel ist, was selbst diejenigen Beiträge, die fundiert und gut recherchiert sind, mitunter ziemlich wertlos macht.

Leider finden sich heute auch in den sogenannten Qualitätsmedien viele Artikel, die man nur als belanglos und nichtssagend bezeichnen kann. Dabei ist es für den Leser oft schwierig, die Spreu vom Weizen zu trennen. Wir liefern Ihnen daher ein paar Beispiele für die in den Medien beliebtesten Themen und hoffen, dass Sie solche Artikel zukünftig in aller Gelassenheit ad acta legen können.

8.1 Vermeintlich wichtige Fähigkeiten und Persönlichkeitseigenschaften

Die Frage, was Manager oder Führungskräfte besonders erfolgreich macht, treibt Generationen von Forschern und Journalisten um. Die Frage ist Inhalt Hunderter von Studien und entsprechend Gegenstand von Tausenden von Artikeln und Büchern, die die Erkenntnisse der Forscher in praktikable Handlungsanleitungen für den wissbegierigen Führungsnachwuchs oder für den ambitionierten Middle-Manager, der irgendwann an der Spitze eines Unternehmens stehen möchte, aufbereiten.

Mit dieser Fragestellung befassen sich in erster Linie Psychologen an den unterschiedlichsten Hochschulinstituten. Jedoch muss hinterfragt werden, ob die Dozenten, Doktoranden und Diplomanden dieser Einrichtungen praktische Erfahrung mit dem Management von Industrieunternehmen oder von mittelständischen Familienunternehmen und Start-Ups haben.

Die Fragen »Wie ist der Mensch?«, »Wie tickt er?«, »Was treibt ihn an?«, »Welche Konflikte führen, wenn sie immer wieder auftreten, zu Stress und möglicherweise sogar zum Burn-out?« oder »Was genau ist ein Burn-out?« sind Fragen, die wir hochinteressant finden und deren Beantwortung sicherlich auch etliche andere Menschen interessieren wird – Eltern, Lehrer, Arbeitnehmer, Arbeitgeber, Gewerkschaften, Krankenkassen – ja, auch Manager, Coaches, Seelsorger, Sanitäter, ...

Aber ist die Frage »Was macht Führungskräfte erfolgreich – was sind die Schlüsselfaktoren für beruflichen Erfolg?« wirklich gut aufgehoben in den Händen von Leuten, die so gut wie nichts zu managen haben, außer sich selbst? Es liegt uns fern, hier eine bestimmte Profession oder einen Berufsstand madig zu machen oder ins Lächerliche zu ziehen, aber wir sind doch immer sehr skeptisch, wenn uns Leute, die noch nie auf einem Pferd gesessen haben, etwas über das Reiten erzählen wollen. Könnte es nicht auch sein, dass die uns »etwas vom Pferd erzählen«?! Egal, ob Sie unsere Skepsis teilen oder nicht, soll an dieser Stelle zusammengefasst werden, welche Eigenschaften und Fähigkeiten immer wieder mit beruflichem Erfolg in Verbindung gebracht werden – sei es von Forschungseinrichtungen, sei es von den Medien.

Mathematische/analytische Fähigkeiten

Das sind zum Beispiel kognitive Fähigkeiten, wie **mathematische Intelligenz** und **analytischer Verstand,** die bei der Lösung kniffliger Aufgaben tatsächlich sehr hilfreich sein können. Aber was, wenn ich irgendwann zu der ernüchternden Einsicht komme, ich selbst glänze in dieser Hinsicht nicht besonders? Muss ich dann jede Hoffnung fahren lassen, es im Beruf jemals zu etwas zu bringen? Nein!

Dann könnte ich mir die Frage stellen: »Kann ich etwas daran ändern, dass ich im Bezug auf diese Fähigkeiten nicht gut abschneide?« Darauf gibt es sehr kontroverse Antworten, ganze Psychologengenerationen befehden sich seit Jahrzehnten deswegen und liefern gegensätzliche, einander ausschließende Antworten. Stellen Sie sich jedoch lieber die folgende Frage: »Lohnt es sich, meine ganze Energie darauf zu verwenden, ein brillanter Kopf zu werden? Besteht überhaupt eine reelle Chance, dass ich das werde, oder ist nicht eher damit zu rechnen, dass ich trotz aller Bemühungen irgendwo in der Mittelmäßigkeit stecken bleibe?« Dies kann und muss jeder für sich selbst beantworten. Wir können Ihnen nur sagen, dass Sie in einem Job, in dem es in erster Linie auf mathematische Intelligenz und analytische Brillanz ankommt, nicht dauerhaft glücklich werden. Ihre Kollegen, Vorgesetzten und Untergebenen vermutlich auch nicht mit Ihnen und Ihrer Performance.

Das Bedauern darüber, dass dies die Voraussetzungen für einige jener Jobs sind, die Sie gerne in den Blick nehmen würden, hilft nicht weiter. Sie müssen akzeptieren, dass bestimmte Jobs für Sie nicht infrage kommen und alle Forschungsergebnisse, Bücher, Artikel und Karrieretipps, die sich mit beruflichen Erfolgsfaktoren befassen, Ihnen letztlich keine Hinweise dazu geben können, was Sie tun sollten, allenfalls einen Hinweis darauf, welche Tätigkeitsfelder Sie besser meiden sollten.

Teamfähigkeit

Nehmen wie einen anderen sehr beliebten Erfolgs- oder Schlüsselfaktor: **die Teamfähigkeit**. Dieser Faktor ist schon seit Jahrzehnten nicht nur in aller Munde, sondern so stark überstrapaziert, dass wir glaubten, er sei längst als erledigt betrachtet. Mitnichten!

Kurz vor Weihnachten im Jahr 2020 fällt uns ein Artikel mit der Überschrift **Egoismus oder Teamplay** in die Hände, der als Vorspann für »Die starken Anzeigenseiten am Wochenende« einer nicht unbedeutenden regionalen Zeitung dient. An diesem Gegensatzpaar ist sofort ablesbar, was in den Augen des Verfassers gut und was schlecht ist und welche Absicht er verfolgt, die komplexen Sachverhalte werden in einfachem Schwarz-Weiß gemalt – anders als bei der den meisten von uns geläufigen Gegenüberstellung **Einzelkämpfer oder Teamplayer.**

Sehr gut erinnern wir uns noch an unsere Anfänge im Outplacement vor mehr als 20 Jahren. Da haben wir auf einem Gruppenoutplacement-Seminar unseren Teilnehmer klarzumachen versucht, dass es genug Jobs gibt, für die es kaum bessere Voraussetzung als Einzelkämpfertum gäbe, die also wenig geeignet für Teamplayer sind – angefangen vom Außendienstverkäufer, der mutterseelenallein seine Runden ohne kollektive Unterstützung drehen muss, über den Kranführer, der einsam und allein in seiner Kanzel über der Baustelle schwebt, bis hin zum Briefzusteller. Noch am selben Abend fand sich in unserem Briefkasten eine orangefarbene Karte, mit der die Post

Aushilfsbriefträger suchte. Natürlich interessierte uns in diesem Moment brennend, welche Voraussetzungen ein Aushilfszusteller aus Sicht der Post denn haben sollte. Ob Sie es glauben oder nicht, wir wurden widerlegt. Auch die gesuchten Briefzusteller mussten – so stand es dort – über ausgeprägte Teamorientierung verfügen. Kein Wunder, dass man nicht genügend Bewerber fand. Man hatte einen durchaus weitverbreiteten Menschentypus – den Einzelgänger – von vornherein von der Suche ausgeschlossen.

Bestimmte Anforderungen, so unser damaliges Resümee, sind einfach nicht totzukriegen, sie tauchen in jedem Anforderungsprofil, in jeder Stellenanzeige, in jedem Vorstellungsgespräch auf, ohne dass auch nur eine Sekunde darüber nachgedacht wurde, ob in vielen Fällen nicht auch gut und gerne auf eine solche Eigenschaft verzichtet werden kann. Selbst Führungskräfte legten noch bis vor ein paar Jahren großen Wert darauf, dass der Begriff »Teamfähigkeit« in ihrem qualifizierten Führungszeugnis auftauchte.

Aber nun mal im Ernst, was mache ich denn, wenn mir ein Vorgesetzter bereits zum zweiten Mal in mahnendem Ton sagt: »Sie müssen ab und zu auch mal in den Rückspiegel schauen, ob Ihre Mitarbeiter Ihnen überhaupt noch folgen können!« Mit anderen Worten, wenn er kritisiert, dass ich immer wieder vorpresche und meine Mitarbeiter nicht ausreichend einbinde, und mir nahelegt, teamorientierter zu arbeiten?

Was können Sie einem Einzelkämpfer-Vorwurf entgegensetzen? Das Beste wird sein, Sie geloben Besserung und bitten Ihren Vorgesetzten, Sie dabei zu unterstützen, indem er Ihnen ein Trainingsseminar spendiert – ungefährer Titel des Seminars: »In drei Tagen vom Einzelkämpfer zum Teamplayer«. Ihr Vorgesetzter wird, wenn Sie vom Seminar zurück sind und das richtige Seminar erwischt hatten, über die Wandlung staunen, die er an Ihnen beobachten kann. Sie sind nun der absolute Teamplayer – niemand würde jetzt noch, wenn er Sie zusammen mit Ihren Mitarbeitern beobachtet, auf die Idee kommen, dass Sie der Chef sind. Perfekt, so hat sich das Ihr Vorgesetzter vermutlich vorgestellt.

Dummerweise wird Ihr Vorgesetzter kurz darauf versetzt (er hatte das falsche Menschbild) und Sie bekommen einen völlig anderen Typus als Vorgesetzten. Der schaut sich eine Zeit lang Ihre Performance an und sagt Ihnen dann: »Na ja, werter Kollege, man kann nicht immer alles wochenlang und in aller Breite mit seinen Leuten durchdiskutieren, Sie müssten öfter auch mal energisch vorneweg marschieren, sonst treten Sie ja immer nur auf der Stelle«. Na, das sollte doch kein Problem für Sie sein – es wird sich doch sicher auch ein Seminar finden lassen mit dem Thema »In drei Tagen vom Teamplayer zum Einzelkämpfer«!

Und wenn es so mit dem Vorgesetztenwechsel in Ihrem Hause weitergeht, dann gibt es irgendwann vielleicht auch einen Vorgesetzten, der Ihnen sagt: »Sie müssen manchmal auch einfach dazwischenschlagen, man kann nicht immer nur Gutmensch sein, man muss auch mal Schwein sein.« Suchen Sie dann nach dem Seminar »In drei Tagen vom anerkannten Vorgesetzten zum Ekelpaket«?

Nein, werden Sie hoffentlich spätestens jetzt sagen: »Wer bin ich denn, dass ich mein Verhalten immer perfekt an die Wünsche meiner Vorgesetzten anpasse?« Sie werden sehr bald merken, dass es – wie beim Intellekt – auch beim Verhalten Grenzen für eine schnelle Anpassung gibt. Sind Sie jung, sind Sie möglicherweise noch recht desorientiert und tun sich leicht damit, in unterschiedliche, vielleicht sogar gegensätzliche Rollen zu schlüpfen (weil Sie Ihre eigentliche Rolle noch nicht gefunden haben); sind Sie bereits etwas älter, werden Sie höchstwahrscheinlich erkennen, dass Ihre Bereitschaft zur Selbstverleugnung Grenzen kennt.

Stress-Stabilität/Resilienz

Nehmen wir eine weitere Persönlichkeitseigenschaft, von der in Verbindung mit den »Chef-Genen« gerne gesprochen wird: **die Stress-Stabilität**. Bleiben Sie auch unter Druck gelassen oder kommen Sie schnell »ins Rudern« und produzieren Fehler, wenn Sie unter Druck geraten? Sind Sie in turbulenten Situationen eher der »Fels in der Brandung«, der sich unter Stress noch besser konzentrieren kann als sonst, oder neigen Sie in solchen Fällen eher zu Panikreaktionen? Können Sie gelassen damit umgehen, wenn Ihnen bei einem Ihrer Vorträge Ihr Chef oder ein Widersacher ständig in die Parade fährt, um Sie gezielt zu verunsichern oder bringt man Sie damit tatsächlich aus dem Konzept und kann Sie auf diese Weise leicht demontieren?

Es ist enorm wichtig, dass Sie versuchen, sich darüber klar zu werden, wie es mit der Stress-Stabilität bei Ihnen bestellt ist. Falls Sie besonders stabil und wenig konfliktscheu sind, können Sie andere Aufgaben in Angriff nehmen als jemand, der sich eingestehen muss, dass er gerade in dieser Beziehung eine eher weiche Flanke hat.

Das Thema wird heute überwiegend unter dem Begriff »Resilienz« abgehandelt und ist zu einem Lieblingsthema von Trainern und Coaches geworden – es gibt unseren Beobachtungen zufolge mittlerweile eine regelrechte »Resilienz-Industrie«. Es mag hilfreich und in Phasen starker Belastung erleichternd für Sie sein, sich mit dem Thema auseinanderzusetzen. Die Hoffnung, dass Sie eine geringe Stress-Stabilität durch Trainingsmaßnahmen zu Ihren Gunsten deutlich verändern könnten und vielleicht sogar zu einem echten Erfolgsfaktor machen könnten, teilen wir jedoch nicht.

Möglicherweise ist die Wirksamkeit von Trainingsmaßnahmen auch nur eine Frage der Zeit. Wenn Sie als 38-Jähriger beginnen, sich zehn Jahre lang intensiv mit Maßnahmen zur Stressbewältigung zu beschäftigen, werden Sie im Rückblick durchaus feststellen können, dass Sie gelassener und stabiler geworden sind. Wenn Sie sich dann trotzdem wieder einmal mit einem echten »Phlegmatiker«, einer Person, die von allen als »Fels in der Brandung« empfunden wird, vergleichen, stellt sich Ihnen möglicherweise die Frage, ob sich der investierte Aufwand tatsächlich gelohnt hat und ob es nicht sinnvoller gewesen wäre, Ihre Energie auf den Ausbau Ihrer Stärken, als auf die Milderung einer Schwäche zu verwenden.

Soziokultureller Hintergrund

Ein anderes beliebtes Thema, wenn es um den beruflichen Erfolg geht, ist der **soziokulturelle Hintergrund** der Wirtschaftselite. Kann man, wenn die Eltern Arbeiter waren, CEO eines DAX-Konzerns werden oder wie muss das Elternhaus und Ihre Ausbildung aussehen, damit Sie gute Chancen haben, in die absolute Spitze aufzusteigen und früher oder später vom Manager-Magazin in die »Hall of Fame« aufgenommen zu werden? Dazu gibt es interessante Studien und Ergebnisse – interessant aber eigentlich nur mit Blick auf die Durchlässigkeit einer Gesellschaft und auf ihr Bildungssystem.

Für Sie selbst ist eine solche Abhandlung völlig unergiebig. Haben Sie den »richtigen« Hintergrund, landen Sie nicht automatisch an der Spitze eines DAX-Konzerns, haben Sie den »falschen« Hintergrund, können Sie dies auch nicht mehr ändern und es bedeutet trotzdem nicht, dass Ihre Chance für einen entsprechenden Aufstieg gleich null wäre. Solche Studien liefern der Einzelperson einen Erkenntniswert von der Qualität alter Bauernregeln: »Wenn der Hahn kräht auf dem Mist, ändert sich das Wetter oder es bleibt, wie es ist« – entweder werde ich CEO oder ich werde es nicht.

Sie werden Selbsterkenntnis nicht als Kompass für Ihre weitere berufliche Entwicklung nutzen können, wenn Sie sich vorwiegend mit Fragestellungen beschäftigen, die für Journalisten ein gefundenes Fressen sein mögen, mit Selbsterkenntnis aber wenig zu tun haben. Dass Intelligenz ein Karrierefaktor sein kann, dass manche Firmen stark an teamorientierten Führungskräften interessiert sind, dass es Führungsaufgaben gibt, für die man Nerven wie Drahtseile haben sollte – das alles mag richtig und unterhaltsam sein, aber es hat mit Ihnen und Ihren beruflichen Möglichkeiten so gut wie nichts zu tun – es handelt sich nämlich nicht um **Selbsterkenntnisse**, sondern um **»Fremderkenntnisse«.**

Fremderkenntnisse sind keine Selbsterkenntnis

Fremderkenntnisse geben eine Antwort auf die Frage, was bei den anderen funktioniert hat – aber hat das tatsächlich etwas mit Ihnen zu tun?

Wenn Sie Ihre Zeit mit Fremderkenntnissen vergeuden, bleiben Sie letztlich ziel- und hilflos. Mit anderen Worten: Solche Erkenntnisse sind weitgehend ungeeignet, Ihnen praktikable Handlungsanweisungen, also eine Art persönlichen Kompass zu liefern.

Im Bewerbungsgespräch wird zwar über viele Voraussetzungen und Erfahrungen **gesprochen** – es wird auch explizit danach gefragt, ob man gewisse Voraussetzungen

hat oder nicht, aber im Vorstellungsgespräch selbst wird so gut wie nie konkret **überprüft**, ob die gewünschten Erfahrungen und Kenntnisse tatsächlich vorliegen. Wenn überhaupt, findet dies im zweiten oder dritten Folgegespräch, im Rahmen eines AC oder bei einer Probearbeit, schlimmstenfalls erst in der drei- oder sechsmonatigen Probezeit statt. Die Chance, dass gute Schauspielfähigkeiten belohnt werden, ist also gar nicht so schlecht. Es steigt allerdings auch die Chance, dass man erst sehr spät erkennt, dass man sich selbst keinen Gefallen damit getan hat, den Bewerbungswettkampf zu gewinnen, weil man einen Job erwischt hat, der nicht wirklich gut passt.

In einer konjunkturell guten Situation, in der die Arbeitgeber händeringend nach qualifizierten Leuten suchen, können Sie sich diese Mühe der Selbstreflexion – und das ist, wie wir gleich sehen werden, eine durchaus mühevolle Angelegenheit – möglicherweise sparen. Der Arbeitgeber wird sich vielleicht schon damit zufriedengeben, dass Sie Ihren Namen richtig buchstabieren, den Rest hofft er Ihnen beibringen zu können. Ist die Konjunktur nicht so rosig, kommen Sie nicht umhin, sich dem Thema Selbsterkenntnis zu stellen.

Das Problem an dieser Stelle ist nicht nur, wichtige Erkenntnisse über sich selbst zu gewinnen – das ist nur die Hälfte der Aufgabe, der Sie sich widmen müssten –, es gilt auch noch abzuschätzen welche und wie viele Wettbewerber mit vergleichbaren Voraussetzungen Sie haben. Sie mögen beruflich ein wahrer »Feuerspeier« sein, wenn ein sehr beliebter, attraktiver Arbeitgeber eine überaus attraktive Stelle ausschreibt, ist es recht wahrscheinlich, dass unter den Mitbewerbern auch etliche andere »Feuerspeier« sind. Sind es auch nur ein paar zu viel, ziehen Sie den Kürzeren und werden unter Umständen nicht einmal zu einem Gespräch eingeladen.

Der zweite Teil dieser Fragestellung – »Welche und wie viele Wettbewerber mit ähnlichen oder gleichen Voraussetzungen habe ich?« – hat weniger mit Selbsterkenntnis als mit Marktkenntnis zu tun – die zu erlangen, ist nicht so ganz einfach. Je weiter oben in der Hierarchie eines Unternehmens solche Wettbewerbe stattfinden, desto wahrscheinlicher ist, dass Sie es ausschließlich mit »Feuerspeiern« zu tun bekommen; die Bluffer, Manager-Darsteller und Windbeutel sind bereits ausgesiebt.

Vielleicht haben Sie sich bisher – völlig unabhängig von der Konjunktur – an dem Thema Selbsterkenntnis vorbeimogeln können. Wenn gute Zeugnisse für Sie sprechen oder wenn Sie bei einem als anspruchsvoll bekannten Arbeitgeber eine gute, stetige Entwicklung genommen habe, wird man unterstellen, dass Sie so schlecht nicht sein können, sonst wären Sie wohl schon früher aussortiert worden. Jedenfalls ist es gut möglich, dass potenzielle neue Arbeitgeber in einem solchen Fall genug Ideen haben, wie und wo man Sie für beide Seiten gewinnbringend einsetzen könnte.

Etliche Manager haben Karriere gemacht, ohne auch nur ein einziges Mal einen Gedanken darauf zu verschwenden, wo sie – karrieretechnisch betrachtet – hinwollten.

Die Dinge haben sich quasi von selbst entwickelt. Wenn im richtigen Moment immer ein Headhunter mit einer passenden Idee zur Stelle war, könnte man durchaus sagen, solche Manager haben nicht **Karriere gemacht,** deren Karriere **wurde gemacht**.

Das muss nicht von Nachteil sein, aber früher oder später kann es passieren, dass der Arbeitgeber etwas vorschlägt, was nicht zu den eigenen Plänen passt oder z. B. mehr Mobilität erfordert, als man aufzubringen bereit wäre, oder aus irgendwelchen anderen Gründen nicht gut mit der aktuellen privaten oder beruflichen Situation harmoniert. Dann spätestens – aus unserer Sicht eigentlich viel zu spät – muss man selbst die Initiative ergreifen und Ideen entwickeln, wie es weitergehen könnte und sollte. Hier geht es nun nicht mehr ohne Selbsterkenntnis.

Wenn Sie die Frage »Wer bin ich und was will ich?« nicht beantworten können, fehlt Ihnen eine entscheidende Voraussetzung, um selbst im Stellenmarkt aktiv und initiativ zu werden – Sie müssen sich gedulden, bis einer mit der richtigen Idee um die Ecke kommt. Und das kann dauern – länger als es einer bisher erfolgreich verlaufenen Karriere guttut.

8.2 Von der Selbsteinschätzung zur Karrierestrategie

In Anforderungsprofilen, Anzeigentexten aber auch in Führungszeugnissen werden dem Leser die Persönlichkeitseigenschaften nur so um die Ohren gehauen – auch wenn man einen umfangreicheren Test absolviert hat und seine Ergebnisse (hoffentlich ausführlich) erläutert bekommt, kann es gut sein, dass man am Ende verunsicherter ist als zuvor und weniger denn je den Wald vor Bäumen sieht. Konkrete Handlungsanweisungen, welche generelle oder spezielle berufliche Ausrichtung aufgrund der Ergebnisse naheliegen würden, bekommt man eher selten.

Eigentlich sollte eine generelle berufliche Ausrichtung bereits mit oder vor der Studienwahl erfolgen, besser sogar noch vor dem Schulabschluss – aber solange in Deutschland an den Schulen für das Thema Berufsorientierung Lehrer, die nicht speziell dafür ausgebildet sind, abkommandiert werden, wird daraus nichts werden. Möglicherweise sind auch Lehrer ganz generell beim Thema Wirtschaft überfordert – woher sollten sie die nötige Erfahrung auch haben? Also, Sie müssen selbst ran und das Steuer übernehmen.

8.2.1 Einschätzungstools und ihre Grenzen

Intelligenztest

Was also will man wissen? Z. B. wie intelligent man ist? Das sollte man eigentlich in einem gewissen Umfang bereits aus den Schulnoten ablesen können, aber es gibt genügend Genies, die in ihrer Schulzeit völlig verkannt wurden. Um zu verhindern, dass auch Ihnen so etwas widerfährt, gibt es einen naheliegenden Tipp: Machen Sie einen Intelligenztest – das geht heute online und kostet nicht die Welt. Dann wissen Sie, wo sie Intelligenzschwerpunkte haben – logisch-mathematisch, gutes räumliches Vorstellungsvermögen, gutes Sprachvermögen und, und, und. Vor allem bekommen Sie auch eine Idee davon, wo Sie im Vergleich zu anderen Menschen stehen, denn bei Tests werden Sie grundsätzlich mit anderen Testteilnehmern verglichen. Fragen Sie also, welche Personen als Vergleichsmaßstab herangezogen wurden.

Fähigkeiten jenseits der Intelligenz

Was Intelligenztests nicht erfassen, sind besondere Fähigkeiten und Talente. Auch zu Ihrem Sozialverhalten bekommen sie durch einen Intelligenztest in aller Regel keine besonders validen Aussagen. Es wird Ihnen am Ende auch nicht mitgeteilt, dass Sie musisch begabt sind, oder dass Sie eine gute Feinmotorik haben (wichtig für alle Berufe, in denen Sie Ihre Hände einsetzen müssen, sei es als Handwerker, als Chirurg oder Zahnarzt). Auch zu Temperamentsdimensionen liefern Intelligenztests keine Aussage. Sie werden also nicht erfahren, ob Sie besonders quirlig und dynamisch sind, oder ob Sie eher eine »Schlaftablette« sind … – na ja, falls Sie das sind, dann wissen Sie das vermutlich längst selbst.

Ein einfacher Weg, mehr über sich selbst zu erfahren, besteht darin, einfach Ihre Bekannten, Freunde, Kollegen, Lebenspartner oder Kinder danach zu fragen, wie sie Sie charakterisieren würden – oft werden diese Ihnen ohne den Umweg über einen komplizierten Test sagen können, wie Sie auf andere wirken. Ob dieser Personenkreis Ihnen immer ganz offen und ehrlich sagt, was er von Ihnen hält, sei trotzdem dahingestellt. Möglicherweise müssen Sie deutlich dazu anmerken, dass es Ihnen bei dieser Frage um richtungweisende berufliche Entscheidungen geht. Da hätte falsche Rücksichtnahme fatale Folgen.

MBTI/DISG/Insight

Wir selbst haben lange überlegt, welche Tests und Tools uns bei unserem eigenen Beratungsgeschäft hilfreich sein könnten – also Antwort auf die Frage »Wie sollte ich mich beruflich orientieren oder positionieren, um erfolgreich zu sein – wie kann ich mein Potenzial gut ausschöpfen und beruflich ein hohes Zufriedenheitsniveau erreichen?« liefern.

Was jedem, der sich auf die Suche nach solchen Instrumenten begibt, in die Hände fällt, dürfte der Myers-Briggs-Typenindikator (MBTI) und seine »Nachkommen« DISG, Insight, Scheelen Insight – und wie die Derivate sonst noch heißen mögen – sein. Die hatten wir seinerzeit schnell verworfen. Der MBTI stammt von 1920 – das ist lange her – und beruht auf einer Typologie des Schweizer Psychologen C. G. Jung, einem Zeitgenossen von Siegmund Freud. Die zugrunde liegende Typologie spricht sicherlich für sehr viel Erfahrung im Umgang mit Menschen, aber die Klassifizierung in wenige Grund- und Mischtypen, wie sie vom MBTI und seinen Derivaten vorgenommen wird, erschien uns mit Blick auf unsere Arbeit nicht hilfreich genug.

8.2.2 Motive und ihre Erfassung im Reiss-Profil/Luxx-Profil

Gelandet sind wir schließlich beim Reiss-Profil (Reiss Motivation Profile), einem Test-Tool, das Aussagen zur Motivstruktur von Menschen macht. Steven Reiss – mittlerweile verstorben – war ein in den USA sehr bekannter und viel zitierter Psychologe, der an der Ohio State University forschte und lehrte.

Er hat versucht herauszuarbeiten, welche die grundlegenden Motive des Menschen sind. Die von ihm erarbeite Systematik mit 16 »Lebensmotiven« fanden wir sehr anschaulich und überaus pragmatisch. Sein Tool – eine rund 20- bis 30-minütige schriftliche Befragung – liefert Aussagen zur Motivstruktur einer Person. Dies Tool hat uns viele Jahre gute Dienste geleistet und tut es ab und an auch noch heute, wenn wir von Freunden und Bekannten oder jüngeren Managern um Rat und Hilfe gefragt werden.

Der Grund, weshalb wir dieses Tool nicht mehr bei jedem unserer Projekte einsetzen, liegt im Wandel unserer Klientel begründet. Wir haben es heute überwiegend mit Senior Managern zu tun, die in ihrem Berufsleben bereits mit so vielen psychologischen Folterinstrumenten in Kontakt gekommen sind – Tests, ACs, 360°-Feedbacks, strukturierte Beurteilungen etc. – dass sie (und wir) dessen mittlerweile überdrüssig sind. Wirklich »gestandene« Manager haben ohnehin in aller Regel ein recht nuanciertes Selbstbild (und falls sie es in diesem Alter noch immer nicht haben, dann können auch wir mit einem Motivprofil daran nicht mehr viel ändern – wir sind Top-Management-Berater, nicht Führungs-Coaches).

Es gibt Psychologen, die Prof. Steven Reiss mangelnde Wissenschaftlichkeit vorwerfen und sein Instrument in die Nähe von Horoskopen zu rücken versuchen. Wir müssen gestehen, dass es uns mit sehr vielen psychologischen Theorien und Tools durchaus ähnlich ergeht.

Es gibt – wenn man so will – eine »verbesserte« – Version des Reiss-Profiles, nämlich das Luxx-Profil (LUXXprofile), das seinem Namen dem Umstand verdankt, dass es wissenschaftlich von der Uni Luxemburg begleitet und weiterentwickelt wird. Ob Reiss- oder Luxx-Profil – es ist schon viel gewonnen, wenn sich Führungskräfte überhaupt einmal mit Motiven beschäftigen – vor allem auch mit den Motiven ihrer Mitmenschen, Mitarbeiter und Kollegen (und mit der Erkenntnis, dass sich Motive nicht beliebig formen lassen).

Folgende 16 Motive sind Bestandteil des Luxx-Profiles (in Klammern dahinter die Bezeichnungen bei Reiss).[1]

1. Motiv: Neugier (Reiss: Neugier)
Das Motiv Neugier beschreibt entweder das Streben nach tiefsinnigem Wissen oder dem Bedürfnis nach praktischer Relevanz. Ein Mensch mit einer hohen Ausprägung im Motiv Neugier hat Spaß daran, sich immer neues Wissen anzueignen. Ein Mensch mit niedriger Ausprägung bevorzugt hingegen das anwendungsorientierte Lernen.

2. Motiv: Soziale Anerkennung (Reiss: Anerkennung)
Das Motiv »Soziale Anerkennung« beschreibt die Unterschiede im Streben nach Anerkennung und Bestätigung. So gibt es Menschen, denen es sehr wichtig ist, von ihren Freunden, Kollegen, ihrer Familie oder Nachbarn Anerkennung zu erfahren, während andere wenig Wert darauf legen. Beide Ausprägungen haben enorme Auswirkungen auf unser Verhalten.

3. Motiv: Einfluss (Reiss: Macht)
Das Motiv »Einfluss« setzt sich mit der Fragestellung auseinander, inwieweit ein Mensch nach Kontrolle und Einfluss auf andere Menschen und Vorgänge strebt. Im Berufskontext könnte dies beispielsweise Aufschluss darüber geben, ob man gerne selbst Verantwortung übernimmt, auch für ein Mitarbeiterteam und gerne Entscheidungen trifft oder ob man eher von anderen geführt werden oder diese unterstützen möchte.

4. Motiv: Status (Reiss: Status)
Das Motiv »Status« beschreibt das Bedürfnis eines Menschen, eine hervorgehobene Stellung in der Gesellschaft zu übernehmen. Ein hohes Statusstreben kann im Berufsleben durch einen Berufstitel, ein hohes Gehalt oder die Anstellung in einem renommierten Unternehmen befriedigt werden. Menschen mit einem sehr niedrigen Statusmotiv ist es eher peinlich, im Mittelpunkt zu stehen.

5. Motiv: Besitz (Reiss: Sparen-Sammeln)
Das Motiv »Besitzen« beschreibt, wie wichtig es einem Menschen ist, gewisse Vorräte anzulegen.

6. Motiv: Autonomie (Reiss: Unabhängigkeit)
Wie stark ein Mensch nach Autonomie strebt, zeigt die Ausprägung im Lebensmotiv »Autonomie«. In der niedrigen Ausprägung legt ein Mensch viel Wert auf ein gemeinschaftsorientiertes Verhalten. Der stark Ausgeprägte möchte idealerweise unabhängig von allen anderen sein.

1 Quelle: Seminarunterlagen der LUXX United GmbH.

7. Motiv: Sozialkontakte (Reiss: Beziehungen)
Das Lebensmotiv »Sozialkontakte« gibt Aufschluss darüber, ob ein Mensch eher ein extrovertierter oder introvertierter Mensch ist. Extrovertierte Menschen lernen gerne andere Leute kennen, während introvertierte Menschen einen kleinen Freundeskreis bevorzugen.

8. Motiv: Prinzipien (Reiss: Ehre)
Das Motiv »Prinzipien« misst, wie wichtig einem Menschen die Einhaltung sozialer Normen und Vorschriften ist. In der hohen Ausprägung würde dies bedeuten, dass man auch im Berufsleben viel Wert auf die Einhaltung bestehender Prozesse und Normen legt. Eine niedrige Ausprägung beschreibt einen ziel-/zweckorientierten Menschen. Er ist der Meinung, man sollte Regeln infrage stellen, wenn man dadurch schneller sein Ziel erreichen kann.

9. Motiv: Soziales Engagement (Reiss: Idealismus)
Wie wichtig einem Menschen das Thema soziale Gerechtigkeit ist, zeigt die Ausprägung im Motiv »Soziales Engagement«. Eine hohe Ausprägung bedeutet, dass ein Mensch starke Emotionen bei sozialer Ungerechtigkeit verspürt.

10. Motiv: Struktur (Reiss: Ordnung)
Das Lebensmotiv »Struktur« beschreibt, wie wichtig einem Menschen klare Strukturen sind. Ein Mensch mit hoher Ausprägung in diesem Motiv strebt nach einem strukturierten Vorgehen, Plänen und Arbeitsanweisungen im Beruf. Ein Mensch mit niedriger Ausprägung verspürt dieses Bedürfnis nicht. Er arbeitet lieber losgelöst von vorgegebenen Strukturen und liebt die Flexibilität.

11. Motiv: Sicherheit (Reiss: Ruhe)
Das Motiv »Sicherheit« beschreibt die Unterschiede im Bedürfnis nach einem ruhigen und sicheren Leben. Ein Mensch mit einer niedrigen Ausprägung in diesem Motiv sucht Herausforderungen im Leben und scheut kein Risiko.

12. Motiv: Revanche (Reiss: Rache – Kampf)
Das Motiv »Revanche« beschreibt, wie sehr ein Mensch danach strebt, Vergeltung auszuüben, wenn er Ungerechtigkeit erfahren hat. Während ein Mensch mit hoher Ausprägung nach Revanche strebt, sucht ein Mensch mit niedriger Ausprägung ein harmonisches Miteinander.

13. Motiv: Bewegung (Reiss: Körperliche Aktivität)
Das Lebensmotiv »Bewegung« gibt an, wie sehr ein Mensch nach körperlicher Aktivität strebt. So gibt es Menschen, die jeden Tag ihre Sporteinheit brauchen, um sich wohlzufühlen, und wiederum andere, die Kraft aus der Ruhe schöpfen.

14. Motiv: Essensgenuss (Reiss: Essen)
Das Motiv »Essensgenuss« soll Aufschluss darüber geben, ob ein Mensch die Nahrungsaufnahme als genussvollen Akt oder eine zweckgebundene Sache betrachtet.

15. Motiv: Familie (Reiss: Familie)
Das Familienmotiv beschreibt die Unterschiede in der Fürsorge für die Menschen, die man zur eigenen Familie zählt. Ein sehr fürsorgliches Verhalten ist das Resultat einer hohen Ausprägung, während partnerschaftliches Verhalten das Resultat einer niedrigen Ausprägung ist.

16. Motiv: Sinnlichkeit (Reiss: Eros - Schönheit)
Das Lebensmotiv »Sinnlichkeit« beschreibt die Unterschiede im Streben nach sinnlichen und erotischen Erfahrungen und nach einem aktiven, erfüllten Sexualleben.

Soweit die Erläuterung der Motive. Anhand der Motivbezeichnungen im Luxx- bzw. Reiss-Profil wird deutlich, dass es kleine Unterschiede gibt, die zu diskutieren möglicherweise lohnenswert wäre - aber sicherlich nicht in dem Zusammenhang »Motive und Karriere-Strategie«, wo eine detaillierte Diskussion den Rahmen sprengen würde.

8.2.3 Erkenntnisse, die Sie aus Ihren Motiven ableiten können

Nicht alle diese Motive haben uns bei unserer Arbeit interessiert. Zweifellos sind Sex und Ernährung wichtige menschliche Grundmotive, die das Überleben der menschlichen Spezies sicherstellen. Uns hat die sexuelle Ausrichtung und die diesbezügliche Motivstärke unserer Klienten jedoch nie interessiert, weil wir bei unserer Art von Klientel keinen direkten Zusammenhang zwischen Sex und Karriere sehen - niemandem unserer Kunden konnte man den bösartigen Vorwurf machen, er habe sich karrieremäßig »hochgeschlafen«. Auch das Motiv Essen haben wir mangels Karrierebezug links liegen lassen - was nicht heißt, dass man nicht auch als Koch oder Gastronom Karriere machen könnte. Das Bewegungsmotiv - ganz besonders interessant sicherlich für alle Trainer und Coaches im Sport - haben wir unseren Kunden zwar jeweils erläutert, aber ebenfalls nicht detailliert mit ihnen diskutiert.

Etliche Menschen können bereits nach der Lektüre der oben geschilderten Beschreibungen recht eindeutig sagen, ob das jeweilige Motiv bei ihnen stark oder schwach ausgeprägt ist. Manche können daraus für sich sogar eine Rangfolge Ihrer Motive aufstellen. Am leichtesten gelingt das sicherlich denen, die nur zwei oder drei wirklich stark ausgeprägte Motive haben (egal, ob in Richtung stark oder schwach). Für solche Personen erübrigt es sich beinahe schon, sich einem entsprechenden »Test« zu unterziehen.

Schwieriger wird es für diejenigen, die sich bei den meisten Motiven irgendwo »dazwischen« – also indifferent sehen. Für solche Personen lohnt es sich wahrscheinlich, einmal den »Test« zu machen, um stärker in die Details gehen zu können und sich von einem erfahrenen Reiss- oder Luxx-Profil-Master seine Ergebnisse interpretieren zu lassen.

Wer sich mit seinen eigenen Motiven beschäftigt, beginnt unwillkürlich, sich mit seinen Mitmenschen – vor allem mit den Kollegen – zu vergleichen. Auch das ist letztlich sehr lehrreich, weil es die Beobachtung schärft (Beispiel Motiv Struktur/Ordnung sehr hoch: »Ja, es ist nicht gänzlich falsch, mich als Erbsenzähler zu bezeichnen, aber solch ein extremer Korinthenkacker wie unser Chef bin ich dann aber doch nicht.«).

Eine der wichtigsten Erkenntnisse aus der Beschäftigung mit den Motiven war und ist, dass Motive weitgehend konstant sind. Der Umgang mit den eigenen Motiven und damit das eigene Verhalten mag sich über die Zeit hinweg ändern, aber die Art und Weise, in der man sein Motiv auslebt, sollte nicht mit dem Motiv selbst verwechselt werden. Ein starkes Motiv wird stark bleiben und immer wieder Impulse aussenden; die Frage, wie man darauf reagiert und wie man mit einem Motiv umgeht, das man selbst möglicherweise als obsessiv empfindet, ist ein anderes Thema.

Ihnen ist wahrscheinlich längst klar, dass auch Führungsverhalten und der Führungsstil Ihrer Vorgesetzten aus deren jeweiliger Motivstruktur hervorgehen. Und dass diese anders als die Ihre ist, davon dürfen Sie ausgehen (es sein denn, Ihr Vorgesetzter hat Sie eingestellt, weil er mehr oder weniger unbewusst erkannte, dass sie in ihren Motiven einander recht ähnlich sind). Wenn einer Ihrer Vorgesetzten Ihnen also Vorschläge der bereits diskutierten Art macht – »Sie müssten etwas mehr Rücksicht auf Ihre Mitarbeiter nehmen« oder auch »Sie müssen Ihre Leute härter rannehmen« – dann ist das nicht hohe Führungskunst, sondern »grober Unfug«.

Ihr Vorgesetzter glaubt, dass seine Vorstellung von Führung die einzig richtige ist. Auf die Idee, dass sein »Führungsstil« und seine »Führungsphilosophie« in direktem Zusammenhang zu seiner ganz persönlichen Motivstruktur, und damit seiner Wertestruktur, stehen könnten, kommt er nicht – er kennt vermutlich nicht einmal diesen Zusammenhang. Also hat er auch so gut wie kein Verständnis dafür, dass andere Führungskräfte aufgrund einer andersgearteten Motivstruktur anders führen. Von solch einem Vorgesetzten darf man auch nicht erwarten, dass er auf die Idee kommt, sich mit der Motivstruktur seiner Unterführer und Mitarbeiter zu beschäftigen. Schade eigentlich, aber leider gängige Führungspraxis.

Auf einige der Motive wollen wir – unabhängig von der obigen Reihenfolge – etwas näher eingehen, um Ihnen ein paar Anhaltspunkte dafür zu liefern, welche Schlüsse sich aus bestimmten Motivausprägungen ziehen lassen.

Einfluss/Macht

Ein schönes Beispiel erzählte uns ein Kunde mit einem extrem hoch ausgeprägten Einfluss-/Machtmotiv. »Ich muss immer und überall den Ton angeben«, erzählte er, »selbst wenn wir am Wochenende mit Freunden und Kindern ganz entspannt eine Fahrradtour machen wollen, rede ich solange auf die Beteiligten ein, bis die auf meinen Vorschlag einschwenken und mit der Route einverstanden sind, die ich unbedingt nehmen will. Hinterher könnte ich mich dann immer selbst ohrfeigen, dass ich alle Beteiligten dabei unterbügele.« Vielleicht findet dieser Kunde ja bald einen Weg, etwas entspannter mit einer als Vergnügen gedachter Aktivität umzugehen. Den Impuls, so zu handeln, wie er es getan hat, wird er jedoch immer wieder verspüren – und zwar häufiger als seine Mitmenschen.

Die Annahme, dass viele Führungskräfte ein stark ausgeprägtes **Machtmotiv** haben, dürfte weit verbreitet sein. Dass es auch Führungskräfte gibt, die trotz eines eher durchschnittlichen oder sogar unterdurchschnittlichen Machtmotivs überdurchschnittlich erfolgreich sind, wird Sie möglicherweise erstaunen. Aber es gibt diese Persönlichkeiten tatsächlich und es sind meist ausgesprochen »angenehme Zeitgenossen«, mit denen man gerne längere Zeit zusammen ist. Überall dort, wo Erfolg nicht durch Druck und Durchsetzen zustande kommt – also zum Beispiel im beratungsintensiven Vertrieb, wo Argumente, Emphase und Stehvermögen unter Umständen mehr gefragt sind als Dominanz, kommen Personen mit einer solchen Motivkonstellation durchaus gut zurecht.

Beratung

Beratungsintensiver Vertrieb – also nicht der Verkauf fertiger Produkte, sondern die Erarbeitung von Lösungen für und mit dem Kunden – und das Thema Beratung liegen recht dicht beieinander, weshalb viele Personen mit schwachem Machtmotiv sich in der Beratung meist dauerhaft wohlfühlen. Zwar muss auch ein Berater mit den Jahren, wenn er nicht auf der Stelle treten will, in einem gewissen Umfang Personalverantwortung übernehmen, aber in Relation zu den Führungsaufgaben in personalintensiven Wirtschaftsbereichen (denken Sie zum Beispiel an einen Servicebetrieb mit vielen un- und angelernten Mitarbeitern und hoher Fluktuation) ist auch dies eine eher beraterische Aufgabe, zumal hoch qualifizierte Spezialisten (darunter häufig auch einige kapriziöse, aber unentbehrliche »Primadonnen«) meist eher negativ auf einen rustikalen, druckvollen Führungsstil reagieren dürften.

Führungskräfte mit starkem Machtmotiv, um auch diese gegenteilige Motivationsausprägung zu betrachten, werden an einer Beratungstätigkeit schon bald vermissen, dass sie letztlich nichts durchsetzen, sondern eben nur beraten können. Sie können ihren Mandanten nicht ihren Willen aufzwingen – für solche Personen ist die Beratung vielleicht ein lehrreicher und lernintensiver Berufseinstieg, aber nichts, was sie dauerhaft zufriedenstellen wird.

Zum Thema **Beratung** kann man rein gedanklich auch viele freie Berufe hinzurechnen, auch der Steuerberater – wie der Name schon sagt – ist »nur« Berater; dies gilt ihn ähnlicher Weise auch für den Rechtsanwalt, den niedergelassenen Arzt, den Zahnarzt, den Apotheker oder den selbstständigen Programmierer, um nur ein paar Beispiele zu benennen. Viel zu führen gibt es in deren beruflicher Situation in der Regel nicht – was die Person mit dem niedrigen Machtmotiv eher freuen, die Person mit dem hohen Machtmotiv eher frustrieren dürfte.

Mit Blick auf Sozialprestige und Einkommen haben die sogenannten »freien Berufe« nicht selten einen sehr viel höheren Stellenwert als die klassischen Managerjobs. CEO wird man mit einem schwachen Machtmotiv vermutlich eher nicht, beruflich und finanziell erfolgreich kann man trotzdem sein, man darf sich halt keine Ziele setzen, die nicht gut zur eigenen Motivstruktur passen.

Unabhängigkeit

Dies Motiv knüpft reibungslos an die Überlegungen, die wir soeben zum Thema Beratung angestellt haben, an. Ein starkes Unabhängigkeitsmotiv ist bei manchen Menschen die Hauptursache dafür, dass sie in die Selbstständigkeit drängen – das geht wegen der geringen Investitionen recht gut mit Beratungstätigkeiten. Nicht, weil es so schön ist, alles, aber auch wirklich alle Kleinigkeiten des Büroalltags selbst zu erledigen (zumindest in der Anfangszeit einer Selbstständigkeit muss man »da durch«), auch nicht, weil es sich mit den – wohl bei allen Selbstständigen periodisch auftretenden – Existenzängsten so besonders gut schlafen ließe, nein, umgekehrt wird ein »Schuh« daraus – all die vielen kleinen Nachteile der Selbstständigkeit nimmt der nach Unabhängigkeit Strebende in Kauf, um zu vermeiden, nach »der Pfeife anderer Menschen tanzen zu müssen«. Der Selbstständige kann Aufträge ablehnen, in einem Vorgesetzten-Untergebenen-Verhältnis ist dies relativ schwer möglich. Ein Grund mehr also, beruflich erfolgreichen Menschen nicht von vornherein »Machtgeilheit« zu unterstellen.

Eine **Beratertätigkei**t – um das Thema noch einmal abschließend zu behandeln – ist in den Augen vieler älterer Manager, die unerwartet ihren Job verloren haben, eine interessante berufliche Alternative. Das kann sie tatsächlich sein, muss es aber nicht notwendigerweise. So etwas kann auch fürchterlich »danebengehen«. Eine Zeit, in der man bereits freigestellt ist und auf ein neues Vertragsangebot wartet, ist für eine interimistische Projektarbeit gut nutzbar, zumal man solche Arbeiten oft genug unaufgefordert von befreundeten Firmen oder sogar aus der bisherigen Firmengruppe zugetragen bekommt. Solche Projekte muss man nicht mühsam akquirieren. Etliche – vor allem ältere – Manager freunden sich mit solchen Projekten an, wenn ihnen keine attraktiven Managerjobs mehr angeboten werden, wohl aber z. B. interimistische Sanierungs- oder Restrukturierungsprojekte. Und so mancher Manager blüht bei solchen Projekten noch einmal voll auf und entwickelt daraus ein »Business«, das ihn – auch in finanzieller Hinsicht – sehr zufriedenstellt.

Es gibt allerdings genügend Manager, und ihre Motivstruktur liefert dafür in aller Regel bereits im Vorfeld der Überlegungen die Hinweise darauf, denen eine solche »freischwebende« Tätigkeit zuwider ist, die solche Projekte nicht nur nicht akquirieren wollen, sie stellen nicht einmal ihre Antennen auf, um Tipps und Hinweise aus dem persönlichen Netzwerk aufzufangen – kein Wunder, dass sie auch keine entsprechenden Projekte angetragen bekommen. In solchen Fällen haben wir es meist mit sehr erfahrenen, aber in erster Linie operativ orientierten »Haudegen« zu tun, die den Spaß an ihrer bisherigen Managertätigkeit in erster Linie aus dem »Machen«, »Erledigen« und »Umsetzen« bezogen haben und rein konzeptionelle, stabsorientierte Aufgaben tendenziell eher gering schätzen. Sie fühlen sich in einer Beratertätigkeit, als habe man ihnen die Flügel gestutzt.

Beuteschema

Sehr heikel kann es sein, sich als Middle-Manager aus einer operativen Funktion heraus als Berater selbstständig zu machen. »Wer einmal ein Messingschild an seine Tür geschraubt hat, ist schwer wieder für eine operative Routinetätigkeit einzufangen«, heißt es in der Industrie. Vermutlich ist das ein Vorurteil, aber unserer Erfahrung lehrt, dass es tatsächlich nicht gut funktioniert. Vermutlich werden in den Personalabteilungen Menschen, die ein starkes Unabhängigkeitsstreben haben, als wenig anpassungsfähig und schwer integrierbar eingeschätzt. »Rein« kommt man also in eine Beratungstätigkeit sehr viel schneller, als wieder »raus«, falls man nach zwei oder drei Jahren feststellt, dass die Beratung dann doch nicht so ganz das Richtige ist.

Weshalb sind so viele Manager von einer Beratungstätigkeit so enttäuscht und ernüchtert, nachdem sie ihnen noch ein paar Jahre zuvor als sehr erstrebenswert erschien? Wir führen dies auf einen Aspekt zurück, der weniger mit Motiven, aber mit einem »Mechanismus« zu tun hat, der in vielen Bereichen der Marktwirtschaft zu beobachten ist: Wir reden vom

Beuteschema. Das Beuteschema besagt, dass kleine Tiere kleine Tiere jagen und große Tiere große. Oder umgekehrt formuliert: Ein Löwe jagt nicht nach Mäusen und Mauswiesel versuchen nicht, einen Elefanten zu erlegen. Oder auf Firmen übertragen: Große Firmen arbeiten am liebsten mit großen Firmen zusammen, kleine Firmen mit kleinen.

Selbst »Große Tiere« – also hoch angesiedelte Manager aus großen, bekannten Firmen – sind, sobald sie sich selbstständig gemacht haben und mehr oder weniger von der Bettkante aus operieren, von heute auf morgen »kleine Tiere«. Einer unserer Kunden, ein erfahrener IT-Manager aus einem bekannten Großunternehmen, kam nach seinem Ausflug in die Selbstständigkeit völlig ernüchtert zu uns, um mit unserer Hilfe wieder nach einem operativen Managerjob zu suchen – er war noch ganz aufgebracht darüber, wie man ihn als Berater behandelt hatte, und berichtete: »Also, wer bin ich denn, dass ich mich von einem kleinen Mittelständler dazu auffordern lassen muss, mich in den Staub unter seinem Schreibtisch zu werfen, um zu prüfen, ob an seinem PC vielleicht eine Schraube locker ist?!« Er kam von einem »Löwen« und war durch seine Verselbstständigung plötzlich nur noch ein Mauswiesel, das man zu den Wollmäusen unter den Schreibtisch schickte. So etwas verkraftet niemand so leicht!

Auch Berufseinsteigern, die ihren ersten Job nach dem Studium oder der Promotion in der Beratung antreten, möchten wir deshalb noch einen Rat mit auf den Weg geben: Wir haben weiter oben schon erwähnt, dass eine drei- oder vierjährige Beratertätigkeit ein hervorragendes Sprungbrett für eine Karriere in Privatunternehmen oder im öffentlichen Dienst sein kann. Erstaunlicherweise wird es nach einer längeren Verweildauer in der Beratung zunehmend schwierig, einen adäquaten Job als operativer »Linienmanager« in der Industrie zu finden. Dafür gibt es wohl zwei Hauptgründe: Der Berater ergänzt und erweitert in seinem fünften, sechsten und siebten Berufsjahr zwar seinen »Instrumentenkoffer« um weiteres Methoden-Know-how, etwas Entscheidendes fehlt ihm jedoch: Führungserfahrung in nennenswertem Umfang, Erfahrung mit renitenten Mitarbeitern, mit knochenharten Betriebsräten, Phasen großer Langeweile (Routinetätigkeiten), Verantwortung für Profit & Loss, und was dergleichen mehr in einem operativen Job auf den Jungmanager zukommt.

Neugier

Der zweite Grund hat etwas mit Persönlichkeitsstruktur zu tun, womit wir wieder beim Thema Motive wären. Sie erinnern sich – eines der Motive, das Steven Reiss dingfest gemacht hat, heißt **Neugier.** Bei diesem Motiv fühlten sich Kunden, denen das Reiss-Profil eine unterdurchschnittliche Motivausprägung bescheinigt hatte, regelmäßig falsch beurteilt. »Aber ich bin doch neugierig und aufgeschlossen – da kann doch was nicht stimmen«, hieß es dann häufig. Bei Steven Reiss bedeutet Neugier in erster Linie hohe Aufgeschlossenheit für Theorien, gedankliche Konstrukte und Konzepte. Niedrige Neugier steht für zupackenden Pragmatismus, der sich auch durch umfangreiche Routinetätigkeiten nicht so leicht demotivieren lässt. Vereinfachend könnte man sagen: Neugier hoch steht für den »Kopf« (und den Kopfarbeiter), Neugier niedrig steht für die »Hand« (den Tatmenschen) – spätestens, wenn man den Sachverhalt so stark vereinfacht, fühlt sich auch der Manager mit dem niedrigen Neugiermotiv nicht länger diskriminiert.

Es mag Ihnen vielleicht etwas zu simpel vorkommen, aber wir sind sicher, dass Sie die Menschen in Ihrer Umgebung, seien es Kollegen, Mitarbeiter, Vorgesetzte, aber auch Freunde, Bekannte und Familienmitglieder relativ treffsicher hinsichtlich Ihrer Ausprägung des Motivs Neugier einschätzen können. Die mit einer sehr hohen Motivausprägung sind schnell gelangweilt und suchen schon sehr bald nach neuer Nahrung für ihre grauen Gehirnzellen; eigentlich ja ganz erfreulich. Wenn Sie aber schon mal einen Vorgesetzten oder einen CEO hatten, der bereits mit einer völlig neuen Strategie um die Ecke kommt, bevor auch nur die ursprünglich hochgepriesene Vorgängerversion der Strategie flächendeckend umgesetzt ist, wissen Sie, dass einem solche Leute auch ganz schön auf den Wecker gehen können.

Ordnung

Hinter einem starken **Ordnungsmotiv** – um auf ein weiteres Motiv einzugehen – steht der Wert »Struktur«. Haben Sie ein ausgeprägtes Ordnungsmotiv, dann halten Sie Strukturen für wichtig und wertvoll, deshalb glauben Sie wahrscheinlich, dass ein Leben ohne Struktur nicht wirklich erstrebenswert sein kann. Unter den Managern, so unsere Erfahrung, sind Menschen mit einem hohen Ordnungsmotiv überproportional vertreten; kein Wunder, dass viele Mitarbeiter ihren Vorgesetzten »Mikromanagement« vorwerfen und sich gegängelt fühlen. Wenn Sie selbst ein sehr niedriges Ordnungsmotiv haben (fragen Sie Ihren Lebenspartner, der wird Ihnen schnell sagen können, wie er Sie in diesem Punkt einschätzt), behalten Sie im Auge, dass es Funktionen gibt, die hohe Anforderungen in Richtung »Strukturiertheit« stellen – denken Sie an Aufgaben in der Fertigung oder im Finanz- und Rechnungswesen –, die Ihnen vermutlich nicht besonders stark entgegenkommen werden.

Auch Branchen können Sie gewissermaßen auf der Ordnungsskala einordnen. Branchen mit einem künstlerischen, modischen Touch (Designprodukte) erwarten von ihren Führungskräften (natürlich in Abhängigkeit von der Funktion) eher Kreativität als Ordnungsliebe – »kreative Buchhalter« sucht hingegen niemand. Branchen mit hohen Sicherheitsanforderungen – z. B. die Luft- und Raumfahrt, oder auch die Medizintechnik und die Pharmaindustrie, werden ihren Mitarbeitern und Führungskräften auch wenig »kreative Freiheiten« lassen – das liegt einfach in der Natur ihres Geschäftes und an den hohen selbst auferlegten oder vom Gesetzgeber vorgeschriebenen Sicherheitsstandards. Unterschätzen Sie das nicht, wenn Sie sich für eine stark sicherheitsorientierte Branche entscheiden. Je höher die Regelungsdichte, desto zahlreicher dürften die Mitarbeiter sein, die sehr strukturiert und akkurat arbeiten müssen. Selbst wenn Sie der Meinung sind, für Ihr Ressort oder Ihre Aufgabe sei dies wohl eher sekundär – täuschen Sie sich nicht: Es ist »stilbildend« für das Arbeitsklima im gesamten Unternehmen, sodass auch Sie davon tangiert sein werden, ob Sie das wollen oder nicht.

Sozialkontakte/Beziehungen

Bei dem Motiv **Sozialkontakte/Beziehungen** sollten Sie versuchen, möglichst ehrlich mit sich zu sein. Sind Ihnen Beziehungen zu anderen Menschen nicht wirklich wichtig, gestehen Sie sich das ein und ziehen Sie die richtigen Konsequenzen daraus. Viele Manager, insbesondere die jüngeren, glauben, Karriere – also beruflicher Aufstieg – sei nur mit wachsender Führungsverantwortung möglich (»je mehr Mitarbeiter ich habe, desto erfolgreicher bin ich«). Manager, denen an den Menschen, die sie führen, nicht wirklich »gelegen« ist, stellen bei wachsender Mitarbeiterverantwortung irgendwann fest, dass »ihre Leute« ihnen mehr und mehr »auf den Nerv gehen«. Das ist fatal für beide Seiten. Niemandem wünscht man einen solchen Vorgesetzten.

Nein, Aufstieg und Erfolg sind auch ohne besonders große Mitarbeiterverantwortung möglich, nicht nur in den freien Berufen; Sie müssen sich als jemand, dem die Inhalte seiner Aufgabe wichtiger sind als der Führungsaspekt, der also ständig mit dem Gefühl herumläuft, seine »Leute« hielten ihn von seiner eigentlichen Arbeit ab, nicht nach führungsintensiven Aufgaben Ausschau halten und auch nicht nach lohnintensiven Branchen, in denen man es normalerweise mit ganz besonders vielen »Leuten« zu tun bekommt.

Status

Es gibt erstaunlich viele Manager, die ein niedriges **Statusmotiv** haben – das sollte man gar nicht glauben, wenn man all die chromblitzenden Limousinen in Firmenfuhrparks sieht und wenn man mitbekommt, welche hartnäckigen Gefechte um Zubehör und Ausstattungsmerkmale ausgetragen werden. Aber es ist so. Managern mit einem niedrigen Statusmotiv ist es egal, ob ihr Wagen 18-oder 19-Zoll-Felgen hat; sie stehen auch nicht gerne im Mittelpunkt und sind ganz bestimmt nicht die, die sich vor ein Mikrofon drängeln, wenn eines in der Nähe ist. Sie fühlen sich häufiger am wohlsten in Funktionen, die aus dem Hintergrund heraus operieren – Finanz- und Rechnungswesen etwa oder HR, auch IT. Es gibt also absolut nichts Kritisches zu solchen Personen anzumerken, aber doch einen wichtigen Rat:

Beschäftigen Sie sich intensiv mit dem Statusmotiv und seinen Ausprägungen! Auch wenn Ihr eigenes Motiv sehr niedrig sein sollte – das Ihres Vorgesetzten und Ihrer Mitarbeiter könnte sehr hoch sein.

Geben Sie Ihrem Vorgesetzten vielleicht auch nur versehentlich zu verstehen, wie albern Sie sein ausgeprägtes Statusbedürfnis finden, dürfte es sehr schnell vorbei sein mit dem guten Einvernehmen. Und wenn Sie sich nicht für das Statusmotiv Ihrer Mitarbeiter interessieren, geben Sie ein wichtiges Führungsinstrument aus der Hand.

Mitarbeiter, denen Status wichtig ist, geht es eher um »kleine Zeichen« der Wertschätzung und Anerkennung. Ein Blumenstrauß oder ein kleines Präsent in Verbindung mit anerkennenden Worten vor Publikum (Letzteres ist das Wichtigste) erfreut und motiviert Personen mit einem hohen Statusmotiv mehr und länger anhaltend als eine Gehaltserhöhung.

»Symbole« sind für Menschen mit hohem Statusmotiv überaus wichtig; wenn Sie eine solche Person nachhaltig frustrieren und demotivieren wollen, weisen sie ihr den Firmenparkplatz zu, der am weitesten von den Parkplätzen der Firmenleitung entfernt ist. Geben Sie ihr ein Büro, das kleiner als das von Mitarbeitern auf derselben Hierarchiestufe ist, und statten sie es mit den hässlichsten und ältesten Büromöbeln aus, die sich im Unternehmen finden lassen. Sie selbst mögen sich an solchen »Kleinigkeiten« nicht stören, aber mit Sicherheit gibt es unter Ihren Mitarbeitern Personen, für die so etwas die »Höchststrafe« ist.

9 Zielunternehmen

9.1 Was muss ich bei der Suche berücksichtigen

Eine Initiativbewerbung ist eine Direktmarketing-Kampagne. Man muss wissen, was man verkaufen will, und man muss überlegen, wer könnte das brauchen, was man verkaufen will.

Das, was Sie verkaufen wollen, ist Ihr Know-how, Ihre Berufserfahrung, Ihre persönliche Leistungsfähigkeit. Daraus definiert sich der Job, den Sie ausüben wollen. Also können Sie Ihr Produkt sehr pragmatisch auch beschreiben, indem Sie beschreiben, wie der Job aussehen sollte, den Sie anstreben.

Die Anschreibenform, die wir Ihnen für die Initiativbewerbung empfehlen, lautet:
1. Ich habe dieses und jenes bisher erfolgreich gemacht.
2. Ich bringe folgende Voraussetzungen und Erfahrungen mit.
3. Zukünftig möchte ich – aufbauend auf dem Bisherigen – dieses oder jenes tun.
4. Ich würde mich freuen, wenn Sie überprüfen könnten, ob sich bei Ihnen die Gelegenheit dazu ergeben könnte, das zu tun, was ich gerne möchte.

Ihre Aussage zu 3. ist eigentlich ganz simpel, muss aber wohlüberlegt sein – es gibt letztlich nur drei Varianten (eine vierte Variante gibt es eigentlich auch, die aber einen kompletten Berufswechsel oder sogar den Ausstieg aus dem Beruf bedeuten würde – für dieses Thema fühlen wir uns nicht zuständig, deshalb übergehen wir es hier auch).
1. Ich möchte dasselbe wie bisher machen!
2. Ich möchte weniger als bisher machen!
3. Ich möchte mehr als bisher machen!
4. (Ich möchte etwas völlig anderes als bisher machen!)

Mit dem ersten Fall haben wir in unserem Metier – dem Outplacement – relativ häufig zu tun. Ein Manager hat seinen Job, mit dem er sich eigentlich rundum wohlfühlte, durch widrige Umstände verloren: Konkurs, Abspaltung seines Verantwortungsbereichs, Verkauf der Firma, neuer Aufsichtsrat, neue Geschäftsführung, schlechte Konjunktur, Handelsbarrieren, Patentstreitigkeiten oder was auch immer – es gibt tausendundeinen Grund dafür, weshalb ein Manager ohne eigene Schuld aus seinem »beruflichen Paradies« vertrieben worden sein kann. Und nun möchte er einfach wieder zurück ins Paradies – er sucht nach einer Aufgabe, die seiner bisherigen möglichst weitgehend ähnelt. Daran ist nichts Ehrenrühriges.

Der zweite Fall klingt zunächst einmal nach Überforderung und hat manchmal auch damit zu tun. Trotzdem kann man auch einen solchen Fall ohne »Imageverlust« verkaufen:

- Bei einem CFO wurden beispielsweise so nach und nach allerlei Funktionen angesiedelt, um die sich keiner seiner Kollegen kümmern wollte: Kantine, Putzkolonne, Pförtner, Empfang, hausinterner Botendienst, Wachdienst, Sicherheit, Telefonzentrale usw. Wenn ein solcher CFO sagt, er möchte sich zukünftig wieder stärker den Kernaufgaben eines CFO widmen, dann ist das nicht nur »legitim«, sondern auch nachvollziehbar.
- Hat ein Vertriebsmanager ein geografisch ausuferndes Verantwortungsgebiet und möchte irgendwann einfach nicht mehr so viel reisen wie bisher, dann kann er das ohne Gesichtsverlust artikulieren und begründen:
  - Z. B. »aus familiären Gründen« (mehr Kinder, Berufstätigkeit des Partners/der Partnerin, pflegebedürftige Eltern, Sterbefälle (Nachlass muss geregelt werden))
  - oder auch ganz einfach: »schlechte Balance zwischen Reisezeiten und effektiver inhaltlicher Arbeit«.
- Der Techniker mit Verantwortung für weit verstreute Werke könnte sich übrigens genau derselben Argumentation bedienen.
- Auch der Wunsch, die beruflichen Akzente wieder neu zu justieren, stellt kein Problem dar: »... möchte zukünftig weniger Projekttätigkeiten«, »... möchte weniger breite Ressortverantwortung«, ...

Der dritte Fall hat viel mit dem zu tun, was wir in den vorausgegangenen Kapiteln zum Thema Karriere geäußert haben. Spätestens, wenn Langeweile aufkommt, sucht man – wie es in vielen Anschreiben so schön heißt – nach einer »neuen Herausforderung«. Dummerweise kann man es nicht, wie bei einer klassischen Bewerbung, bei dieser Floskel belassen, man muss ziemlich genau definieren, was man als Herausforderung betrachtet bzw. worin sie besteht.

Und dummerweise muss man auch in etwa wissen, was einem, wenn man sich weiterentwickeln möchte, zugetraut wird und mit welchen Wünschen und Vorstellungen man »über das Ziel hinausschießt«. Der oben erwähnte Einschub »aufbauend auf dem Bisherigen« ist dabei von ganz entscheidender Bedeutung.

Vielleicht kennen Sie das **Ähnlichkeitsprinzip**. Es besagt, dass derjenige Manager im neuen Job die besten Erfolgsaussichten hat, der die anstehende Aufgabe bereits in ähnlicher Weise wahrgenommen und erfolgreich bewältigt hat. Würde dieses Prinzip wirklich konsequent angewendet, gäbe es keine berufliche Weiterentwicklung und auch keine Geschäftsführer, weil man Geschäftsführer gewesen sein müsste, um Geschäftsführer werden zu können. Da es aber Geschäftsführer gibt, die nicht zuvor

Geschäftsführer waren, sollte klar sein, dass dieses Prinzip nicht ganz so rigide angewendet wird, wie es zunächst scheint.

Hinter dem Ähnlichkeitsprinzip steht der Wunsch nach **Risikominimierung.** Eine Fehlbesetzung ist nichts, was sich ohne Weiteres korrigieren ließe – zumindest nicht im Führungskräftebereich – sie ist immer mit »Kollateralschäden« und Imageschäden auch für denjenigen verbunden, der die Einstellung zu verantworten hat. Im Personalgeschäft ist das Ziel häufiger nicht die »optimale Besetzung«, sondern die »Vermeidung einer Fehlbesetzung« – das ist etwas grundlegend anderes.

Sie müssen also wissen, dass es wenig sinnvoll ist, als Geschäftsführer eines mittelständischen Unternehmens mit 200 Mio. Umsatz bei einem Konzern mit 2 Mrd. Umsatz anzuklopfen, um dort CEO werden zu wollen. Es wird sich niemand finden, der bereit ist, das Risiko Ihres Scheiterns einzugehen. Bei einem Umsatzsprung von 200 Mio. auf 2 Mrd. und einem Sprung in der Mitarbeiterverantwortung von vielleicht 1.000 Mitarbeitern auf 10.000 sollte jedem klar sein, dass das Risiko erheblich ist.

Die Anforderungen mögen bei einem solchen Sprung gar nicht einmal so grundlegend anders sein – auch die 1.000 Mitarbeiter werden Sie nicht mehr alle mit Vornamen gekannt haben und geführt haben Sie auch eine solche Truppe nicht direkt, sondern mithilfe Ihrer »Offiziere« und »Unteroffiziere«. Bei 10.000 Mitarbeitern kommen eigentlich »nur« noch zwei oder drei Leitungsebenen hinzu – am Prinzip der indirekten Führung selbst ändert sich ja kaum etwas – aber es kommen neue Aufgaben und »Herausforderungen« auf Sie zu, die Sie in dieser Form noch nicht kennenlernen konnten, und kein Mensch kann voraussagen, ob Sie daran scheitern werden.

Sind Sie als GF für ein Unternehmen mit 100 Mio. Umsatz verantwortlich, wird man Ihnen durchaus die Verantwortung für ein Unternehmen mit 250 Mio. zutrauen, nicht jedoch für das Unternehmen mit 800 Mio.

Sind Sie als Vertriebschef für einen Umsatz von 5 Mio. verantwortlich, um einmal über eine andere Größenordnung zu reden, wird man keine Bedenken haben, Ihnen zukünftig die Verantwortung für ein Volumen von 20 oder auch 30 Mio. zu übertragen; ginge es jedoch um ein Volumen von 70 oder 80 Mio. wird man sich schon sehr gründlich überlegen, ob man Ihnen diesen Sprung tatsächlich zutraut.

Für diese Zahlenrelationen gibt es keine festen Regeln – eine solche Einschätzung hat viel mit »Bauchgefühl« und »Zahlenmystik« zu tun. Es geht auch nicht nur um Umsatzgrößenordnungen, das Ähnlichkeitsprinzip gilt auch für andere strukturelle Kriterien, auf die wir gleich noch sehr ausführlich eingehen werden.

9.2 Wie viele Zielfirmen benötige ich für eine erfolgreiche Kampagne

Viele Bewerber, die sich mit Initiativbewerbungen versucht haben, sind enttäuscht von diesem »Tool« und behaupten, es funktioniere nicht. Wenn wir in solchen Fällen nachhaken und fragen, wie viele Firmen denn angeschrieben wurden, ist fast immer von zwanzig, dreißig oder maximal vierzig Bewerbungen die Rede. Genau hier liegt aber der Hase im Pfeffer – das ist entschieden zu wenig!

Mit unserer Dienstleistung bei Vogel & Detambel unterscheiden wir uns grundlegend vom klassischen Outplacement. Beim klassischen Outplacement ist es üblich, dem »Probanden« zu erklären, wie er sich Zielfirmen zusammenstellt, er muss sich jedoch selbst um die Zusammenstellung kümmern und ist bereits völlig erschöpft und überfordert, wenn es um mehr als dreißig Firmen geht. Wir hingegen stellen für jeden unserer Kunden die Zielfirmen zusammen – und zwar mithilfe einer ziemlich großen und gut geölten Maschine namens »Research«. Wir stellen bei unseren Projekten – und das macht den eigentlichen Unterschied aus – in der Regel mindestens einhundert, häufiger zweihundert, und wenn es sein muss, auch dreihundert Zielfirmen zusammen!

https://www.vogel-detambel.de/video-was-wir-tun

Das dahinterstehende Kalkül ist denkbar einfach: Wenn Sie sich beruflich neu orientieren wollen oder müssen, ist es wichtig, zwischen zwei oder drei Vertragsangeboten wählen zu können. Sie würden niemals akzeptieren, im Supermarkt nur eine Sorte Wein angeboten zu bekommen; dabei wäre Letzteres nicht wirklich schlimm: Kaufen Sie diesen Wein und er schmeckt Ihnen nicht, dann verwenden Sie ihn eben zum Kochen (wodurch er auch nicht besser wird) oder schütten ihn gleich ganz weg. Wenn Sie aber nach dem Verlust Ihres bisherigen Jobs nur ein einziges Angebot vorliegen haben und mangels Alternativen zugreifen müssen, dann ist es gut möglich, dass Sie sich Ihren bisherigen lupenreinen Werdegang verunzieren – und zwar dauerhaft, denn die Nebenwirkungen verschwinden nicht nach ein paar Stunden wie der Brummschädel nach dem Genuss eines minderwertigen Weins.

Möchten Sie zwischen zwei, drei oder vielleicht sogar vier Angeboten wählen, müssen Sie rund die drei- bis fünffache Zahl an »Prozessen« am Laufen haben. Als »Prozesse« bezeichnen wir die Auswahlprozesse, in die Sie involviert sind. Ein Prozess hat die typische Abfolge: 1. Einladung, 2. Einladung – bei Top-Positionen häufig auch noch Einzel-Assessment –, 3. Einladung, Vertragsverhandlungen (und kurz vor Unterzeichnung auch noch Überprüfung Ihrer Tischmanieren mittels eines persönlichen Essens mit der Senior-Gesellschafterin oder Hauptaktionärin).

Viele Auswahlprozesse enden ohne ein Vertragsangebot; die Gründe können sehr unterschiedlich sein: Sie selbst ziehen sich aus dem Prozess zurück, weil die in Aussicht stehende Position nicht ganz das ist, was Sie suchen. Oder Sie bekommen eine Absage, weil ein anderer Kandidat vorgezogen wurde, oder der Prozess zieht sich in die Länge, weil man noch eine Firma hinzugekauft hat, sodass sich die Rahmenbedingungen ändern, usw. Es ist wie im richtigen Verkauf: Nicht jedes Verkaufsgespräch führt zu einem Verkaufsabschluss.

Bekommen Sie weniger als fünf Einladungen, sind also in weniger als fünf Auswahlprozesse involviert, bleibt am Ende vermutlich überhaupt kein Angebot hängen. Bekommen Sie zehn, zwölf oder fünfzehn Einladungen, ist die Wahrscheinlichkeit hoch, dass Sie am Ende mehr als eine Option haben und wählen können. Um diese Zahl von Einladungen zu generieren, sollten Sie der Einfachheit halber von der zehnfachen Zahl an Zielfirmen ausgehen. Das bedeutet aber, dass Sie über weniger als einhundert Zielfirmen – das sind die Adressaten Ihrer Direktbewerbung – gar nicht erst nachzudenken brauchen.

Wer eine solche Zahl zum ersten Mal hört, bekommt eine Ahnung davon, dass eine Direktmarketing-Kampagne kein Osterspaziergang ist. Wer das aber dann registriert und akzeptiert hat, bekommt ein außerordentlich leistungsfähiges Tool an die Hand, mit dem er seine berufliche Zukunft sehr systematisch und gezielt steuern kann, ohne auf ein umfangreiches Netzwerk, auf Vitamin B, auf Protektion oder auf den puren Zufall hoffen zu müssen.

Man muss, um sich eine solche Zielfirmenliste zusammenstellen zu können, gar nicht besonders geübt, trickreich oder pfiffig sein – mit Internetanschluss braucht es dazu nur noch einen klaren Kopf, Ausdauer und Fleiß, durch die man sich einen enormen Wettbewerbsvorteil einhandelt. Wenn Sie sich das immer vor Augen halten, sollte es ein Leichtes für Sie sein, eine solche Phase durchzustehen.

Kein »Osterspaziergang« heißt, es handelt sich um eine Fleißaufgabe, die einfach Zeit kostet. Wir stellen für unsere Kunden zunächst eine sogenannte Longlist zusammen, die in der Regel ein bestimmtes Branchensegment in seiner ganzen Breite darstellt (das können durchaus fünfhundert oder auch tausend Firmen sein). Daraus treffen wir dann für unsere Kunden eine Auswahl – auf Grundlage der uns aus den Unternehmen vorliegenden Informationen. Für diesen Projektabschnitt bitten wir unsere Kunden, uns zehn Arbeitstage Zeit einzuräumen. Wenn Research-Profis für so etwas zehn Tage benötigen, bedeutet das für den ungeübten »Laien«, dass, wenn er diese Arbeit selbst macht, er sich noch ein paar Tage mehr für diesen Arbeitsschritt einplanen sollte.

9.3 Wo finde ich die Zielunternehmen

Ganz einfache Antwort: im Internet.

Nehmen wir ein Beispiel:

- Sie sind junger Controller (unterhalb des kaufmännischen Leiters) im Maschinenbau (500 Mitarbeiter, 100 Mio. Umsatz), Sie möchten auch weiterhin als Controller arbeiten (möglichst in einem größeren Unternehmen) oder alternativ in einem vergleichbar großen oder auch etwas kleineren Unternehmen als kaufmännischer Gesamtleiter bzw. kaufmännischer Geschäftsführer; vielleicht nicht gleich in einem Schritt, aber doch mit der erkennbaren Perspektive, dies in absehbarer Zeit zu werden.
- Sie wollen in der Branche Maschinenbau bleiben, weil Sie über gute Kenntnisse der Fertigungsverfahren, der Materialflüsse und der Kostenentstehung im Maschinenbau verfügen – insbesondere bei Klein- und Mittelserien.
- Sie wollen weiterhin in Deutschland arbeiten.

Wie finden Sie nun die passenden Zielfirmen?

Schritt 1: Sie geben in Google z. B. »die Firmen des Maschinenbaus in Deutschland« ein.

Schritt 2: Sie rufen die ersten 10 oder 20 Webseiten auf, die Google Ihnen nennt.

Schritt 3: Sie freuen sich darüber, wie erstaunlich schnell Sie an geeignete Quellen kommen.

Schritt 4: Suchen Sie nach der Quelle, mit der Sie die Nennungen sinnvoll segmentieren können (z. B. nach Region, Umsatz, Mitarbeiterzahlen, Produkten).

Schritt 5: Sie gehen die Webseiten der gefundenen Firmen der Reihe nach durch und suchen sich die für Sie interessantesten Firmen heraus.

Wenn Sie als Leser dieses Buches eines solche Abfrage machen, werden Sie andere Nennungen von Google bekommen, als wir zu dem Zeitpunkt, als wir dieses Buch verfasst haben. Wir sagen Ihnen, um Ihren Optimismus zu befeuern, welche Webseiten wir unter den ersten zehn Google-Nennungen hatten:

- https://www.listenchampion.de/produkt/top-maschinenbauer-deutschland-liste-der-groessten-maschinenbauunternehmen/ (kostenpflichtig, nennt die 200 größten Firmen)
- https://de.kompass.com/a/anlagenbau-und-maschinenbau/6591016/ (nennt 1.600 Firmen mit Link zu deren Webseite; erst Detailinformationen sind kostenpflichtig)

- https://de.wikipedia.org/wiki/Kategorie:Maschinenbauunternehmen (nennt rund 400 Firmen mit Link zu deren Webseite)
- https://www.xing.com/companies/industries/40000-industrie-und-maschinenbau?page=205 (nennt rund 10.000 Firmen mit Kurzprofilen und Links zur Firmenwebseiten – segmentierbar)
- https://www.industrystock.de/de/maschinenhersteller (nennt rund 50 Unterkategorien des Maschinenbaus mit – unzähligen – zugehörigen Firmen – national und international)
- https://www.arbeitgeber-ranking.de/rankings/studenten/bereich/ingenieurwesen/fachrichtung/allgemeiner-maschinenbau (nennt die 100 Firmen, die jeder Student in Deutschland kennt, diese Firmen werden regelmäßig mit Initiativbewerbungen von Absolventen überschwemmt)

Für unseren Beispiel-Controller sind die großen 20 oder 200 Unternehmen nicht das, wonach er sucht. Ihn interessieren ja vor allem auch die kleineren. Für ihn ist es aber vermutlich nicht sinnvoll, rund 10.000 potenzielle Zielfirmen im »handverlesen« Verfahren durchzugehen. Er sollte nach einer Quelle suchen, mit der er die Größe der Firmen (nach Mitarbeiter- oder Umsatzzahlen) gut und schnell eingrenzen kann.

Schritt 5 ist nicht immer so leicht, wie wir es oben lapidar geschildert haben. Sich aus einer Vielzahl von Firmen die »passenden« herauszusuchen, erfordert eine gewisse Erfahrung. Wir hatten gesagt, unser Controller hat Erfahrungen mit Mittel- und Kleinserien. Es wäre also wichtig, dies bei der Firmenauswahl gut im Auge zu behalten (Ähnlichkeitsprinzip) und möglicherweise zu dem entscheidenden Auswahlkriterium zu machen.

Wenn man dies anhand der Produkte zu beurteilen versucht – es gibt keine Firmenwebseite, die nicht das Produktionsprogramm des Unternehmens auffächert –, muss man mitunter Hilfskriterien entwickeln, z. B. »Hauptsache keine Großserien bzw. Massenprodukte«. Im Supermarkt erhältliche Zahnstocher? Massenprodukt – weg damit! Schraubensortimente, die ich im Baumarkt kaufen kann? Massenprodukt – weg damit! Kabelbinder, Dichtungen, Unterlegscheiben – Sie merken schon, alle Teile, die unter einem Euro kosten, sind sicherlich keine Produkte, die in Klein- und Mittelserien hergestellt werden.

Sind Sie sich unsicher, wie das Unternehmen und seine Produkte mit Blick auf Ihre Auswahlkriterien zu beurteilen ist, nehmen Sie es trotzdem in Ihre Auswahl auf. Was wäre schon dabei, wenn Ihre Zielfirmenliste 180 Positionen statt 120 Firmen umfasst? Sie sind kein Profi in Sachen Firmenauswahl, also kann Ihre Treffsicherheit nicht so gut sein, wie die einer professionellen Search-Firma – dann müssen Sie eben etwas mehr Munition »verballern«!

Ein **Techniker bzw. Ingenieur**, der nach ähnlichen Firmen sucht wie unser Controller, wird – neben dem Kriterium Seriengröße sein Augenmerk stärker auf die verwendeten Technologien und die verarbeiteten Materialien richten (Holzverarbeitung, Metallverarbeitung, Kunststoffverarbeitung etc.). Für ihn ist das Mitgliederverzeichnis eines Verbandes vermutlich der kürzere Weg zu den Firmen, die ihn interessieren; Beispiel:

https://www.vdma.org/mitglieder (ca. 3.300 Firmen mit Weblink, die Mitglied im Verband Deutscher Maschinen- und Anlagenbau sind)

Für jede Art von Branche oder wirtschaftlicher Tätigkeit gibt es (mindestens) einen Verband. Nicht alle **Verbände** sind so große und bekannt wie der VDMA. Die kleineren und unbekannteren findet man z. B. auf der Webseite des **Deutschen Verbände-Forums**; auf der Seite der gefundenen Verbände kann man sich dann die Mitgliedsfirmen herauspicken und einer näheren Begutachtung unterziehen:

https://www.verbaende.com/suche/

Firmen, die Mitglied in einem Verband sind, haben in der Regel bereits einen gewissen »Reifegrad«. Start-ups findet man meist nicht in den Mitgliederverzeichnissen von Verbänden. Dafür bieten sich eher die Ausstellerverzeichnisse von **Messen** an. Welche Messen es gibt – national und international –, erfährt man beim Verband der Deutschen Messewirtschaft:

https://www.auma.de/de

Zu jeder Messe gibt es üblicherweise ein **Ausstellerverzeichnis** und eine **Produktgruppensystematik.** Produktgruppensystematiken können sehr hilfreich bei der Suche nach Produkten sein, mit denen man es in Zukunft zu tun haben möchte – vor allem im Hightechbereich. Die Durchsicht solcher Produktgruppensystematiken zeigt einem im Allgemeinen auch, »was es sonst noch so gibt«. Auf Messen gibt es zumeist auch ausländische Anbieter, die bisher noch nicht im Inland mit Vertriebsniederlassungen präsent sind. Das kann für Vertriebsleute ein interessanter Suchansatz sein.

Sich durch dieses Datenvolumen zu wühlen, ist nicht einfach, aber es ist machbar. Wenn Sie sich vornehmen, jeden Tag 20 Zielfirmen zu identifizieren, dann haben Sie nach 1–2 Wochen Arbeit (Kurzurlaub) eine Zielfirmenliste mit 200 Firmen. Für 20 Firmen pro Tag sollten Sie, selbst wenn Sie die Firmenwebseiten sehr gründlich durchsehen nicht mehr als acht Stunden (einschließlich Mittagessen, Kaffeepause und Spaziergang an der frischen Luft zum Durchpusten des Hirns) benötigen.

Zum Glück ist nicht jede Branche so groß wie der Deutsche Maschinenbau. Es gibt auch genügend Branchen, in denen Sie froh sein werden, überhaupt 200 Firmen zusammenzubekommen. Damit sind Sie möglicherweise bereits nach zwei oder drei Arbeitstagen am Ziel.

9.4 Ansprechpartner

Sie brauchen, um Ihre Bewerbungsunterlagen im Unternehmen zu platzieren, einen Ansprechpartner. Je nachdem, wer Sie sind, gibt es dafür drei Ansatzpunkte.

Manche Firmen weisen explizit darauf hin, dass Initiativbewerbungen willkommen seien, und bieten entsprechende E-Mail-Adressen oder Möglichkeiten zum Upload der Unterlagen an.

Manche wollen gleich von vornherein eine »elektronische Bewerbung«. Das sieht gut aus und lässt professionelle Bewerbungsabwicklung erwarten, hat mit der Realität aber oft herzlich wenig zu tun. Ein solcher Hinweis bedeutet nicht notwendigerweise, dass Sie begrüßt werden wie eine »gebratene Taube«, die dem Unternehmen quasi ins Maul fliegt. Es wird Ihnen trotzdem passieren, dass man Sie eher wie eine lästige »Schmeißfliege« behandelt, die es zu vertreiben gilt.

Man sollte es eigentlich nicht glauben, aber manche Firmen, die Ihnen zunächst von den Produkten und vom Webauftritt her hochinteressant erscheinen, entpuppen sich bei ihrer Reaktion auf eine Initiativbewerbung als »Laienspielgruppe« – unprofessionell, nachlässig, oder noch schlimmer: Die Kontaktperson trifft (schriftlich oder mündlich) nicht den richtigen Ton.

Wappnen Sie sich innerlich dagegen – in einer solchen Situation kann folgendes Mantra sehr hilfreich sein, um Ihren Unmut zu dämpfen: »Man sollte nicht immer Bösartigkeit unterstellen, in der Mehrzahl aller Fälle genügt es, von Dummheit oder Hilflosigkeit auszugehen.«

Nach unserer Erfahrung ist bei sehr vielen Firmen das Bewerberhandling stark verbesserungswürdig – und zwar egal, ob es sich um kleine, unbekannte oder um große, renommierte handelt. Machen Sie es, wie wir es in Kapitel 4 im Zusammenhang mit »unmöglichen« Headhuntern empfohlen haben, fokussieren Sie sich auf den angepeilten Job und nicht auf die Unzulänglichkeiten inkompetenter Mitarbeiter. Auf die Mängel des Bewerbungsprozesses können Sie besser Einfluss nehmen, wenn Sie erst einmal **im** Unternehmen sind, statt **davor**. Und trennen Sie sich von der Vorstellung, dass es »perfekte« Unternehmen gibt. Perfekte Unternehmen brauchen kein frisches Blut – die stellen folglich auch niemanden ein, der die Verhältnisse zum Besseren wendet.

Führungsnachwuchs und »Unteres« Middle-Management
Am einfachsten haben es der **Führungsnachwuchs** und die **Gruppenleiter**. Sie schicken ihre Unterlagen einfach per E-Mail an die Personalabteilung. Davor schaut man aber erst noch einmal auf die Webseite – Rubrik Karriere –, ob es eindeutige Angaben

für bestimmte Kategorie von Bewerbern mit Nennung konkreter Ansprechpartner gibt, um sich nicht dem Vorwurf auszusetzen, schlampig recherchiert zu haben.

Etwas schwieriger wird die Suche nach dem geeigneten Ansprechpartner, wenn das Unternehmen gar kein Personalwesen hat und auf der Webseite keine Rubrik Karriere führt. Das ist bei sehr vielen kleineren Unternehmen der Fall, die Sie als potenzielle Arbeitgeber keinesfalls gering schätzen sollten. In solchen Unternehmen wird die Personalarbeit in aller Regel von der kaufmännischen Leitung wahrgenommen. Gibt es keine kaufmännische Leitung auf Geschäftsführungsebene, wird es in den meisten Fällen das Beste sein, sich direkt an die Geschäftsführung bzw. die Inhaber zu wenden. Haben Sie in solchen Fällen die »falsche« Zielperson erwischt, ist das kein Beinbruch, Sie können darauf vertrauen, dass Ihre Bewerbung an die richtige Person weitergeleitet wird – das ist der Grund, warum man in solchen Fällen immer »von der Spitze her« in das Unternehmen einsteigen sollte.

Mittleres Management

Hier wird es ein wenig komplizierter. Ihre Vorgehensweise hängt davon ab, in welcher »Flughöhe« Sie sich befinden. Sind Sie **Abteilungsleiter** und Ihre Zielsetzung ist eine Position im Mittleren Management, dann empfiehlt sich die Vorgehensweise, die wir beim Führungsnachwuchs geschildert haben. Für Sie könnte es auch eine Option sein, sich direkt an den potenziellen zukünftigen Fachvorgesetzten zu wenden, was allerdings voraussetzt, dass Sie den identifizieren können. Wenn Ihnen der Name dieser Person bereits geläufig ist, weil Sie sie bereits einmal, wenn vielleicht auch nur kurz, kennengelernt haben, wäre das ohnehin die naheliegende Vorgehensweise.

Sich direkt an den potenziellen neuen Vorgesetzten zu wenden, birgt allerdings auch ein gewisses Risiko. Die Manager des Bereiches HR lieben es absolut nicht, bei Bewerbungsprozessen übergangen zu werden. Es muss nicht schlimm sein, wenn da jemand bei HR »eingeschnappt« ist und Sie das dann im späteren Verlauf des Prozesses auch spüren lässt. Nachteilig für Sie kann es allerdings werden, wenn HR im Unternehmen ein gewisses Standing hat und aus Verärgerung über Vorgehensweise Ihre Einstellung sabotiert. Auch HR-Manager sind eitel – ein solches Verhalten wäre also keinesfalls ungewöhnlich, wenn auch kleinkariert und schädlich fürs Unternehmen.

Wenn Sie **Hauptabteilungsleiter** sind und eine Position auf der Ebene unter der Geschäftsleitungsebene anstreben, sollten Sie versuchen herauszufinden, welchen Stellenwert das HR im Unternehmen hat. Ist HR auf der Ebene der Hauptabteilungsleiter angesiedelt – am besten erkennbar an der Häufigkeit, mit der der Stelleninhaber in der Presse oder in den firmeneigenen Publikationen erwähnt wird und neben der Geschäftsführung im Bild gezeigt wird – dann sollten Sie HR einbinden und anschreiben.

Gewinnen Sie den Eindruck, dass HR im Unternehmen tendenziell mehr mit Krankenkassenabrechnungen sowie der Lohn- und Gehaltsbuchhaltung befasst ist, nehmen

Sie sich die Freiheit, HR zu übergehen und sich direkt an die Geschäftsführung zu wenden.

Top-Management
Sind Sie bereits Geschäftsführer oder Mitglied der Geschäftsleitung und streben eine Position auf Geschäftsführungslevel an, dann wird es noch etwas kniffliger. HR kommt als Ansprechpartner aus unserer Sicht dann überhaupt nicht mehr infrage, selbst wenn sich der Stelleninhaber auf den Schlips getreten fühlen sollte. Auch der kaufmännische GF, in dessen Verantwortung HR angesiedelt sein dürfte, ist vermutlich nicht der ideale Ansprechpartner. Es kommt für Sie eigentlich nur der Sprecher der Geschäftsführung (CEO) infrage, und falls Ihre ressortmäßige Zielsetzung viel oder zu viel Überschneidung mit dem Ressort dieses CEO aufweist, sollten Sie nicht einmal den anschreiben, sondern den Beirats- oder Aufsichtsratsvorsitzenden oder den Inhaber.

Gibt es mehrere Gesellschafter oder Inhaber – z. B. Geschwister der Inhaberfamilie – sollten Sie versuchen herauszufinden, wer von diesen »das Sagen« hat – die Person mit dem Abschluss im Fach Kunstgeschichte, Sozialpädagogik oder Theaterwissenschaften (Sie müssen nur lange genug im Internet herumwühlen, um so etwas herauszufinden) ist es jedenfalls nicht. Auch Rechtsanwälte und Steuerberater, die im Beirat sitzen, oder ihm sogar vorsitzen, sind in solchen Fällen eher nicht die geeigneten Ansprechpartner, weil sie keine operative Aufgabe im Unternehmen haben.

9.5 Mobilität

Fahrrad oder ICE
Die Chancen, mit dem Fahrrad von Ihrem heutigen Wohnsitz zum zukünftigen Arbeitgeber fahren zu können, sind gering – da müssten Sie schon Riesenglück haben. Oder Sie wohnen sehr zentral in einer der »Metropolen« und die Bürotürme internationaler Headquarter werfen ihre Schatten direkt in Ihren Vorgarten.

Als »Metropolen« oder »Metropolregion« bezeichnen wir alle deutschen, österreichischen und schweizerischen Städte mit mehr als 500.000 Einwohnern und deren Einzugsbereich. Wir zählen auch Genf und Zürich dazu, obwohl diese weniger Einwohner haben. Und natürlich zählen wir alle großen Städte außerhalb der D-A-CH-Region dazu.

Sind Sie Nachwuchsführungskraft, dann besteht die Möglichkeit, dass Sie einen neuen Job in der Nähe Ihres Kirchturms finden. Gehören Sie zum Middle-Management oder zum Top-Management, sollten Sie Ihre Suche grundsätzlich »national« oder sogar »international« ausrichten – also ohne Rücksicht auf Ihren derzeitigen Wohnsitz, sonst funktioniert Ihre Direktmarketing-Kampagne nicht gut; Sie werden einfach nicht genügend interessante Zielfirmen finden, wenn Sie den Radius zu eng ziehen. Und was passiert, wenn Sie es mit dreißig oder vierzig Zielfirmen versuchen, haben Legionen von Initiativbewerbern bereits vorexerziert: nichts.

Wir machen die Erfahrung, dass neue Positionen sich immer dann für unsere Kunden als nicht optimal erweisen, wenn die Regionalität, also der Standort des neuen Arbeitsplatzes ausschlaggebend für die Auswahl des Angebotes war. Es gibt die »mentale Tendenz«, sich ein Angebot im Einzugsbereich »schönzureden« und nachteilige Aspekte beiseitezuschieben, wenn man bei einem Jobwechsel auf den Wohnortwechsel verzichten kann – vor diesem Effekt ist kaum jemand gefeit. Die beiseitegeschobenen Aspekte sind es aber dann, die später dafür sorgen, dass bereits kurze Zeit später ein weiterer Wechsel ansteht. Das sieht im CV nicht besonders gut aus, und der Umzug wird dann eben entsprechend später trotzdem fällig.

Fertigungsunternehmen haben ihre Werke häufiger in ländlichen, strukturschwachen Gegenden mit (relativ) niedrigen Löhnen, sodass man bei einem Jobwechsel zu einem dieser Unternehmen relativ oft vor der Notwendigkeit steht, umzuziehen (oder zu pendeln).

Internationale Firmen und deren Töchter haben ihren Sitz in der Mehrzahl der Fälle im Einzugsbereich eines größeren (internationalen) Flughafens, sodass die Wahrscheinlichkeit, in die »Pampa« ziehen zu müssen, etwas geringer ist – Ausnahme wie gesagt Fertigungsstandorte.

Wir haben aber noch ein Trostpflaster, für alle, die ein Umzug vor familiäre Probleme stellt: Größere Firmen und Firmengruppen sind oftmals an vielen Standorten vertreten, die sich über die gesamte Republik verteilen, sodass durchaus die Möglichkeit besteht, Ihren Schreibtisch in der Nähe Ihres Wohnortes beibehalten zu können. Wir empfehlen, die Zielfirmen grundsätzlich national zu suchen, weil der Sitz der Hauptverwaltung mit dem eigenen zukünftigen Arbeitsort in vielen Fällen nicht identisch ist. National zu suchen, bedeutet also keinesfalls immer Umzug.

9.6 Die Aussendung – Knallfrosch oder Kanonenschlag

Eine Frage, die viele Initiativbewerber umtreibt, lautet: Soll ich meine Bewerbungen lieber schubweise rausschicken oder alle gleichzeitig – Methode »Knallfrosch« oder besser Methode »Kanonenschlag«?

Unsere eindeutige Antwort ist: Methode »Kanonenschlag«! Eine Vorgehensweise in mehreren Schritten hätte den gravierenden Nachteil, dass Sie möglicherweise bereits einen »Spatz in der Hand haben«, ehe Sie wissen, ob es vielleicht auch noch »eine Taube auf dem Dach« geben wird. Haben Sie Ihre Bewerbungsaktion in verschiedene Portionen und Zeitscheiben zerlegt, ist es unwahrscheinlich, dass Sie Ihre Entscheidung hinsichtlich eines ersten Vertragsangebotes solange hinauszögern können, bis Ihnen das letzte Angebot vorliegt. Der Bewerbungsprozess zieht sich ohnehin mehr in die Länge, als es einem lieb sein kann, also sorgen Sie nicht noch für zusätzliche Verzögerung, indem Sie Ihre Kampagne »knallfroschmäßig« abfackeln.

9.7 Auswahl von Zielunternehmen – Schuster bleib bei Deinen Leisten

Welchen »Spielraum« haben Sie bei der Auswahl der Zielfirmen?

Ein Beispiel dafür haben Sie bereits am Anfang dieses Kapitels kennengelernt; dort haben wir ihnen geschildert, welchen Zuwachs an Umsatzverantwortung man Ihnen zutraut im Verhältnis zu dem Umsatz, den Sie heute verantworten. Wie groß darf also Ihre zukünftige Firma sein, wenn Ihre bisherige Firma eine bestimmte Größe hatte?

Es kann eigentlich nie viel schiefgehen, wenn Sie sich mit Ihren Zielvorstellungen hinsichtlich des neuen Jobs relativ eng an das anlehnen, was Sie bisher hatten (»Schuster bleib bei Deinen Leisten«). Nur bringt Sie das – karrieremäßig betrachtet – nicht wesentlich bzw. nur in kleinen Schritten weiter. Sind Sie hingegen sehr ehrgeizig und wollen mit Siebenmeilenstiefeln vorwärtsstürmen, kann es sein, dass Sie wenige oder überhaupt keine Einladungen bekommen, weil Ihren Adressaten der »Schluck, den Sie aus der Pulle nehmen wollen«, zu groß erscheint.

So oder so – das Fenster, innerhalb dessen Sie sich bewegen können, ist nie so besonders breit. Kommen Sie also bitte nicht auf die Idee, zu behaupten, ein guter Verkäufer könne eigentlich alles verkaufen, oder ein erfahrener Manager könne eigentlich so gut wie alles managen. Kann er nicht. Wenn Sie durchblicken lassen, dass Sie so etwas glauben, dann geben Sie damit bestenfalls eine gehörige Portion Unwissen, Ignoranz und Naivität zu erkennen.

Bewerben Sie sich bitte auch nicht bei einem Formel-1 Rennstall oder bei einem Sportverein der 1. Bundesliga, weil Sie die jeweilige Sportart so »geil« finden. Auch die Bewerbung bei einer der wenigen Uhrenmanufakturen ist nicht sinnvoll, wenn Sie nur Liebhaber und Sammler von hochwertigen Uhren sind. Verlieren Sie niemals das Ähnlichkeitsprinzip aus den Augen.

Es gibt für die verschiedenen Funktionsbereiche ganz unterschiedliche Spielräume, die wir etwas näher betrachten wollen.

Bereich Finanz- und Rechnungswesen

Was den Bereich **Finanz- und Rechnungswesen** angeht, ist man gar nicht so »pingelig«, wie Sie es vielleicht erwarten würden. Firmen der verarbeitenden Industrie legen im Wesentlichen Wert darauf, dass Sie aus der »Industrie« kommen und mit industrieller Kostenrechnung vertraut sind. Ohne solche Vorkenntnisse würde es mit dem Controlling schwierig werden. Ob das zukünftige Unternehmen aus der Metall-, Holz-, Kunststoffverarbeitung ist, spielt dann eher eine untergeordnete Rolle. Sie können also das Ähnlichkeitsprinzip recht großzügig auslegen. Das klingt zunächst vorteilhaft, hat aber den Nachteil, dass Sie auch eine entsprechend große Zahl an Mitbewerbern haben.

Stammt Ihre Berufserfahrung überwiegend oder ausschließlich aus Handel und Dienstleistung, Bank- oder Versicherungswesen, haben Industrieunternehmen nichts auf Ihrer Zielfirmenliste verloren. Bleiben Sie in diesen Fällen in Ihren angestammten Branchensegmenten, dann ist die Gefahr, dass Ihre Direktbewerbung einfach ignoriert wird, gering.

Firmen des Sondermaschinen- und Anlagenbaus, die große, teure, individuell gefertigte Maschinen oder kundenspezifische Anlagen herstellen, sind in der Regel weltweit tätig, erwarten also von einem Kaufmann zusätzlich Erfahrungen mit internationalen Verträgen – vielleicht sogar mit Projektmanagement – und häufig auch sehr spezielle Finanzierungserfahrungen, weil den Abnehmern das Produkt nur verkauft werden kann, wenn man auch gleich die Finanzierung mit anbietet. Fehlen Ihnen solche Erfahrungen, streichen Sie solche Firmen von Ihrer Zielfirmenliste bzw. nehmen Sie sie gar nicht erst in den Fokus.

Internationale Unternehmen machen ihre Bilanzen in der Regel nach den Bilanzierungsrichtlinien, die am Sitz der Muttergesellschaft gelten. Diese müssten Ihnen bereits geläufig sein, ehe Sie die Töchter solcher Firmen auf Ihre Zielfirmenliste setzen.

Auch börsennotierte Firmen stellen besondere Anforderungen (in der Regel hinsichtlich Investor Relations und Publizitätspflichten). Wenn Sie sich damit nicht auskennen, brauchen Sie bei den großen Aktiengesellschaften gar nicht erst anzuklopfen, es sei denn, Sie bewegen sich mit Ihrer Zielposition noch ziemlich weit unten in der Firmenhierarchie.

Das kaufmännische Management von Firmenbeteiligungen und Private Equity (PE) sind ein Spezialthema. Viele Manager, die PE nicht kennen, aber reizvoll finden, weil sie unterstellen, dass es dort attraktive Beteiligungsmöglichkeiten geben könnte, haben recht diffuse Vorstellungen von dem, was es dort für sie zu tun gibt. Eigentlich existieren dort nur zwei Optionen: Entweder wird man Portfolio-Manager oder GF einer Beteiligungsgesellschaft – das war's auch schon.

Portfolio-Manager kümmern sich um Beteiligungsgesellschaften und halten nach neuen Beteiligungen Ausschau, was gute Kenntnisse im M&A-Geschäft voraussetzt. In dieser Funktion sind Erfahrungen aus der Unternehmensberatung ebenfalls nicht nachteilig.

Sucht eine PE-Gesellschaft Geschäftsführer für eine Beteiligungsgesellschaft, dann bedient sie sich der üblichen Rekrutierungstools, wie dies auch alle anderen Unternehmen tun.

Den Fall, dass eine PE-Gesellschaft eine Reihe von Managern vorrätig hält, um sie dann fallweise interimistisch zu den Beteiligungen zu schicken, gibt es unseres Wissens nirgends. Auch kümmern sich PE-Gesellschaften unserer Erfahrung zufolge nicht um Positionen unterhalb der Geschäftsführungsebene. Wenn der oder die vorhandene(n) oder neu eingestellte(n) Geschäftsführer »richtig« im Sinne der PE-Gesellschaften »ticken«, dann lässt man ihm/ihnen in aller Regel freie Hand bei der Besetzung aller sonstigen Positionen und entsprechend auch bei Entlassungen.

Wer daran denkt, sein Berufsleben ausklingen zu lassen und sich hin und wieder eine Interimstätigkeit an Land zu ziehen, kann sich an eine entsprechende Interimsvermittlungsagentur wenden (die wenigen, die es gibt, sind problemlos im Internet zu finden), um sich dort »listen« zu lassen. Ob man dann auch tatsächlich zum Zuge kommt, ist fraglich. Uns sagte der Inhaber einer solchen Agentur, dass maximal 5 % der bei ihm gelisteten Manager einmal im Jahr ein Mandat bekommen. Das ist nicht besonders viel. Da bietet es sich unseres Erachtens eher an, seine Interimsdienste genau so wie eine Initiativbewerbung zu handhaben, also seine Dienste den Zielfirmen direkt anzubieten.

Bereich Technik

Es gibt bei den Ingenieurwissenschaften mehr als 100 klar unterscheidbare Fachrichtungen – von »Alpine Naturgefahren« bis »Wildbach- und Lawinenverbauung«. (Einen Studiengang, dessen Bezeichnung mit »Z« beginnt, haben wir nicht gefunden).

Die beiden genannten Beispiele machen deutlich, dass es Fachrichtungen mit einer »rasiermesserscharfen« beruflichen Ausrichtung gibt. Hätten wir stattdessen gesagt, das Spektrum reicht von »Anwendungstechnik« bis »Wirtschaftsingenieurwesen«, dann wäre deutlich geworden, dass es auch genügend Studiengänge gibt, die nicht von vornherein zu einer starken beruflichen Einengung führen. Trotzdem – die fachliche Auffächerung ist wohl nirgends so stark wie in den Ingenieurswissenschaften. Sie ist Spiegelbild der hochgradigen Arbeitsteilung in der verarbeitenden Industrie.

Haben Sie einen dieser »Rasiermesser«-Studiengänge absolviert und befinden sich in Ihren beruflichen Anfängen, dann steht zu befürchten, dass Sie gerade einmal zehn oder zwanzig potenzielle Arbeitgeber für sich finden. Mit dem weiteren beruflichen Aufstieg weitet sich dann zum Glück das Feld; das rein Fachliche tritt in den Hintergrund und in manchen Positionen spielt es kaum noch eine Rolle, was Sie studiert haben – Hauptsache Sie sind Ingenieur.

Allgemein kann sicherlich gesagt werden: Je länger Ihr Studium zurückliegt, desto weniger macht man Ihr Know-how und Ihre Einsatzfähigkeit an der Studienrichtung fest. Die Branche bzw. die Produkte, die verwendeten Verfahren, die Fertigungsstruktur, mit denen Sie es in Ihren letzten beruflichen Stationen zu tun hatten, werden maßgebend für das, was man bereit ist, Ihnen an Aufgaben zu übertragen.

Wenn Sie vorrangig im Bereich der **Fertigung** beschäftigt waren, wird man genauer hinschauen, ob Sie aus der »Diskreten Fertigung« oder der »Prozessfertigung« stammen. Entsprechend sollten Sie Ihre Zielfirmen unter diesem Gesichtspunkt segmentieren.

Diskrete Fertigung ist – in Anlehnung an die Definition bei Wikipedia – die Herstellung von Einzelteilen. Automobile, Möbel, Spielzeug, Smartphones und Flugzeuge, aber auch Schrauben, Muttern und Bolzen, Spritzgussteile sind Beispiele für diskrete Herstellungsprodukte. Die resultierenden Produkte sind leicht zu identifizieren und unterscheiden sich stark von den Produkten der **Prozessherstellung**. Bei dieser sind die Produkte undifferenziert, beispielsweise Öl, Erdgas und Salz, aber auch Mehl, Zucker, Backzutaten, Bier, Pharmazeutika, um ein paar Beispiele zu nennen.

Bei der diskreten Fertigung spielt dann wieder das Kriterium der Einzelfertigung, Klein-, Mittel- Großserienfertigung eine gewisse Rolle, weil sich die Organisationsformen, Steuerungs- und Planungsmethoden schon sehr deutlich unterscheiden können.

Versuchen Sie beim Entwickeln der Kriterien für die Auswahl Ihrer idealen Zielfirmen das Spezifische Ihrer beruflichen Erfahrung dingfest zu machen.

Möglicherweise helfen Ihnen ein paar der nachfolgenden Begriffe zu mehr Klarheit bei der Firmenauswahl (diese Begriffe tauchen bei unseren Projekten im Zusammenhang mit der Definition von Zielfirmen immer wieder auf). Und vergessen Sie bitte auch hierbei niemals das Ähnlichkeitsprinzip:

- Manufakturen
- Montage-Intensiv
- Personal-intensiv (Lohn-intensiv)
- Anlagen-/Maschinen-intensiv
- Projektgeschäft
- Systemgeschäft
- Durchschnittliche Stückkosten
- Durchschnittliche Auftragsgrößenordnung

Bereich Materialwirtschaft und Logistik

Reden wir von technischen Funktionen im Bereich **Materialwirtschaft und Logistik,** dann tritt die Unterscheidung zwischen Diskreter Fertigung und Prozessfertigung in den Hintergrund. Ist das Endergebnis der Prozessfertigung erst einmal in Tube, Flasche, Dose oder Tüte verpackt, unterscheidet es sich nicht mehr grundlegend von einem Produkt der Diskreten Fertigung und es ist zu überlegen, ob man zum Beispiel Kriterien wie

- Gebindeformen
- Verpackungsformen
- Sortimentsbreite
- Lieferfähigkeit (Liefergarantie, Expresslieferung)
- Gefahrgut
- Verderblichkeit (temperaturgeführt, Sterilität etc.)

für die Charakterisierung seiner bisherigen Aufgaben und die Segmentierung seiner Zielfirmen heranziehen kann.

Bereich Vertrieb/Verkauf

Für Ihre Firmenauswahl in diesem Funktionsbereich können Sie als Selektionskriterien im Wesentlichen die Besonderheiten der **Absatzwege** und des **Sortimentes** heranziehen.

Das Spezifische Ihrer bisherigen Produkte tritt in den Hintergrund, wenn Sie von sich behaupten können, in bestimmten (sehr spezifischen) Absatzstrukturen zu Hause zu sein.

Beispiele: Als **Export**-Chef sind Sie gut mit länderspezifischen Absatzstrukturen vertraut – also z. B. mit dem mehrstufigen Großhandel in Japan. Dann dürfte das für so manche Firma, die nach Japan exportiert, interessant genug sein, um Ihre Produktkenntnisse erst einmal hintanzustellen. Sie können also bei der Wahl Ihrer Zielfirmen auch Hersteller von Produkten in den Blick nehmen, mit denen Sie bisher wenig zu tun hatten.

Beispiel **Mehrstufiger Vertrieb**: Das zuvor Gesagte gilt auch im Inland. Produkte, die sowohl für Endverbraucher als auch für Handwerker gedacht sind und über den Großhandel vertrieben werden, stellen andere Anforderungen an den Vertrieb als Produkte, die per einstufigem Vertrieb an industrielle Abnehmer gehen. Kennen Sie also den mehrstufigen Vertrieb – z. B. über den Sanitärgroßhandel – dann können Sie sehr wohl auch den Elektrogroßhandel oder den Baustoffgroßhandel als Zielsegment in den Blick nehmen, ohne gegen das Ähnlichkeitsprinzip zu verstoßen.

Direktvertrieb ist eine Welt für sich; wenn Sie dort zu Hause sind, ist Ihr Zielfeld zwar überschaubar, aber auf Ähnlichkeiten im Produkt brauchen Sie dann kaum Rücksicht zu nehmen.

Verfügen Sie über belastbare Erfahrungen in **E-Commerce**, können Sie wählerisch sein, denn für Sie kommen als Arbeitgeber nicht nur die Firmen infrage, die sich dort bereits etabliert haben, sondern auch alle Firmen, die es dringend nötig hätten, sich in diesem Segment zu professionalisieren. Hier könnten Sie Ihren persönlichen Produktpräferenzen breiten Raum geben – auch solchen Produkten, mit denen Sie bisher nicht ansatzweise zu tun hatten.

Verkaufs- und Vertriebsverantwortliche werden gerne mit dem Produkt identifiziert, das sie viele Jahre lang betreut haben. Der neue Arbeitgeber freut sich vermutlich diebisch und fühlt sich geschmeichelt, wenn der Top-Verkäufer seines schärfsten Wettbewerbers plötzlich bei ihm anklopft. Stellt er Sie ein, kann er damit seinen Wettbewerber sicherlich schwächen. Ob eine solche Rochade sich aber auch für Sie und den neuen Arbeitgeber zum Positiven wendet, sei dahingestellt. Viele Ihrer bisherigen Kunden werden nicht überzeugt sein, dass der Wettbewerber, den Sie bisher mit allen Mittel bekämpft haben, nun plötzlich der bessere oder leistungsfähigere Anbieter sein soll.

Hier stößt das Ähnlichkeitsprinzip an seine Grenzen und wirkt sich für Sie zum Nachteil aus. Ihre Möglichkeiten, innerhalb Ihres bisherigen Produktbereiches zu wechseln, können ziemlich limitiert sein. Umso wichtiger wäre es, strukturelle Parallelen zwischen verschiedenen »Produktwelten« herauszuarbeiten und in den Vordergrund Ihrer Direktkampagne zu stellen. Hierzu bieten sich verschiedene **Sortimentskriterien,** die auf die Ähnlichkeiten und Gemeinsamkeiten verschiedener Sortimente abheben:

- B2B
- B2C
- Homogenes Sortiment
- Heterogenes Sortiment (heterogene Abnehmer)
- Sortimentsbreite (Anzahl Produkte)
- Investitionsgüter
- Langsamdrehende Produkte
- Schnelldrehende Produkte
- Saisonale Produkte
- Commodities
- Hightech
- Erklärungsbedürftig
- Katalogprodukte
- Customerisierte Produkte (Projektierung erforderlich)

So mancher Adressat wird nicht auf Anhieb erkennen, was Sie veranlasst hat, ihn auf Ihre Zielfirmenliste zu setzen, umso wichtiger ist es wie gesagt, dass Sie in Ihrem Anschreiben auf die Ähnlichkeit hinweisen und die Parallelen herausarbeiten.

10 So erschließen Sie sich den verdeckten Stellenmarkt

10.1 Das Anschreiben formuliert das Angebot

»Gefragte« Persönlichkeitseigenschaften

Nichts »hassen« Bewerber mehr als das Abfassen von Anschreiben. Viele Personen, die sich beruflich neu orientieren wollen, verwenden Tage darauf, an ihrem Anschreiben herumzufeilen. Zu beschreiben, was sie bisher beruflich getan haben und was ihre Aufgabenschwerpunkte waren, das macht wenig Mühe. Das Problem ist der eine kurze, aber vermeintlich gefechtsentscheidende Absatz, mit dem man beschreibt, welche Art von Persönlichkeit man ist.

Damit tut sich der klassische Bewerber schwer, obwohl ihm ja bereits im Anzeigentext in aller Regel deutliche Fingerzeige geliefert werden, »wie« er sein solle. Weitaus problematischer noch ist dieser Textteil für den, der sich initiativ bewirbt; der Initiativbewerber stochert hinsichtlich der gefragten Persönlichkeitseigenschaft im Nebel, weil er keinerlei Vorgaben bekommt, und muss sich das vermeintlich Passende alleine aus den Nägeln saugen.

Wie oft wurden wir schon von Freunden und Bekannten gebeten, ihnen ein »todsicheres« Anschreiben zu formulieren. Dahinter steckt die Vorstellung, man könne ein Anschreiben so abfassen dass die Adressaten beim Lesen dieses Anschreibens dem Absender »zu Füßen liegen« und gar nicht anders können, als ihn einzuladen.

Es tut uns leid, das sagen zu müssen: Ein solches Anschreiben gibt es nicht.

Legen Sie die Idee, Sie müssten irgendwas in der Art in Ihr Anschreiben packen, ad acta. Niemand braucht so etwas - weder Sie als Verfasser noch der Leser; denn was dort geschrieben wird, ist in der Regel einfach nur grober Unfug! Verzichten Sie auf ein solches »Psychogramm«, lassen Sie diesen ominösen Absatz, der Ihnen so viel Kopfzerbrechen bereitet, ganz einfach weg! Niemand lädt Sie ein, weil Sie sich im Anschreiben zum »Held der Arbeitswelt« hochstilisiert haben. Und niemand verzichtet darauf, Sie einzuladen, weil Sie einen solchen Absatz weggelassen haben. Solange Sie die fachlichen Voraussetzungen und Erfahrungen mitbringen, die ihm - dem Adressaten - interessant erscheinen, haben Sie beste Chancen.

Machen wir ein kleines Experiment:

- Gehen Sie ins Internet,
- Rufen Sie »Stepstone.de« auf,

- Geben Sie im Suchfeld: »Vertriebschef« ein (bei Ihnen wird zwar etwas anderes als bei unserer Suche, aber wohl doch etwas sehr ähnliches zusammenkommen).

Hier die leicht selektiv zusammengestellten Persönlichkeitsanforderungen aus Anzeigen, mit denen Verkaufsleiter für das Middle-Management gesucht wurden (Originalzitate):

- Sie sind ein Kommunikationstalent, formulieren adressatengerecht und agieren erfolgreich mit Menschen auf allen Ebenen.
- Ausgeprägte Kundenorientierung gepaart mit Verkaufsstärke
- Hohes Maß an Teamfähigkeit und die Fähigkeit, auch stressige Situationen zu meistern
- Ausgeprägte Team- und Kommunikationsfähigkeit sowie eine hohe Entscheidungsstärke
- Exzellente Kommunikationsfähigkeiten, hohes Engagement und Stressresistenz
- Sie sind ein guter Kommunikator mit der Fähigkeit, andere Menschen für Ziele und Ideen zu begeistern. Gleichzeitig wirkt Ihr Auftreten souverän, sicher und verbindlich.
- Eine aufgeschlossene Person mit Führungsstärke und starkem Teamgeist
- Hohe Kundenorientierung und Kommunikationsstärke
- Exzellente Kommunikationsfähigkeiten, hohes Engagement und Stressresistenz
- Sie überzeugen durch Kommunikationsstärke und ein verhandlungssicheres Auftreten.
- Sie arbeiten in einem starken Team, sind zielorientiert und kommunikationsstark, sind flexibel und haben ein sicheres Auftreten.
- Authentischer Teamplayer mit Ausdauer, Durchsetzungsvermögen, ausgeprägter Kommunikationsfähigkeit und starker Werteorientierung
- Sie zeichnen sich durch Ihre Initiative, Veränderungs-, Analyse- und Durchsetzungsfähigkeit sowie ausgeprägte Kommunikationsfähigkeit aus.

Das soll reichen.

Was ist das? Bla, bla, bla – überflüssiges Wortgeklingel! Vermutlich sind Sie genauso wenig überrascht wie wir, dass Personen, die mit Kunden zu tun haben werden – also Verkäufer, Verkaufsleiter und Vertriebschefs –, weder menschenscheu noch wortkarg sein sollten.

Schön auch, wie wir finden, in welchen Kombinationen hier die Teamfähigkeit auftritt:

- Teamfähigkeit, Einsatz und Stressstabilität – okay, diese Eigenschaften schließen sich wenigstens nicht gegenseitig aus.
- Teamfähigkeit und hohe Entscheidungsstärke – da wird sich das Team aber sehr freuen, wenn ein bestimmtes Teammitglied immer wieder über die Köpfe des Teams hinweg einsame Entscheidungen trifft!

- Teamgeist und Führungsstärke – ja was denn nun, moderne Teamorganisation oder konventionelle Hierarchie?
- Authentischer Teamplayer mit Durchsetzungsvermögen – wie schon zuvor, eine Art »Manipulator« wird gesucht. Trifft selbstherrlich die Entscheidungen, soll seinen Leuten aber den Eindruck vermitteln, sie seien ein Team.

Auch die »Analyse- und Durchsetzungsfähigkeit« ist eine recht aparte Kombination. Haben wir bisher so noch nirgends gelesen.

Jetzt aber mal im Ernst: Wozu soll all dieses »Gesülze« gut sein?

Junge Personalberater werden in aller Regel erst einmal auf ein Seminar mit dem Thema »Interviewtechnik für das Vorstellungsgespräch« geschickt. Das Erste und Wichtigste, was sie dort lernen, ist, dass Fragen, die dem Bewerber gleich die erwünschte Antwort vorgeben, gar nicht gestellt werden sollten. »Nicht wahr, Sie sind doch kommunikationsstark und teamfähig, oder!?« Wer seine Fragen so suggestiv formuliert, der braucht eigentlich gar keinen Gesprächspartner, der könnte sich auch mit sich selbst unterhalten.

All diese obigen Persönlichkeitsbeschreibungen kann und sollte man sehr wohl in ein Anforderungsprofil hineinschreiben, das internen Zwecken dient und allen an der Suche Beteiligten noch einmal ins Gedächtnis ruft, welche Persönlichkeitseigenschaften gesucht werden. Aber doch nicht in den Anzeigentext – das ist doch genau so, als würde man Suggestivfragen stellen! Es kann doch nicht sein, dass der Interviewer, dessen Aufgabe es ist, dem Bewerber objektiv auf den Zahn zu fühlen, diesem bereits im Vorfeld (und auch noch schriftlich!) zu verstehen gibt, in welche Richtung seine Antworten gehen sollen!

Dieser Missgriff – dem Prüfling zu sagen, wie die Prüfungsaufgaben zu beantworten sind – hat daher auch unliebsame Konsequenzen. Die Verfasser solcher Anzeigentexte bekommen, wenn sie z. B. 153 Bewerbungen erhalten, auch 153 Anschreiben, in denen steht, dass der Bewerber »ausgesprochen team- und kommunikationsfähig« ist. Viel Vergnügen bei der Durchsicht solcher Unterlagen!

Wir machen, für den Fall, dass Sie noch nicht restlos davon überzeugt sind, auf diese Floskeln verzichten zu können, noch ein weiteres kleines Experiment:

Lesen Sie die Bewerbungsunterlagen anderer Personen – seien es Bewerbungen, die Sie selbst auf eine Ausschreibung erhalten haben, seien es die Unterlagen von Freunden oder Bekannten. Lesen Sie zunächst das Anschreiben und danach den Lebenslauf. Wenn Sie mit dem Lebenslauf fertig sind, stellen Sie sicher, dass Sie keinen Blick mehr auf das Anschreiben werfen. Nun schreiben Sie bitte auf einen separaten Zettel, welche Persönlichkeitseigenschaften sich der Verfasser der Unterlagen selbst zuschreibt und im Anschreiben besonders hervorgehoben hat.

Wetten, dass Sie nur noch ein oder zwei von drei oder vier Eigenschaften präsent haben? Den Rest haben Sie schon längst wieder vergessen. Warum? Es interessiert Sie einfach nicht!

Ob die Person sich als

- »teamorientiert, führungsstark und kundenorientiert« oder als
- »kommunikationsstark, stressresistent und entscheidungsfreudig« oder als
- »aufgeschlossen, verhandlungssicher und flexibel«

beschrieben hat – oder wie auch sonst noch –, ist irrelevant; es ist erstens dick aufgetragene Schönfärberei. Zweitens interessiert Sie in erster Linie **Ihr eigenes Urteil** und nicht, was der Bewerber von sich hält. Und drittens sind Ihnen die Persönlichkeitseigenschaften einerlei, wenn die fachlichen Voraussetzungen und beruflichen Erfahrungen des Bewerbers voll auf dem Punkt sind. Sind Letztere dies nicht, rettet den Bewerber auch seine »tolle« Persönlichkeit nicht.

Also: Weg mit dem Persönlichkeitsgesülze, egal ob bei konventionellen Bewerbungen oder bei Initiativbewerbungen!

10.1.1 Das Anschreiben: unverzichtbar

»Das Anschreiben sollte abgeschafft werden!« Immer mehr Unternehmen schließen sich dieser Forderung an oder haben diese bereits umgesetzt. Beispiel: Deutsche Bahn. Diese machte 2018 Schlagzeilen, indem sie öffentlich damit warb, von den Bewerbern ab sofort keine Anschreiben mehr zu fordern. Begründung: Man wolle das Bewerbungsverfahren erleichtern bzw. für Bewerber, von denen es ja in Zeiten des Fachkräftemangels immer weniger gebe, als Arbeitgeber attraktiver werden. Außerdem sei ein Anschreiben sowieso wenig aussagekräftig, da darin doch immer dieselben Floskeln zu lesen seien.

Medial wurde diese Entscheidung als bahnbrechend gefeiert und auch viele Bewerber dürften sich erlöst gefühlt haben, denn in der Tat bereitet das Anschreiben den meisten Bewerbern das größte Kopfzerbrechen. Wir schrieben bereits darüber: Wie formuliert man ein Anschreiben, das den Leser »vom Hocker haut« bzw. dazu das Unternehmen veranlasst, Bewerber sofort zum Vorstellungsgespräch einzuladen oder – noch besser – sofort den Arbeitsvertrag auszufertigen?

Keine Frage: Dass man möglichst nicht das schreiben soll, was alle anderen auch schreiben, weiß heutzutage jeder Bewerber, und doch handeln fast alle wider besseres Wissen. Und zwar ganz bewusst, denn man möchte ja auch – bei aller Originalität – nichts falsch machen und den Leser bzw. die Leserin irritieren, indem man sich zu sehr »aus dem Fenster lehnt« bzw. von dem abhebt, was alle anderen so schreiben. Daher verfolgen die meisten Bewerber und Bewerberinnen nicht das Ziel, sich im Anschreiben klar zu positionieren und etwas für die Leser Verwertbares zu schreiben.

Oberstes Ziel ist es vielmehr, nichts Falsches zu schreiben und sich damit aus dem Rennen zu werfen.

Eine Zielsetzung, mit der fast alle Bewerber übrigens auch ins Vorstellungsgespräch gehen; dazu an späterer Stelle mehr. Und daher entscheidet sie sich eben doch, im Großen und Ganzen das zu schreiben, was die anderen schreiben. Das Ergebnis ist Uniformität, inhaltsleeres Geschreibe.

Etwas freundlicher formuliert: Die meisten Anschreiben sind nichts anderes als die Kombination von Sätzen, die man der Stellenanzeige entnommen hat, und den Eigenschaften, die gerade im Trend sind. In Summe weitschweifige, nichtssagende und phrasenhafte Texte, die auch alle anderen Bewerber formulieren. Und daher in der Tat verzichtbar! Zumindest bei Bewerbungen im offenen Stellenmarkt.

Wenn es allerdings darum geht, sich im verdeckten Stellenmarkt zu bewegen und den »eigenen Hut« bei Positionen in den Ring zu werfen, die noch gar nicht ausgeschrieben sind, kann nicht auf das Anschreiben verzichtet werden. Denn bei einer Position, die nicht ausgeschrieben ist, kann der Empfänger der Bewerbung mit dem Lebenslauf allein nichts (oder nur sehr wenig) anfangen.

Zudem dreht sich bei Bewerbungen im verdeckten Stellenmarkt die Reihenfolge um, mit der der Adressat Anschreiben und Lebenslauf in den Blick nimmt.

Bei Bewerbungen im offenen Stellenmarkt liest der Empfänger der Bewerbungsunterlagen in der Regel zuerst den Lebenslauf, denn wenn die harten Fakten – also die inhaltlichen und fachlichen Voraussetzungen – nicht stimmen, muss man das Anschreiben gar nicht mehr lesen; es wäre reine Zeitverschwendung.

Bei Bewerbungen im verdeckten Stellenmarkt jedoch ist es genau umgekehrt. Da ja keine Stelle ausgeschrieben ist, kann man den Lebenslauf zunächst gar nicht beurteilen; dazu fehlt der Bezugspunkt. Also ist man gezwungen, zuerst das Anschreiben zu lesen. Und somit kommt dem Anschreiben bei Bewerbungen im verdeckten Stellenmarkt eine viel wichtigere Funktion zu: Es bietet die Gelegenheit zur Manipulation, es bietet die Gelegenheit, für selektive Wahrnehmung zu sorgen. Statt dem Leser die harten Fakten (Lebenslauf) zu liefern und diesem die Interpretation zu überlassen, sorgt man durch das Anschreiben dafür, dass der Lebenslauf im eigenen Sinne verstanden wird.

Aber so unverzichtbar das Anschreiben bei Bewerbungen im verdeckten Stellenmarkt auch ist: Ob jemand zu einem Vorstellungsgespräch eingeladen wird oder nicht, hängt – sowohl bei Bewerbungen im offenen als auch im verdeckten Stellenmarkt – bei Weitem nicht in dem Maße vom Anschreiben ab, wie die meisten Bewerberinnen und Bewerber glauben. Ein Anschreiben kann noch so gut und interessant sein: Wenn der Bewerber nicht passt, dann passt er nicht und wird auch nicht eingeladen. Und über Passung entscheiden das Studium bzw. die Ausbildung, der Branchenhintergrund, das Ressort, der bisherige Aufgabenzuschnitt, Budget- und Mitarbeiterverantwortung etc.

10.1.2 Positionieren Sie sich

Da das Anschreiben bei Bewerbungen im verdeckten Stellenmarkt vor dem Lebenslauf gelesen wird, bietet es damit nicht nur die einmalige Chance, in wenigen Sekunden einen guten Eindruck zu machen, sondern auch, die richtigen Akzente zu setzen, sich klar zu positionieren und dadurch die Leser zu manipulieren. Wenn Sie im Anschreiben die richtigen Stichpunkte nennen, wird der Leser den Lebenslauf danach ganz anders verstehen. Beispiel: Wenn Sie ins Anschreiben einfließen lassen, dass Sie vor allem dafür immer Ihr Geld wert waren, die Internationalisierung voranzutreiben und in Asien und den USA für mehr Wachstum zu sorgen, werden dem Leser Ihrer Unterlagen bei der Durchsicht Ihres Lebenslaufes fast von ganz allein genau diese Themen ins Auge springen. Stichwort: selektive Wahrnehmung! Durch das Nennen der Themen, die Ihnen wichtig sind, kann der Leser im Grunde gar nichts dagegen tun, genau diese Themen wahrzunehmen.

Eigentlich eine einfache Sache und doch ist Positionierung meist das Gegenteil dessen, was die meisten Bewerberinnen und Bewerber wollen. Denn »Positionierung« würde ja – so die Sorge – dazu führen, seine eigenen Chancen zu reduzieren. Beispiel: Wer sich als »Experte für anorganisches Wachstum« positioniert, fürchtet, keine Chancen zu haben, wenn der Leser der Unterlagen den Restrukturierer oder Geschäftsentwickler sucht. Weil man sich aber nichts verbauen will und zudem vieles zutraut, entscheiden sich die meisten Leser dafür, sich als Generalist dazustellen, der alles kann und selbst für das, was er nicht kann, offen ist und keinen Zweifel daran hat, sich schnell entsprechend einarbeiten zu können.

Auf den ersten Blick scheint ein solches Vorgehen richtig: Wenn ich nichts ausschließe, müsste ich doch die maximale Zahl an Chancen haben. Auf den zweiten Blick ist eine solche Überlegung Unsinn und führt – zumindest dann, wenn es um Führungspositionen geht – ins Abseits bzw. zu einer Absage, denn auf Managerlevel sucht ein Unternehmen eben nicht die »eierlegende Wollmichsau«, sondern den Experten. Selbst der CEO und General Manager ist nicht derjenige, der alles kann, sondern er ist Experte für die CEO-Position.

Wenn man den Restrukturierer sucht, dann sucht man den Restrukturierer – und eben nicht den Geschäftsentwickler, der zudem auch Erfahrungen mit Restrukturierungen oder anorganischem Wachstum hat. Man sucht noch nicht mal den Restrukturierer, der auch M&A-Experte und Geschäftsfeldentwickler ist, da man unbewusst unterstellt, dass der Bewerber eben doch nicht Experte, sondern jemand ist, der alles, aber nichts richtig kann.

Überprüfen Sie Ihr eigenes Verhalten. Wenn es »nur« darum geht, einen Schnupfen loszuwerden, sind Sie durchaus bereit, Ihren Hausarzt zu konsultieren, der eben kein Facharzt, sondern Allgemeinmediziner ist. Geht es hingegen um die Operation des Meniskus, vertrauen Sie sich dem erfahrenen Orthopäden an, der im Idealfall seit 20 Jahren nichts anderes operiert als den Meniskus.

Verabschieden Sie sich daher von der Strategie, sich so breit wie möglich darzustellen, um sich alle Türen offenzuhalten, in dem Sie dem Leser Ihrer Unterlagen (indirekt) sagen: »Schau Dir meine Bewerbungsunterlagen an und dann überlege Du Dir doch bitte, welche Einsatzmöglichkeiten es für mich in Deinem Unternehmen gibt.«

Es hilft alles nichts: Wer im verdeckten Stellenmarkt agiert, ist gezwungen, sich selbst zu positionieren und das eigene Angebot zu formulieren. Zunächst muss er sicherstellen, dass das Unternehmen genau dafür auch Verwendung hat, denn ansonsten ist das Anschreiben nichts anderes als die typische Blindbewerbung, die besser gar nicht erst verschickt werden sollte. Es geht um die Formulierung des eigenen Unique Selling Points (USP[2]), es geht um Ihre Alleinstellung. Es geht darum, darzustellen, wofür Sie immer Ihr Geld wert waren (und daher vermutlich auch in der Zukunft Ihr Geld wert sein werden).

Viele Menschen glauben, es käme bei dieser Frage nach dem eigenen »Unique Selling Point« darauf an, den Stein des Weisen zu finden – um dann zu der frustrierenden Erkenntnis zu kommen, dass man doch solche »Wundertaten« nicht vorzuweisen habe. Ein Trugschluss!

Denn jeder Mensch ist einzigartig – und damit auch Sie, denn die konkreten Aufgaben, Erfolge und Projekte in Ihrem bisherigen beruflichen Leben hat nur ein einziger Mensch vorzuweisen: Sie! Genau diese Kombination und diese konkrete Erfahrung aber ist es, die Sie einzigartig macht. Wie Sie diese Einzigartigkeit kommunizieren,

2 Als Alleinstellungsmerkmal (englisch unique selling proposition oder unique selling point, USP) wird im Marketing und in der Verkaufspsychologie das herausragende Leistungsmerkmal bezeichnet, durch das sich ein Angebot deutlich vom Wettbewerb abhebt. Synonym ist veritabler Kundenvorteil. Das Alleinstellungsmerkmal sollte »verteidigungsfähig«, zielgruppenorientiert und wirtschaftlich sein sowie in Preis, Zeit und Qualität erreicht werden. Der Begriff gehört zum Grundvokabular des Marketings. Ein Alleinstellungsmerkmal, d h. ein einzigartiges Nutzenversprechen, soll mit dem Produkt verbunden werden (vgl. Rosser Reeves: Reality in Advertising, New York 1961).

wird Thema in Kapitel 12 dieses Buches sein, wenn wir uns dem Vorstellungsgespräch zuwenden.

10.1.3 Aufbau und Inhalt des Anschreibens

Ein Anschreiben ist zunächst einmal einfach ein Schreiben, das Sie an eine ganz bestimmte Person richten. Und damit ist eigentlich schon klar, wie der Stil dieses Schreibens sein sollte: persönlich!

Unbedingt verzichten sollte jeder Bewerber und jede Bewerberin in den eigenen Formulierungen auf sogenanntes »Behördendeutsch«. Formulieren Sie schriftlich so, wie Sie auch im mündlichen Gespräch einem Fremden gegenüber, den Sie um etwas bitten, formulieren würden. Freundlich, verbindlich, sympathisch!

Vom Aufbau her besteht das Anschreiben ganz klassisch aus Einleitung, Mittelteil und Schluss.

Die Einleitung
In der Einleitung sollten Sie kurz und knapp begründen, weshalb Sie sich bewerben bzw. warum Sie sich beruflich verändern wollen. Klingt einfach und doch machen hier nicht wenige bereits gravierende Fehler.

Statt zum Beispiel klar und ehrlich zu benennen, was der Grund für die Bewerbung bzw. die berufliche Neuorientierung ist, versucht man so zu tun, als sei im aktuellen Unternehmen alles spitzenmäßig und man strebe, obwohl die aktuelle Position ja auch ganz toll sei, trotzdem einen Wechsel an – für den man übrigens auch bereits sei, zukünftig zu pendeln oder einen Zweitwohnsitz zu akzeptieren.

Wenn der Empfänger der eigenen Bewerbungsunterlagen solche Phrasen als Floskeln, die nicht zu wörtlich genommen werden sollten, gedanklich ad acta legt, hatte man Glück. Schlimmer ist es, wenn der Leser der Bewerbungsunterlagen solche Formulierungen als »bare Münze« nimmt, denn es widerspricht jeglicher Lebenserfahrung, dass sich jemand beruflich neu orientieren möchte, wenn in der aktuellen Position alles einsame Spitze ist. Die Sympathie für einen Bewerber, der einen schon in den ersten Sekunden hinters Licht führen will, dürfte deutlich sinken.

Die Strategie hinter solchem Bewerberverhalten ist klar: Bewerber möchten nicht den Eindruck erwecken, einen neuen Job nötig zu haben, denn damit – so liest man es häufig in der Bewerberliteratur – würde man sich ja unattraktiv machen und den eigenen Marktwert reduzieren. Das stimmt jedoch nicht: Wenn man keinen neuen Job haben wollte, würde man sich ja gar nicht erst bewerben.

Daher lautet unsere ganz klare Empfehlung: Nennen Sie bereits im Anschreiben den Grund, warum Sie sich beruflich neu orientieren wollen. Gab es eine Umstrukturierung in Ihrem Unternehmen, die dazu führt, dass sich Ihre Möglichkeiten zur Weiterentwicklung deutlich einschränkten? Gab es personelle Veränderungen auf Top-Level, die dazu führten, dass Ihnen die aktuelle Position keine Freude mehr macht? Gibt es eine strategische Neuausrichtung in Ihrem jetzigen Unternehmen, die Sie eher ablehnen? Fühlen Sie sich im jetzigen Job unterfordert und möchten Ihrer Karriere neuen Schwung geben?

Sollte der Arbeitsvertrag beendet (oder das Vertragsende zumindest definiert sein), der Aufhebungsvertrag in diesen Tagen geschlossen werden oder Sie sich bereits in der Freistellung befinden: Auch in diesen Fällen sollten Sie die Katze aus dem Sack lassen und den Grund benennen. Ist Ihre Position im Zuge von Sparmaßnamen gestrichen worden? Haben Sie einen neuen Chef bekommen, der mit Ihnen nicht weiterarbeiten wollte? Wird der Standort, an dem Sie bisher tätig waren, geschlossen?

Es gibt unzählige Gründe, die den Wunsch nach beruflicher Neuorientierung entfachen, und fast keiner ist ehrenrührig.

Nicht damit rechnen müssten Sie, dass der Leser Ihrer Unterlagen davon ausgeht, dass Sie sich deswegen neu orientieren wollen oder müssen, weil Sie »silberne Löffel geklaut« oder als Low Performer entlarvt worden seien. Solche Gründe sind – zumindest auf der Ebene der Führungskräfte – viel zu selten, als dass so etwas von vornherein unterstellt würde.

Die Frage, warum man sich beruflich neu orientiert, vorerst gar nicht zu beantworten, ist auf jeden Fall keine gute Idee. Denn obwohl die Frage noch gar nicht konkret geäußert wurde, stellt sich der Leser Ihrer Unterlagen diese Frage doch, sobald er die Bewerbungsunterlagen in die Hand genommen hat. Wenn Sie also nicht riskieren wollen, dass diese unbeantwortete Frage Aufmerksamkeit bindet und minimiert, sollten Sie darauf in Ihrem Anschreiben antworten.

Ein zweiter Grund: Wenn Sie diese Frage nicht beantworten, verschiebt sie sich ins Vorstellungsgespräch und wird dort nicht selten zum gesprächsbeherrschenden Thema. Schade! Denn die Zeit, die Sie benötigen, um zu erläutern, warum Sie sich beruflich neu orientieren wollen, sollten Sie besser dafür einsetzen, deutlich zu machen, was Sie für das neue Unternehmen tun können. Wer sich traut, bereits im Anschreiben die eigene Wechselmotivation zu benennen, wird erleben, dass das Thema im Vorstellungsgespräch deutlich an Interesse (und ggf. Sprengkraft) verliert.[3]

3 Auf diesen Punkt werden wir auch noch im Zusammenhang mit dem Vorstellungsgespräch zu sprechen kommen (Kapitel 12).

Nach dem einleitenden Absatz folgt der Mittelteil des Anschreibens und damit das Wesentliche: Jetzt geht es um die Formulierung Ihres Angebotes!

Der Mittelteil

Wofür waren Sie bisher immer Ihr Geld wert? Was ist der »rote Faden« in Ihrem bisherigen beruflichen Werdegang? Wofür haben Ihre Vorgesetzten, Mitarbeitenden, Kundinnen und Kunden Sie immer geschätzt? Mit welchen Aufgaben hat man Sie gerne betraut – und warum? Was geht Ihnen gut von der Hand? In welchen Situationen fühlen Sie sich bestens eingesetzt? Was wollen und können Sie – aus Ihrer Einschätzung – für das neue Unternehmen tun? Welchen Beitrag zum Unternehmenserfolg können Sie leisten – möglicherweise sogar besser als Ihre Mitbewerber?

So lauten die Fragen, die Sie im Mittelteil des Anschreibens – in den Absätzen zwei und drei – beantworten sollten. Nicht alle, aber doch einige dieser Fragen.

Die Vorstellung, den Adressaten Ihrer Bewerbungsunterlagen im Aufzug zu treffen und ca. 30 Sekunden Zeit zu haben, um ihm in wenigen Sätzen zu vermitteln, was Sie für ihn tun können und warum er sich für Sie entscheiden soll, kann Ihnen bei der Ausarbeitung dieses Mittelteils helfen. Formulieren Sie Ihren »Elevator pitch«!

Nicht überzeugen werden Sie im Aufzug bzw. im Anschreiben, wenn Sie das in Worte fassen, was alle anderen auch erwähnen:

- Den tabellarischen Lebenslauf noch einmal in Prosa zusammenzufassen, ergibt keinen Sinn. Dies langweilt den Leser nur, denn warum sollte er im Anschreiben dasselbe wie im Lebenslauf lesen wollen?
- Ebenso langweilig und nichtssagend sind Belehrungen und Plattitüden etwa von der Sorte: »Moderne Unternehmen brauchen im Zeichen der Globalisierung dynamische Teamplayer ..., genau der bin ich ...«
- Auch die Zuschreibung von angeblich gefragten Eigenschaften (»dynamisch«, »teamorientiert«, »erfolgsbewusst«, »leistungsorientiert« etc.) wirkt eher unsinnig; wir schrieben bereits davon ... Jeder zweite Bewerber behauptet solches von sich. Damit werden diese Attribute zu Sprachhülsen, die keinerlei Aussagekraft haben.

Der Blick in Ihren Lebenslauf kann Ihnen bei der Formulierung Ihres Angebotes helfen: Was sind die zentralen Punkte in Ihrem Lebenslauf? Was sind die Aufgaben, denen Sie sich immer wieder gewidmet haben? Welche Probleme haben Sie für das Unternehmen gelöst? Inwieweit hat das, was Sie gemacht haben, das Unternehmen hinsichtlich Umsatz und Rendite »nach vorne gebracht«? In welchen Bereichen konnten Sie die meisten Erfolge erzielen? Ging es zum Beispiel um ...

- die Erschließung neuer Märkte/Umsätze
- Optimierung von ...
- Einführung und Umsetzung von ...
- Innovationen im Bereich ...
- Beiträge zur Internationalisierung
- Begleitung von Veränderungsprozessen im Unternehmen (Restrukturierungsthemen, Konsolidierung, M&A etc.)
- Personalentwicklung

Zu Ihrem Angebot gehören keine Fachkenntnisse. Schreiben Sie also nicht, wenn Sie den Bereich Finanzen verantwortet haben, »Finanzen« oder »IFRS, HGB, Jahresabschlüsse«. Genauso wenig ist es hilfreich, als Vertriebsmanager »Kundenkontakt« oder »Vorbereitung von Teammeetings« zu formulieren. »Umsatzwachstum«, »Steigerung der Marktanteile« etc. wären wesentlich überzeugendere Angebote. Denn Sie wissen ja bereits: Auf Managerebene können Sie davon ausgehen, dass auch alle anderen Bewerber, die zum Vorstellungsgespräch eingeladen worden sind, über Ihre bzw. dieselben Fachkenntnisse verfügen.

Achten Sie darauf, dass sich Ihr Angebot auf wenige Punkte beschränkt – und vor allem aus einem Grund: Der Adressat Ihrer Unterlagen sucht nicht denjenigen, der sehr vieles kann – sodass man unterstellen muss, möglicherweise alles ein bisschen, aber nichts richtig zu können –; er sucht vielmehr den Experten.

Nachfolgend können Sie Ihr Angebot stichwortartig skizzieren.

- ....
- ....
- ....
- ....
- ....
- ....
- ....

Der Schlussteil

Der Schlussteil enthält zwei Bitten an den Empfänger der Unterlagen: Die erste ist, sich anhand der beigefügten Unterlagen ein Urteil zu bilden. Die zweite Bitte zielt auf die Einladung bzw. die Gelegenheit zu einem persönlichen Gespräch.

Sie sollten zudem kurz darauf hinweisen, dass Sie gerne für telefonische Rückfragen zur Verfügung stehen, und zwar unter Angabe der Zeiten, in denen Sie günstig erreicht werden können. Sollten Sie für ein persönliches Gespräch zu bestimmten Zeiten nicht zur Verfügung stehen (wegen eines geplanten Urlaubs etc.), wäre es gut, auch darauf hinzuweisen. Jeder hat dafür Verständnis, wenn man es rechtzeitig mitteilt.

Im Schlussteil haben Sie auch die Gelegenheit, Ihre Kündigungsfrist bzw. Verfügbarkeit zu nennen und Angaben zum bisherigen Einkommen zu machen.

Vom Umfang her sollte das Anschreiben nicht länger als eine DIN-A4-Seite sein – und zwar unter Einhaltung der deutschen Briefnorm (DIN 5008). Achten Sie darauf, dass Sie diesen Rahmen nicht sprengen, indem Sie sich erlauben, das Anschreiben auf zwei Seiten auszudehnen oder indem Sie den Schriftgrad oder Seitenränder verkleinern, um mehr Text auf einer Seite unterzubringen. Sie wissen doch: »In der Kürze liegt die Würze!« Beweisen Sie also schon im Anschreiben, dass Sie auf den Punkt hin formulieren und das Wesentliche vom Unwesentlichen unterscheiden können.

Das Wichtigste in Kürze

Das Anschreiben ist bei Bewerbungen im verdeckten Stellenmarkt unverzichtbar. Zum einen wird der Leser bzw. die Leserin Ihrer Unterlagen mit dem Lebenslauf allein wenig anfangen können: Da keine Stelle ausgeschrieben war, weiß er ohne Anschreiben mit dem CV nichts anzufangen.

Zum anderen bietet das Anschreiben Gelegenheit zur Manipulation; es eröffnet die Möglichkeit, für selektive Wahrnehmung zu sorgen. Statt dem Leser nur die harten Fakten (Lebenslauf) zu liefern und diesem die Interpretation zu überlassen, sorgt man durch das Anschreiben dafür, dass der Lebenslauf im eigenen, gewünschten Sinne verstanden wird.

Formulieren Sie im Anschreiben Ihren »Elevator Pitch«: Wofür waren Sie bisher immer Ihr Geld wert? Was ist der »rote Faden« in Ihrem bisherigen beruflichen Werdegang? Wofür haben Ihre Vorgesetzten, Mitarbeiter oder Ihre Kunden Sie immer geschätzt? Mit welchen Aufgaben hat man Sie gerne betraut – und warum? Was geht Ihnen gut von der Hand? In welchen Situationen fühlen Sie sich bestens eingesetzt? Was wollen und können Sie – aus Ihrer Einschätzung – für das neue Unternehmen tun? Welchen Beitrag zum Unternehmenserfolg können Sie leisten – möglicherweise sogar besser als Ihre Mitbewerber?

Vom Umfang her sollte das Anschreiben nicht länger als eine DIN-A4-Seite sein – und zwar unter Einhaltung der deutschen Briefnorm (DIN 5008).

Musteranschreiben

Maxima Mustermann
Musterstraße 23
12345 Musterhausen
Deutschland
Mobil: +49 123 456789
E-Mail: m.mustermann@musterdomain.de

Maxima Mustermann ▪ Musterstr. 23 ▪ 12345 Musterhausen
»Ansprechpartner«
»Position«
»Firmenname«
»Straße«
»PLZ Ort«
»Land«

Ort, Monat Jahr

Bewerbung als Kaufmännische Geschäftsführerin/CFO

Sehr geehrte/r »Briefanrede«,

seit drei Jahren bin ich innerhalb der Mustermann-Gruppe (Werkzeugmaschinen, 150 Mio. € Umsatz) als Kaufmännische Leiterin tätig. Mir zugeordnet sind die Bereiche Finanzen, Rechnungswesen, IT und HR: Ich führe 24 Mitarbeitende direkt. Der Verkauf des Unternehmens im letzten Jahr an eine Investorengruppe führt dazu, dass ich meine Möglichkeiten zur beruflichen Weiterentwicklung als zunehmend begrenzt wahrnehme. Daher möchte ich mich – aus ungekündigter Position heraus – beruflich neu orientieren.

Immer wieder haben mir meine Vorgesetzten in den letzten Jahren bescheinigt, dass ich »das Gras wachsen höre«! Was sie damit meinten: Ich spürte meist schon sehr frühzeitig, wenn etwas im Unternehmen nicht rundläuft, Sand im Getriebe ist oder es Optimierungsbedarf gibt. Sei es, dass sich das Verhältnis von EBIT und Umsatz zu verschlechtern drohte, Teams nicht gut zusammenarbeiteten, Digitalisierungs- oder Automatisierungspotenziale schlecht oder nicht ausreichend ausgeschöpft worden waren oder die Gefahr bestand, dass sich Kundenbeziehungen eintrübten.

So ist es mir z. B. in meiner aktuellen Position durch Digitalisierungsprojekte gelungen, die Kosten um 30 % zu reduzieren. In Zusammenarbeit mit dem Vertrieb war es mir möglich, neue Preismodelle einzuführen und unseren Kunden attraktivere Zahlungsmöglichkeiten anzubieten. Auf diese Weise konnten wir die Bestellmengen bei den Bestandskunden nicht nur um 25 % erhöhen, sondern auch deutlich mehr Neukunden als in den Vorjahren akquirieren. Durch Personalentwicklungsmaßnahmen und Teamworkshops haben wir es nicht nur geschafft, die Mitarbeiterzufriedenheit zu erhöhen, sondern auch die Krankheitstage um 10 % zu reduzieren. Dass wir in den letzten zwei Jahren gleich zweimal in Folge als »Bester Arbeitgeber der Region« ausgezeichnet worden sind, freut mich ganz besonders.

So suche ich nach einer Position, in der ähnliche Aufgaben auf mich warten. Durch meine unkomplizierte, motivierende Art gelingt es mir immer wieder sehr schnell, einen direkten Draht zu den Mitarbeitenden aufzubauen. So erfahre ich sehr zügig, wo der Schuh drückt bzw. an welchen Optimierungsschrauben es sich lohnt, zu drehen.

Bitte prüfen Sie, auch anhand des beigefügten Lebenslaufes, ob Sie Ansatzpunkte einer möglichen Zusammenarbeit sehen. Für ein persönliches Gespräch stehe ich Ihnen gerne zur Verfügung; es freut mich, wenn Sie mir die Gelegenheit dazu geben!

Mit freundlichen Grüßen

10.2 Der Lebenslauf schafft Plausibilität für Ihr Angebot

Auch die Größe einer Nachricht ist eine Nachricht. Diese Weisheit machen sich die Journalisten der Boulevardpresse mit ihren Riesenschlagzeilen ebenso zunutze wie Firmen, die ihre Verkaufsbedingungen winzig klein auf die Rückseite ihrer Kaufverträge drucken. Die Gesetzmäßigkeiten der menschlichen Wahrnehmung gelten nicht nur für Boulevardpresse und Kaufverträge, sondern auch für Bewerbungsunterlagen bzw. die Gestaltung des Lebenslaufes.

Im verdeckten Stellenmarkt dient das Anschreiben dazu, sein Angebot zu formulieren; davon war ja schon die Rede. Der Lebenslauf dient jetzt dazu, die nötige Plausibilität für das Angebot zu schaffen. Anders gesagt: Wenn Sie im Anschreiben anbieten, die Internationalisierung des Unternehmens vorantreiben oder die Kosten in der Fertigung senken zu wollen, muss der Lebenslauf den Beweis dafür liefern, dass Sie genau dieses in den letzten Berufsstationen bereits gemacht haben. Die entsprechenden Aufgaben und Erfolge müssen umfangreicher und eher an erster Stelle dargestellt und somit gut sichtbar werden; andere Aufgaben und Erfolge müssen zurücktreten.

Sie können sich dabei durchaus an der Gestaltung eines Schaufensters im Einzelhandel orientieren. Der Dekorateur sorgt dafür, dass die besonders attraktiven Produkte gut sichtbar sind, angestrahlt werden und vorne stehen.

Daher kann bei Bewerbungen im verdeckten Stellenmarkt der Lebenslauf auch erst dann geschrieben werden, wenn die Zielgruppe definiert und das Angebot formuliert ist.

10.2.1 Strategisch-konzeptionelle Überlegungen

Kognitive Lesbarkeit
Daniel Kahneman, jener Psychologe, der 2002 den Nobelpreis für Wirtschaftswissenschaften zugesprochen bekam, beschreibt wissenschaftlich präzise, was vielen Menschen intuitiv schon länger klar ist. Es gibt zwei Arten des Denkens: Kahneman nennt das schnelle, instinktive und emotionale Denken »System 1« und das langsame, Dinge durchdenkende und logischere Denken »System 2«.

Das Lesen von CVs ist Denken. Sich dabei des Systems 2 bedienen zu müssen ist anstrengend und kostet Energie, sich in System 1 zu bewegen, ist hingegen mühelos; es fühlt sich gut und vertraut an. Deshalb bleibt der Mensch gerne in System 1. Sie tun also dem Empfänger Ihres CV keinen Gefallen, wenn Sie ihn durch kleine Ungeschicklichkeiten bei der Gestaltung Ihres CV nötigen, das angenehme System 1 zu verlassen. Fachchinesisch, unbekannte oder mehrdeutige Abkürzungen, Lücken in der Chronologie, Bezeichnungen, die man nur bei Ihrem bisherigen Arbeitgeber kennt, langatmige Beschreibungen verzwickter Organisations- und Beteiligungsstrukturen, zu viel Fließtext statt Telegrammstil, unbekannte Firmennamen, zu viele Daten und Fakten, zu viele Nebenkriegsschauplätze – das sind einige der Ungeschicklichkeiten, mit denen man seinen Leser unweigerlich aus dem angenehmen System 1 herausholt. Die Bereitwilligkeit Ihres Adressaten, sich mit Ihnen und den Verästelungen Ihres bisherigen beruflichen Werdeganges zu beschäftigen, ist per se nicht besonders hoch. Ob sich der Leser von Ihnen auch noch dazu bringen lässt, System 1 zu verlassen und sich in den Denkmodus nach System 2 zu begeben, ist mehr als fraglich. Es sind viele kleine Annehmlichkeiten, die den Adressaten zur (kompletten) Lektüre Ihres CV animieren können; das beginnt bei der Haptik des Papiers, der Farbe der Mappe, der Güte des Bewerbungsfotos und geht weiter mit dem Anknüpfen an bestehende Lesegewohnheiten, mit übersichtlicher, klarer Darstellung, gutem Layout, einfachen Botschaften und mit Einprägsamkeit. Die kognitive Leichtigkeit, mit der Informationen aufgenommen werden, geht wie gesagt mit angenehmen Gefühlen einher. Und angenehme Gefühle aufseiten Ihres Adressaten können wir gut brauchen: ohne angenehme Gefühle keine Einladung!

Textumfang und Seitenzahl

Lebensläufe, so heißt es manchmal, sollten maximal zwei bis drei Seiten lang sein, alles andere sei von Übel. Für mehr als 95 % aller Bewerber wäre eine solche Regel, wenn es sie denn tatsächlich gäbe, auch leicht einzuhalten: Beim Sachbearbeiter oder beim Führungsnachwuchs gibt es nämlich normalerweise nichts zu berichten, wofür man eine vierte oder fünfte Seite benötigte. Wie lang der Lebenslauf eines Managers wird, hängt hingegen entscheidend von seinem Alter und der Zahl der Ausbildungs- und Berufsstationen ab. Zur angemessenen, informativen Darstellung eines beruflichen Werdeganges mit zum Beispiel fünf Jahren Ausbildung und 15 oder mehr Jahren Führungserfahrung werden üblicherweise 1.000 bis 1.200 Wörter oder ca. 8.000 bis 10.000 Zeichen benötigt.

Einen solchen Textumfang könnte man problemlos auf zwei beidseitig bedruckten Blättern unterbringen – die Amerikaner haben das früher gerne so gemacht. Wissen Sie warum? Um Porto zu sparen. Mehr Papier (also höheres Briefgewicht) führte zu einem deutlichen Kostensprung beim Porto. Und da man bis zu tausend CVs postalisch über einen ganzen Kontinent verteilen wollte, war die Seitenzahl ein nicht zu vernachlässigender Faktor.

8.000 bis 10.000 Zeichen auf vier Blättern zusammenzuquetschen erscheint auch heute noch manchem Bewerber richtig und modern, obwohl der Tatbestand, der zu dieser Konvention geführt hat, längst entfallen ist. Als Anhänger von Kahnemans System 1 raten wir Ihnen hingegen, sich nicht von vermeintlichen Konventionen – »maximal 2–3 Seiten Umfang« – leiten zu lassen, sondern Ihren Text so anzuordnen, dass er gut lesbar ist, denn das macht weitaus mehr Spaß beim Lesen und erhöht die Lesegeschwindigkeit.

Layout

Ihr Lebenslauf sollte so gestaltet sein, dass sich der Leser – wenn er das möchte – in 10 bis 20 Sekunden einen Überblick über Ihren beruflichen Werdegang verschaffen kann. Gleichzeitig sollte er an jeder Stelle Ihres CV tiefer einsteigen können, um damit alle Informationen zu erhalten, die erforderlich sind, um zu verstehen, was Sie in den jeweiligen Funktionen konkret gemacht haben und worin Ihr Beitrag zum Unternehmenserfolg bestand.

Vorgeschaltete Zusammenfassungen

Dem ausführlichen Lebenslauf eine Kurzform des CV voranzustellen, halten wir – auch wenn es mittlerweile eher Standard ist – für keine gute Idee: weder bei Bewerbungen im offenen und erst recht nicht bei Bewerbungen im verdeckten Stellenmarkt.

Keine Frage: Grundsätzlich spräche gegen eine solche Zusammenfassung nichts, wäre diese denn wirklich lesenswert und das Lesen eben nicht bloße Zeitverschwendung.

Genau das aber ist sie in der weit überwiegenden Mehrzahl der Fälle! Dieselben austauschbaren Selbstverständlichen, die schon das Lesen eines typischen Anschreibens zur Qual werden lassen, finden sich in einer solchen Zusammenfassung (neudeutsch: Executive Summary) wieder. Wenn diese dann häufig noch mit der Überschrift »Mein Profil« eingeleitet werden, könnte man glauben, der Bewerber würde sich einen Spaß machen, wenn er im Folgenden formuliert:

»Erfahrener Kaufmann mit Erfahrung in Konzernen und mittelständischen Unternehmen. Schwerpunkte: Controlling, Accounting, Einkauf, HR, IT, Strategie, Business Development – aber auch allen anderen relevanten Bereichen. International erfahren. Bereitschaft zur Mobilität. Loyal. Effektiv. Fair. Lebensmotto: Geht nicht, gibt's nicht!«.

Es gibt noch weitere Arten von Zusammenfassungen: Zusammenfassungen der beruflichen Zielsetzung sowie der fachlichen und persönlichen Kompetenzen zum Beispiel. Auch das finden wir nicht gut, denn die berufliche Zielsetzung gehört unseres Erachtens ins Anschreiben und auf die Zusammenfassung der fachlichen Kompetenzen können und sollten Sie deswegen verzichten, weil kaum ein Leser etwas auf solche Zusammenfassungen gibt.

Die meisten (wenn auch nicht alle) Bewerber missbrauchen diese Art der Zusammenfassung nämlich dazu, jede Funktion und jede Branche, mit der sie im Laufe ihres Berufslebens irgendwann einmal in Berührung gekommen sind, dort hineinzupacken. Auf diese Weise kommen dann Tätigkeiten, die zuletzt vor 20 Jahren ausgeübt wurden, gleichgewichtig neben den heutigen Funktionen zu stehen oder Branchenkenntnisse von wenigen Monaten Dauer neben jahrzehntelangen Erfahrungen in anderen Branchen. Aus dem Manager, der seit 20 Jahren ausschließlich Marketing macht und bei seinem Berufseinstieg sechs Monate im Verkauf volontieren durfte, wird dann ein »gestandener Marketingprofi mit Verkaufserfahrung«. Aus dem Manager, der seit 15 Jahren im Konzern arbeitet und während seines Studiums drei Praktika in den mittelständischen Firmen seiner Verwandtschaft gemacht hat, wird »ein Manager, der sowohl im Konzern wie im Mittelstand beheimatet ist«. Für diese Art von Etikettenschwindel wurde die »Zusammenfassende Darstellung«/Executive Summary erfunden und dafür wird sie auch gerne genutzt. Nein, mit einer solchen Zusammenfassung machen Sie dem Leser keine Freude; viel wahrscheinlicher ist, dass er sich über die Redundanz und die zusätzliche Lesezeit ärgert, wenn er Sie nicht sogar wegen solcher Taschenspieler-Tricks ablehnt. Und selbst, wenn Sie mit einer solchen Zusammenfassung keine trickreichen Absichten verbinden: Sie machen sich damit zum Schweizer Offiziersmesser – kann alles, aber nichts richtig.

An dieser Stelle möchten wir daher empfehlen, entweder auf eine solche Einleitung zu verzichten oder wirklich einen Text zu formulieren, in dem das Besondere der eigenen Person sichtbar wird. Ob es in Zeiten, in denen viele Leser eigentlich nicht lesen, sondern sehen wollen, nicht grundsätzlich besser wäre, viel Text durch ein »knackiges« Video zu ersetzen, ist eine Frage, der wir uns an späterer Stelle noch einmal zuwenden wollen.

Bei Bewerbungen im verdeckten Stellenmarkt spricht sicherlich ebenfalls nichts gegen ein Video, in dem man sich präsentiert; völlig verzichtet werden kann hingegen auf einen solchen zusammenfassenden Text. Denn anders als bei Bewerbungen im offenen Stellenmarkt wird hier zuerst das Anschreiben und erst danach der Lebenslauf gelesen – wir schrieben bereits davon – und im Anschreiben ist das »Besondere« ja bereits formuliert.

Chronologisch oder retrograd?
Angloamerikaner fassen ihre CVs üblicherweise retrograd ab, also beginnend mit der letzten Berufsstation. Auch deutsche Manager nutzen gerne diese Vorgehensweise; aber auch die chronologische Reihenfolge ist nach wie vor anzutreffen. Eine allgemeine Diskussion darüber, welche der beiden Varianten richtig und passend sei, ist genauso müßig wie eine Diskussion über Links- und Rechtsverkehr.

Aber: Wenn einem deutschen oder kontinentaleuropäischen Leser die Lektüre eines CV in amerikanischer Form zuzutrauen ist, dann wird man auch erwarten können, dass ein amerikanischer/angelsächsischer Leser mit der chronologischen Form klarkommt. Welche Form Sie wählen, sollten Sie von Ihrer Zielsetzung abhängig machen. Um ein paar Gesichtspunkte zu nennen: Wenn Ihre letzte (und vielleicht auch vorletzte) Berufsstation eher unter Flop einzuordnen war, ist es sicherlich nicht ratsam, diese Positionen an den Beginn der Darstellung zu setzen. Sie sollten die retrograde Form in diesem Fall also eher meiden.

Wenn Sie mit Ihrem nächsten Karriereschritt nicht an die Branche oder die Tätigkeit in der letzten Station anknüpfen wollen, sondern an frühere Berufsstationen, ist die retrograde Darstellung möglicherweise ebenfalls wenig zweckmäßig. Vollends ungeeignet ist eine retrograde Darstellung für Manager, die in einem Konzern oder einer Firmengruppe über viele Jahre und Berufsstationen hinweg eine sehr geradlinige Karriere gemacht haben. Während man sich bei einer chronologischen Darstellung darauf beschränken könnte, jeweils nur die zusätzlichen Aufgaben (gegenüber der vorhergehenden Funktion) zu beschreiben, muss man bei einer retrograden Darstellung in allen Stationen die Aufgaben vollumfänglich darstellen, da man schlecht schreiben kann: »Funktionen wie in der zuvor geschilderten Position abzüglich folgender Aufgaben ...«. Das bringt nicht nur viel Redundanz mit sich; dem genervten Leser bleibt, wenn er den Zuwachs an Aufgaben und Verantwortung nachvollziehen will, nichts anderes übrig, als Position für Position zu vergleichen, welche Aufgabenbestandteile in den vorausgegangenen Stationen fehlten.

Argumentation auf Augenhöhe

Wenn Sie sich als Manager bewerben, dann wissen Sie, wer Ihre Unterlagen zu lesen bekommt: Top-Manager! Sprich: CEOs, Gesellschafter, Vorsitzende der Aufsichtsorgane. Gemeinsamkeiten dieser Personen: Wir haben es mit erfahrenen Managern und Persönlichkeiten der Wirtschaft zu tun, denen man so schnell kein X für ein U vormachen kann. All die kleinen Tricks und Euphemismen, mit denen man einem Personalreferenten oder vielleicht auch noch dessen Vorgesetzten, dem Personalchef, imponieren kann, verfangen bei diesen Leuten in der Regel nicht. Die Adressaten Ihrer Unterlagen sind »mit allen Wassern gewaschen«; es spricht also wenig dafür, dass sich solche Adressaten von den gängigen Beschönigungsformeln beeindrucken lassen.

Das sollten Sie sich vor allem dann vor Augen führen, wenn Sie sich Ihrer eigenen Erfolge rühmen möchten. Absolute Zahlen zu nennen, empfiehlt sich ohnehin nicht. Sind die eigenen Erfolge eher durchschnittlich oder sogar geringfügig (»150.000 € Einsparungen pro Jahr bei einem Gesamtbudget von 20 Mio. €«), lässt man sie besser weg, um nicht als zu bescheiden in den Anforderungen an sich selbst zu gelten.

Die absolute Mehrzahl aller Zielfirmen weltweit und in Europa ist nicht in englischer oder amerikanischer Hand. Und die allermeisten der Personen, die Sie mit Ihren Bewerbungsunterlagen ansprechen, sind nicht in der amerikanischen Führungskultur zu Hause. Im Gegenteil! Sie stehen angloamerikanischen Managementparadigmen und -methoden mitunter skeptisch, wenn nicht ablehnend gegenüber. Daher ist es auch nicht zweckmäßig, mit angloamerikanischen Fachtermini und Abkürzungen um sich zu werfen.

Sind in der Liste überwiegend mittelständische GmbH & Co. KGs, sollten besser alle Anglizismen gestrichen werden; befinden sich darin vor allem DAX-, Tech-DAX, M-DAX- und internationale Großunternehmen, muss man in diesem Punkt nicht ganz so kleinlich sein. Sind beide Segmente in Ihrer Liste enthalten, fertigen Sie besser zwei separate Lebensläufe an.

Vorsicht ist auch ganz generell bei der Verwendung einiger – sehr gewöhnungsbedürftiger – Begriffe aus dem angloamerikanischen Managementsprech geboten. Wenn in Ihrem CV zum Beispiel von »Direct Reports« als Bezeichnung für Menschen aus Fleisch und Blut die Rede ist, dann polarisiert das und Sie sollten sich im Anschluss nicht wundern, wenn Ihnen unterstellt wird, dass Mitarbeiter und der respektvolle Umgang mit ihnen für Sie eher von untergeordneter Bedeutung sein dürften, auch wenn Sie in Ihrem Anschreiben das Gegenteil behaupten. Wollen Sie hingegen als Sanierer antreten und klarmachen, dass Sie in der Lage sind, die Interessen eines neuen Shareholders emotionslos im Unternehmen zu exekutieren, egal welche Konsequenzen das für langjährige Mitarbeiter haben mag, würden Sie mit dieser Sprache durchaus richtig liegen.

Die meisten Top-Entscheider sind eher Generalisten als Spezialisten; sie sind in der Regel ausgeprägte Netzwerker, mit vielen Kontakten in unterschiedlichste Branchen und nationale wie internationale Institutionen hinein. Bei solchen Adressaten »Fachchinesisch« zu reden, kommt ebenso wenig an, wie die Verwendung von Abkürzungen; diese Leute kennen zu jeder Abkürzung, die Ihnen selbst eindeutig erscheint, mindestens drei weitere, sehr unterschiedliche Bedeutungen. Missverständnisse sind dadurch vorprogrammiert.

Die meisten Top-Entscheider sind älter als 55; erfahrene ältere Manager haben schon viele, schnell wechselnde Managementphilosophien und -moden kennengelernt. Was man Ihnen in der jüngsten Managementfortbildung gerade erst als neuesten Schrei verkauft hat, ist für diese Zielgruppe möglicherweise längst kalter Kaffee. Sie sollte also Ihre Schulbuch- und Seminarweisheiten nicht zu sehr heraushängen lassen und sich von der Vorstellung trennen (falls Sie sie hatten), dem zukünftigen Arbeitgeber mit dem Methoden-Know-how aus der letzten Fortbildungsmaßnahme entscheidende Impulse geben zu können.

Erfolgsargumentation

Es ist immer gut, im CV konkrete Erfolge zu nennen, aber es ist nachteilig, es damit zu übertreiben. Man muss nicht zu jeder Position Erfolge anführen und schon gar nicht zu Jobs, die ein Flop waren. Auch für die ersten Berufsjahre ist es erfahrungsgemäß schwierig, seinen persönlichen Anteil am Unternehmenserfolg nachzuweisen. Tun Sie es trotzdem, zieht der Leser möglicherweise daraus den Schluss, dass nicht Ihr Erfolgsanteil besonders groß ist, sondern Ihr Ego. Manche Erfolge lassen sich direkt aus dem Werdegang ablesen und bedürfen dann keiner expliziten Erwähnung mehr; wenn Sie also zum Beispiel als Hochschulabsolvent nach einem aufwendigen Ausleseverfahren bei einem renommierten Arbeitgeber anfangen durften und dort alle zwei oder drei Jahre befördert und mit mehr Verantwortung ausgestattet wurden, spricht das für sich und muss nicht noch einmal verbal unterstrichen werden. Man sollte Erfolge nicht mit Aufgaben verwechseln. Erfolge sind das Ergebnis von erfolgreich durchgeführten Aufgaben. Wenn es unter Ihren Hauptaufgaben oder Projekten heißt »Implementierung von SAP R/3-MM«, kann man unter Erfolgen schlecht sagen: »Erfolgreiche Einführung von SAP R/3-MM«; es sei denn, man will den Leser verärgern. Es muss herausgearbeitet werden, was Sie bewirkt haben, also zum Beispiel: »Verkürzung der durchschnittlichen Lieferzeit um xx Tage bei gleichzeitiger Senkung der Bestände um xx Prozent«.

Der rote Faden

Wohl jeder Leser von Lebensläufen sucht unwillkürlich nach dem roten Faden eines beruflichen Werdeganges und nach einem Anker, an dem er seine Vorstellungen über die beschriebene Person festmachen kann. Das hat wieder mit dem Komfort zu tun, den es mit sich bringt, wenn man bei der Lektüre im bereits erwähnten Denksystem 1 bleiben kann. Entsteht der Eindruck, dass dem Lebenslauf die Linie fehlt, erscheint der eine oder andere Stellenwechsel inkonsequent oder bleibt bei manchen Berufsstationen unklar, um welche Art von Unternehmen es sich handelte und worin die Aufgaben dort bestanden haben, breitet sich beim Leser Unbehagen aus. Und dieses Unbehagen wird dann sehr schnell zum Unbehagen an Ihrer Person. Dass es trotz solcher negativer Gefühle zu einer Einladung kommt, ist dann eher unwahrscheinlich.

Der Berufsweg vieler erfolgreicher Manager folgt einer inneren Logik und hat deshalb eine klare Struktur, die auch ein Außenstehender leicht erkennt. In diesen Fällen muss der rote Faden also nicht erst herausgearbeitet werden, er ist offenkundig. Es gibt allerdings auch genügend Fälle, bei denen der rote Faden zwar vorhanden, aber durch die Fülle der Details und Zusatzinformationen kaum noch erkennbar ist; in solchen Fällen muss der Lebenslauf entschlackt werden.

Entschlacken beginnt damit, dass Sie klar zwischen Hauptaufgaben, Sonderaufgaben und Projekten unterscheiden. Packen Sie die Fülle der Themen, mit denen Sie in einem Zeitraum von drei bis vier Jahren konfrontiert waren, unter der Überschrift »Hauptaufgaben« in eine relativ unstrukturierte Aufzählung (in der auch kleinste Kleinigkeiten nicht fehlen), dürfen Sie sich nicht wundern, wenn die Linie verloren geht. Es muss immer klar erkennbar bleiben, was den Kern Ihres jeweiligen Ressorts und Ihrer Verantwortung ausmacht; alles andere, was mehr oder weniger Nebenkriegsschauplatz war, muss dann auch als solches kenntlich gemacht werden, sonst ist der Leser schnell überfordert.

Entschlacken heißt auch, dass Sie Details weglassen, die den Leser von dem eigentlichen Erzählstrang ablenken könnten. Ein CV soll nicht Ihre späteren Memoiren ersetzen, und Sie machen sich auch keiner Fälschung schuldig, wenn Sie nicht alle Details vor Ihrem Leser ausbreiten. Ihr Leser erweist Ihnen eine Gefälligkeit, indem er bereit ist, sich mit Ihnen und Ihren Daten zu beschäftigten. Wird seine Bereitschaft überstrapaziert, empfindet er die Lektüre Ihres CV schnell als Zumutung.

Firmenangaben

Wir halten es für wichtig und informativ, Ihren jeweiligen Arbeitgeber im CV mit ein paar Stichworten zu charakterisieren – durch Nennung von Branche, Produkten, Marktstellungen, Umsätzen oder Mitarbeiterzahl. Aber Vorsicht: Nennen Sie einem Top-Entscheider die entsprechenden Kennzahlen eines DAX-Konzerns (in dem er möglicherweise Mitglied des Aufsichtsrats ist), dann wird der sich unwillkürlich fragen, für wie blöd Sie ihn eigentlich halten; in solchen Fällen sollten Sie diese Angaben natürlich weglassen. Redet man von der speziellen Geschäftseinheit eines Großkonzerns, sind solche Zahlenangaben wiederum sehr hilfreich. Sie müssen generell gut im Auge behalten, wem Sie welche Zahlen nennen. Streben Sie eine Position im Mittelstand an, sollten Sie nicht unbedingt mit den weltweiten Umsätzen und Mitarbeiterzahlen Ihrer bisherigen Arbeitgeber operieren – zu leicht entstünde der Eindruck, dass Sie ein »Konzernmensch« sind, den man sich im Mittelstand nur schwer vorstellen kann.

Hier gilt es also eher tiefzustapeln; Sie lassen die imposanten Gesamtzahlen weg und beschränken sich darauf, die eigene Geschäftseinheit mit Zahlen zu charakterisieren.

Funktionsbezeichnungen
Funktionsbezeichnungen, die in Ihrem Konzern oder in Ihrer Firma üblich sein mögen, können in anderen Firmen oder Branchen eine ganz andere Bedeutung haben. Wenn Ihr Adressat nicht versteht, was Sie tun, wird er sich auch bei viel Wohlwollen nicht für Sie interessieren.

Jobhopping
Falls Sie von Ihrem Arbeitgeber zu Töchtern oder Beteiligungen abgeordnet wurden, vergessen Sie bitte nicht den Hinweis bei der jeweiligen Firma, dass es sich um eine Tochter oder eine Beteiligung handelt. Sonst könnte der Eindruck entstehen, dass Sie zu häufig die Firmen gewechselt haben. Haben Sie parallel zueinander mehrere Funktionen in verschiedenen Töchtern oder Beteiligungsgesellschaften, sollten Sie durch den Zusatz »parallel zur Hauptaufgabe« auf diesen Sachverhalt hinweisen, damit die Jahresangaben nicht zur Konfusion führen.

Das Wichtigste in Kürze
Der Lebenslauf dient dazu, für das im Anschreiben formulierte Angebot Plausibilität zu schaffen. Wenn Sie sich im Anschreiben als der Experte für den Vertrieb von technischen Textilien präsentieren und sich darum bewerben, solches auch zukünftig zu tun, muss der Lebenslauf den Beweis dafür liefern, dass Sie genau das im Laufe Ihres Berufslebens mehrfach erfolgreich getan haben. Daher ist es immer sinnvoll, den Lebenslauf erst dann zu schreiben, wenn das eigene Angebot präzisiert und formuliert ist.

10.2.2 Erstellen Sie einen Maximallebenslauf

Der Maximallebenslauf[4] ist eine Art »Vielzweckwaffe«. Seine erste Funktion ist die einer Stoffsammlung. In den Maximallebenslauf sollten Sie alles hineinschreiben, was jemals für einen Ihrer zukünftigen Adressaten von Interesse sein könnte. Er stellt also so etwas wie ein vorweggenommenes Vorstellungsgespräch dar, in dem sich bereits die Antworten zu allen Sach- und Fachfragen befinden. Seine zweite Funktion ist die Vollständigkeitskontrolle.

Bei der Zusammenstellung der Angaben für den Lebenslauf bleiben mitunter Daten und Fakten »auf der Strecke« – einfach aus Vergesslichkeit; dem beugen Sie mit diesem Maximallebenslauf vor.

4 Eine Anleitung zur Erstellung des Maximallebenslaufes finden Sie am Ende dieses Buches.

Eine weitere Funktion besteht in der Bilanzierung der eigenen Erfahrungs- und Interessensschwerpunkte – und einer Einschätzung ihrer Relevanz für die zukünftigen beruflichen Ziele und Möglichkeiten. Der Maximallebenslauf sollte Ihnen als »Materiallager« dienen, aus dem Sie sich bedienen, um Ihr finales CV zu erstellen. Zudem ist er eine perfekte Vorbereitung auf die Vorstellungsgespräche; Sie haben auf alle Fragen die notwendigen Daten, Fakten und Erfolge präsent, ohne erst länger nachdenken zu müssen.

Dreh- und Angelpunkt des Maximallebenslaufes sind natürlich Ihre beruflichen Tätigkeiten.

Listen Sie sie detailliert auf, auch wenn Sie sie später wieder für Ihren Lebenslauf etwas raffen oder zusammenfassen sollten.

- Suchen Sie, falls nötig, aus Ihren Zeugnissen die Beschreibungen Ihrer jeweiligen Aufgaben heraus und fügen Sie diese hier an. Werden in den Zeugnissen einige Teilaufgaben oder Projekte nicht genannt, an die Sie sich gut erinnern können, dann tragen Sie sie bitte ebenfalls ein.
- Wichtig: Übersetzen Sie firmenspezifische Begriffe und sehr spezielle Fachtermini in eine allgemein verständliche Sprache, damit auch ein Generalist sich unter Ihrer Tätigkeit etwas Konkretes vorstellen kann. Möglicherweise ist es sogar ratsam, die eine oder andere Ihrer bisherigen Funktionsbezeichnungen »umzutaufen«, weil deren Bezeichnungen irreführend sind und Missverständnissen Vorschub leisten.
- Tragen Sie in Ihre Stoffsammlung nicht nur Tätigkeiten und Funktionen ein, sondern auch Ergebnisse und Erfolge.
- Auch die Gründe, die Sie veranlasst haben, den Job zu wechseln, sind es wert, festgehalten zu werden – und zwar ohne Beschönigungen. Die wenigsten dieser Begründungen werden sich am Ende in Ihrem fertigen Lebenslauf wiederfinden; dennoch können solche Hinweise im Einzelfall sehr hilfreich sein, um Fehleinschätzungen aufseiten des Lesers vorzubeugen.
- Vergessen Sie bitte die Praktika und Aushilfstätigkeiten nicht, auch wenn diese vermutlich in der Endversion Ihrer Lebensläufe nicht mehr auftauchen werden.
- Ergänzen Sie im Maximallebenslauf auch die nebenberuflichen und ehrenamtlichen Tätigkeiten.
- Halten Sie Belobigungen und Auszeichnungen fest.
- Erwähnen Sie Stipendien.
- Dokumentieren Sie Vereinszugehörigkeiten oder Mitgliedschaften – auch die Zugehörigkeit zu Parteien oder parteinahen Organisationen.
- Führen Sie alle Hobbys auf und beschreiben Sie diese ausreichend detailliert. Aussagen wie »Lesen« oder »Sport« sind zu ungenau. Sie müssten schon präzisieren, ob Sie aktiver Sportler sind oder ob Sie Sport gerne im Fernsehen sehen. Geben Sie an, welchen Sport Sie betreiben und ob Sie das im Verein tun etc. Nur dann kann man damit etwas anfangen.

Alles andere ist dann kein Hexenwerk mehr. Man braucht kein Grafikstudium und keine aufwendige Desktop-Publishing-Software, um aus diesem Maximallebenslauf einen optisch ansprechenden, leicht lesbaren Lebenslauf sauber aufs Papier zu bringen, ein paar einfache Regeln genügen:

- Nirgendwo steht geschrieben, dass ein Lebenslauf auf ein einziges Blatt Papier passen muss. Gäbe es diese Regel, dann wäre sie Unsinn. Entscheidend ist nicht der Papierverbrauch, sondern der Inhalt. Steht der Inhalt erst einmal fest, dann ist es besser, großzügig mit Papier umzugehen, anstatt den Text so zusammenzuquetschen wie beim Kleingedruckten auf der Rückseite des Kaufvertrages.
- Wenn Sie den Lebenslauf in eine Mappe einheften und per Post versenden, was selbst in Zeiten von E-Mails durchaus empfehlenswert sein kann – wir schrieben bereits darüber –, dann ist ein Rand, wie er von der Norm für Geschäftsbriefe vorgesehen ist, zu schmal. Empfehlenswert ist ein linker Rand von 3 cm oder sogar 3,5 cm. Dafür darf der rechte Rand dann ein wenig schmaler sein, also z .B. 1,5 oder auch nur 1,2 cm.
- Ein Bewerbungsfoto ist größer als ein Passfoto; also sollten Sie auch genügend Platz dafür vorsehen. Das Foto können Sie auf ein Deckblatt aufkleben oder hochwertig aufdrucken, auf dem z. B. auch die eigene Adresse steht und vielleicht auch die Position, auf die man sich bewirbt. Das Foto kann aber auch das erste Drittel des ersten Lebenslaufblattes in Anspruch nehmen. Welche der beiden Varianten für die eigenen Zwecke besser ist, entscheidet man am besten erst, wenn der Gesamttext zu Papier gebracht ist.
- Man sollte nicht mehr als zwei Schrifttypen verwenden – eine für die Überschriften und eine für den Fließtext und nicht mehr als zwei oder drei Schrifthöhen; Unterstreichungen und andere Schriftauszeichnungen verlieren ihre Bedeutung, wenn sie nicht konsequent und systematisch eingesetzt werden.
- Je mehr Gliederungspunkte Sie vorsehen, desto unübersichtlicher wird der Lebenslauf. Man zergliedert also z. B. seine Ausbildung nicht in »Schulbildung:«, »Berufsbildung:« und »Studium:«; denn das bringt dem Leser keinerlei Informationsgewinn. Man sagt einfach »Ausbildung:« und führt dort die verschiedenen Ausbildungsstationen chronologisch auf. Manche Inhalte des Lebenslaufes müssen nicht näher erläutert werden. Es erübrigt sich z. B., vor die Adresse den Gliederungspunkt »Adresse:« zu setzen. Der Leser erkennt auch ohne diesen Zusatz, dass es sich um die Adresse handelt.
- Zusammenhängende Informationen sollten nicht durch einen Seitenwechsel auseinandergerissen werden – das gilt z. B. für die Beschreibung einer beruflichen Position, für Ausbildung, Weiterbildung und Fremdsprachen.
- Bundeswehr oder Zivildienst kann man unter dem Titel »Ausbildung« abhandeln, auch wenn sie keine Ausbildung im eigentlichen Sinn gewesen sein mögen.
- Haben Sie Ihre berufliche Tätigkeit z. B. wegen Studium, Fortbildung, Geburt der Kinder, Elternzeit, Wehr- oder Zivildienst unterbrochen, dann sollten Sie im Kapitel »Beruflicher Werdegang« diesen Schritt zusätzlich zu den Angaben im Kapitel

»Ausbildung« mit einem Einzeiler erwähnen, damit der Leser nicht über die Lücke stolpert.

- Waren Sie viele Jahre in einem Unternehmen und haben dort verschiedene Aufgaben durchlaufen – oder Sie waren in verschiedenen Tochtergesellschaften oder Niederlassungen tätig – dann sollten Sie unter »Beruflicher Werdegang« zunächst einmal den Gesamtzeitraum der Firmenzugehörigkeit sowie den Namen der Firmengruppe oder des Konzerns aufführen und dann darunter – mit eingerückten Zahlenangaben – die einzelnen Stationen mit den näheren Details.
- Wer im Anschluss an seine Berufsausbildung im Lehrbetrieb weiterarbeitet, sollte ähnlich verfahren: Er nennt zunächst den Gesamtzeitraum, führt dann – mit eingerückten Zahlen – noch einmal den Zeitraum der Berufsausbildung z. B. mit dem kurzen Hinweis »Lehre« auf und schildert dann die anschließenden Stationen im Detail.
- Ob man seine Firmenzugehörigkeit mit Monat/Jahr oder nur in Jahren angibt, darüber streiten sich die Gelehrten. Aber so viel steht fest: Hat man sich für eine Variante entschieden, dann sollte man sie auch konsequent beibehalten.
- Hat sich der Name des Unternehmens im Laufe der Zugehörigkeit geändert, dann nennen Sie bei der Angabe des Gesamtzeitraumes den ursprünglichen Namen des Unternehmens und erwähnen in der Zeile darunter, seit wann das Unternehmen einen neuen Namen hat oder genau umgekehrt: Sie nennen den heutigen Namen und fügen hinzu, bis wann das Unternehmen den ursprünglichen Namen trug.
- Waren Sie zwischen zwei beruflichen Stationen vier oder fünf Wochen arbeitslos, so erübrigt es sich, das im Lebenslauf anzugeben. Größere Lücken – also Zeiträume von mehr als 3 Monaten sollten Sie jedoch in jedem Fall erläutern.
- Wer sich dazu entschließt, seinen Lebenslauf nach amerikanischem Vorbild zu verfassen, der sollte diese Form konsequent durchhalten und nicht mit den Konventionen des deutschen Lebenslaufes mixen. Es ist nicht sinnvoll, den »Beruflichen Werdegang« retrograd – also rückwärts – zu schildern, den Ausbildungswerdegang hingegen progressiv – also vorwärts.
- Welches Gewicht der Leser einer beruflichen Station beimisst, hängt nicht unwesentlich davon ab, wie viel Platz der Verfasser dieser Position im Text einräumt. Wer seine zwanzigjährige Firmenzugehörigkeit in seinem Lebenslauf kürzer abhandelt als die Praktika, die er vor mehr als zwanzig Jahren während seines Studiums absolviert hat, darf sich nicht wundern, wenn er nicht für voll genommen wird. Also: Wichtige Stationen werden ausführlich geschildert, weniger wichtige Stationen entsprechend kürzer gefasst.

MUSTER CV

Persönliche Daten

Name	XXXXX
Adresse	XXXXX
	XXXXX
	XXXXX
Telefon	XXXXXXXXX
Mobil	XXXXXXXXXX
E-Mail	XXXXXXXXXXXX
Geburtsdatum	XXXXXXXXXXX
Geburtsort	XXXXXXXXXXXX
Familienstand	XXXXXXXXXXXXX
Nationalität	deutsch

Beruflicher Werdegang

12.2012 – 02.2022 **XXXXXXXXXXXXX**

XXXXXXXXXXXXX Unternehmensberatung mit weltweit ca. xxxxxxxxxxxx Mitarbeitern und xxxxxxxx Mio. $ Umsatz in xxxxxxxxxxx

06.2015 – 02.2022 XXXXXXXXXXXX

Geschäftsführer

Hauptaufgaben:

- Gründungsgeschäftsführer; Verantwortung für Aufbau der deutschen Niederlassung der XXXXXXXXX
- Gesellschaftsgründung und -etablierung
- Sicherstellung der Einbindung in XXXXXXXXXXX
- Mitarbeitergewinnung (Berater und Administration)
- Geschäftsanbahnung auf Vorstands-/Geschäftsführungsebene
- Entwicklung von Marketingkonzeptionen
- Umsatz- und Ergebnisverantwortung für die Gesellschaft

	Erfolge: • Umsatzsteigerung um 500+ % gegenüber Vorjahr • Gewinnung von xxxx Voll- und Teilzeitmitarbeitern
12.2012 – 05.2015	XXXXXXXXXXXXXX Vice President Germany Hauptaufgaben: • Gründungsbevollmächtigter für Gründung der deutschen GmbH • Etablierung Geschäftsbetrieb • Sicherstellung der Zusammenarbeit mit europäischem Hauptquartier in London und Zentrale in Boston • Personalmarketing, -identifikation und -gewinnung • Definition und Durchführung von Marketingaktivitäten (Pressearbeit, Direct Mailings, Kundenbesuche usw.) • Projektleitung bei strategischen Beratungsprojekten im Mittleren Osten; Sicherstellung der Projektergebnisse Erfolge: • Budgetiertes Honorarziel bereits im ersten Jahr um 50 % übertroffen
10.2008–11.2012	**XXXXXXXXXXXXXXX** • Internationale Management-Beratung mit Fokus auf Implementierung; weltweiter Umsatz ca. xxxxx Mio. € mit xxxxxxxxxx Mitarbeitern in 200x; deutsches Geschäft: Umsatz ca. XX Mio. €, etwa 300 Mitarbeiter
07.2009–11.2012	Mitglied der Geschäftsleitung Hauptaufgaben: • Direkte Berichterstattung an den President Europe • Personalverantwortung für 80 Mitarbeiter • Gesamtverantwortung für gesamte Beratungsprojektdurchführung in Deutschland (Projektqualität, -budget, -ertrag) • Personalgewinnung, -entwicklung und -betreuung • Veränderung der Personalausrichtung hin zur professionellen und direkten Akquisitionsunterstützung • Entwicklung/Einführung interner Kontrollmechanismen zur termingerechten Sicherstellung von Projektzielen (damit einhergehende Kundenzahlungen) • Planung und Einführung eines internen Beratertrainingsprogramms • Einsatzoptimierung von Personalkapazitäten • Geschäftsanbahnung auf Vorstands-/Geschäftsführungsebene • Betreuung und Entwicklung von Key Accounts

	Erfolge: • Substanzielle Verbesserung der Beratungsvorschläge; Erhöhung der Hit-Rate um 40 % • Gleichmäßigere Auslastung der Beraterkapazität • Anhebung des xxxxxx-Beraterprofils durch interne Trainings und Personalanpassungen (Einstellungen und Abbau)
10.2008 – 06.2009	Mitglied der Geschäftsleitung und Sector-Head-»Manufacturing« Hauptaufgaben: • Direkte Berichterstattung an den President Europe • Gesamtverantwortung für Industriesektor (Automobilzulieferer, -industrie, Maschinenbau) • Personalverantwortung für zehn Mitarbeiter • Definition und Umsetzung der Marktdurchdringungsstrategie • Präsentation des Sektors in der Öffentlichkeit (z. B. Pressearbeit, Konferenzvorträge, Moderation von Executive Events etc.) • Identifikation, Betreuung und Entwicklung von Schlüsselkunden • (Neu-)Kundenakquisition und -entwicklung: Geschäftsanbahnung auf Vorstands-/Geschäftsführungsebene in Maschinenbau und Automobilzulieferindustrie

Ausbildung

09.2007 – 05.2008	**XXXXXXXXXXXXXXXXX** Studium »International Business« Studienschwerpunkte: Corporate Strategy, Marketing Abschluss: Master of International Business (M.I.B.S.) (Note: sehr gut)
10.2002 – 05.2007	**XXXXXXXXXXXXXXXXX** Studium Betriebswirtschaftslehre Studienschwerpunkte: Marketing, Finanz- und Bankwirtschaft Abschluss: Diplom-Kaufmann (Note: gut)
06.2000 – 05.2002	**XXXXXXXXXXXXXXXXXX** Ausbildung und Abschluss als Kaufmann im Groß- und Außenhandel
05.2000	Fachhochschulreife

Fortbildungen (in Auswahl seit 2005)

06.2016 »Strategic Selling«, Miller Heiman, Boston, USA
Durchführung des Verkaufsprozesses mittels einer strukturierten Vorgehensweise
01.2012 Celerant Executive Program on Leadership, Stanford – Graduate School of Business, Palo Alto, USA (1 Woche)
Effizientes Management von Organisationen

Fremdsprachen

Englisch Sehr gut in Wort und Schrift

Hobbys

Golf Mitglied im xxxxxxxxxxxxxxxxxxxxxxxxx

Das Wichtigste in Kürze
Ein Maximallebenslauf ist nichts anderes als das Zusammenstellen der wichtigsten beruflichen Stationen und Inhalte. Beschreiben Sie Ihre Aufgaben, Ihre Erfolge und Projekte. Machen Sie Angaben zur Berichtslinie, der Budget- und Umsatzverantwortung etc.

Sobald Sie alle Informationen zusammengetragen haben, können Sie Ihren eigentlichen Lebenslauf erstellen. Ihr Maximallebenslauf ist sozusagen Ihr Materiallager, aus dem Sie sich bedienen. Bedenken Sie bei der Auswahl der Informationen immer die Zielsetzung, die Sie mit Ihrem Lebenslauf verfolgen: Sie wollen nichts anderes, als den Beweis liefern, dass Sie das, was Sie im Anschreiben als Angebot formuliert haben, bereits seit vielen Jahren erfolgreich gemacht haben.

10.3 Wenn das Bewerbungsfoto zum Werbefoto wird

Nicht nur das Anschreiben steht aktuell auf der Abschussliste, auch dem Bewerbungsfoto wird schon seit Jahren versucht, den Garaus zu machen. Das – meist von Juristen vorgetragene – Argument: Es würde nur zu Diskriminierungen führen.

Mit Recht: Es führt zu Diskriminierungen, zumindest wenn man den Begriff »Diskriminierung« wörtlich nimmt. Dem lateinischen Wortstamm zufolge (*discriminare* = unterscheiden, absondern, auslesen) bedeutet »Diskriminierung« soviel wie »Unterscheidung«; es geht also um die Wahrnehmung von Differenzen, es geht um die unterschiedliche Behandlung von Fällen. Das Gegenteil von Diskriminierung wäre also Gleichmacherei. Selbst vor Gericht möchte niemand gleichbehandelt werden; jeder wünscht sich, dass – obwohl vor dem Gesetz alle gleich sind – doch immer die jeweils besonderen Umstände berücksichtigt werden.

Wer keine Diskriminierung, sondern Gleichmacherei fordert, möchte, wenn es um den Kauf oder Verkauf von Produkten oder Dienstleistungen geht, dass alle Produkte und Dienstleistungen so dargestellt werden, dass Differenzen zu den Wettbewerbsprodukten und -dienstleistungen nicht mehr erkennbar sind und herausgestellt werden, sondern nur noch das Gemeinsame. Auch sämtliche Werbefotos müssten dann verboten werden, denn auch diese würden ja dazu führen, dass der Kunde »unterscheiden« und sich bewusst für das eine und gegen die anderen Produkte entscheiden kann. Eine groteske Überlegung!

In der Tat ist es schon jetzt dem Bewerber in einigen Ländern verboten, ein Foto zu verwenden. Ob dieses wirklich zu dem gewünschten Effekt der Gleichbehandlung führt, darf bezweifelt werden, denn solange der Bewerber im Vorstellungsgespräch nicht mit einem Sack über dem Kopf erscheinen muss, verlagert sich die Entscheidung für oder gegen den Bewerber bei einem solchen Bewerbungsfoto-Verbot einfach nur von der Bewerbungsmappe in ein solches Gespräch. Das bedeutet für Bewerber und Unternehmen: Beide haben mehr Aufwand, der am Ende zum selben Ergebnis führt. Der Bewerber bekommt eine Absage.

Aber noch ist das Bewerbungsfoto – zumindest im deutschsprachigen Raum – nicht verboten. Und solange dieses so bleibt, sollten Sie es nutzen, um sich in Szene zu setzen. Dafür ist es übrigens nicht nötig, fotogen zu sein. Denn grundsätzlich ist jeder fotogen! Denn fotogen zu sein, bedeutet eben nicht, irgendeinem Zeitgeist-Ideal zu entsprechen, das sowieso permanent einem Wandel unterworfen ist. Vielmehr besteht Fotogenität darin, positiv und selbstbewusst aufzutreten und auf diese Weise den Zuschauer zu begeistern. Und diese Gabe besitzt im Grunde jeder Mensch!

Dennoch sind die meisten Bewerbungsfotos, die wir in den letzten Jahren zu sehen bekamen, katastrophal. Die Gründe: Viele Bewerbungsfotografen beherrschen weder den Umgang mit ihrer Kamera noch mit ihrem Studio-Equipment. Was diese abliefern, ist Pfusch und würde nicht zum Ablegen der Gesellenprüfung reichen. Dieses hat oft auch damit zu tun, dass in Fotostudios nicht selten Personen auf den Auslöser drücken, die noch gar keine Gesellenprüfung abgelegt haben. Mit Bewerbungsfotos lässt sich kein Geld verdienen, daher machen häufig die Azubis die Bilder. Zitat eines uns gut bekannten Fotografen: »Wer als Fotograf etwas draufhat, arbeitet nicht im Fotostudio, um für 50 € zwischen Tür und Angel Bewerbungsfotos zu machen«.

Ein anderer Grund: die Umgebungsbedingungen. Keine Parkmöglichkeiten in Studionähe, keine Vorbereitung seitens des Fotografen (Wer ist mein Kunde, was strebt er beruflich an?), keine Umkleidemöglichkeiten, kein Ambiente, Zeitnot, Hektik, Unaufmerksamkeit – in Summe: denkbar schlechteste Voraussetzungen für eine ausgesprochen wichtige Angelegenheit.

Um einen weiteren Grund zu nennen: Die »Chemistry« zwischen Fotograf und Porträtiertem passt nicht. Der Fotograf mag mit Stillleben, Landschaften, Produktkatalogen und Geschäftsberichten brillieren. Wenn er nicht gut mit Menschen »kann« – und schon gar nicht mit Menschen am oberen Rand der Einkommensskala – dann wird das Ergebnis unbefriedigend sein, auch wenn alle sonstigen Voraussetzungen gestimmt haben sollten.

Wenn Sie sich im verdeckten Stellenmarkt bewegen, sollten Sie die Chance, sich von den anderen Bewerbern abzuheben auch dadurch nutzen, indem Sie ein perfektes Foto verwenden. Und es muss wirklich perfekt sein, denn bitte bedenken Sie: Bei den Jobs, die Sie anstreben, geht es aus Sicht des Unternehmens um eine Investition von nicht selten einer halben Million Euro und mehr – zumindest wenn man davon ausgeht, dass die durchschnittliche »Verweildauer« in einer Position ca. fünf Jahre beträgt und die Position mit 100.000 € (und mehr) vergütet wird.

Für den ersten Eindruck gibt es aber keine zweite Chance. Dieser Spruch ist zwar ziemlich abgedroschen, dennoch stimmt er. Das Foto ist das, was jedem, der den Lebenslauf in die Hand nimmt, als Erstes in den Blick fällt. Somit entscheidet es ganz wesentlich darüber, welchen Eindruck ein Bewerber hinterlässt. Ein solches Foto vermittelt dem Betrachter Nuancen, die Sie in den schriftlichen Unterlagen – Anschreiben und Lebenslauf – nicht einmal ansatzweise verbalisieren könnten: Ausstrahlung, Glaubwürdigkeit, Zuverlässigkeit, Erfahrung, Gelassenheit, Authentizität, Energie, Dynamik, Optimismus, Freude usw. – was immer auch die Eigenschaften sind, die die eigene Persönlichkeit ausmachen. Der Aufwand, den Sie in ein solches Foto stecken, lohnt sich also auf jeden Fall!

Bedenken Sie dabei aber auch, in welch kurzer Zeit sich jemand anhand des Bildes ein Bild von Ihnen macht.

Wie schnell ein Bild erkannt werden kann, lässt sich sehr einfach mit einem Tachistoskop überprüfen. Das ist ein Gerät, das seit Jahrzehnten in der Kommunikationsforschung benutzt wird, um Bilder und Texte kurzfristig zu zeigen – zum Beispiel, indem man sie auf eine Leinwand projiziert. Stellt man damit eine Anzeige mit Bild und Text dar, so kann man das Bild lange erkennen, bevor man den Text erkennt: Bereits im Bereich von 1/100 Sekunden wird das Thema des Bildes erkannt.

Um ein Bild so intensiv aufzunehmen, dass es später erinnert (wiedererkannt) werden kann, ist mehr Zeit erforderlich. So werden zur Aufnahme eines Bildes mittlerer Komplexität durchschnittlich eine bis zwei Sekunden benötigt. In diesem kurzen Zeitraum wird eine Vielzahl von sachlichen und emotionalen Eindrücken in das Gehirn transportiert.

In der gleichen Betrachtungszeit von einer Sekunde bis zwei Sekunden kann man je nach Lesegeschwindigkeit fünf bis zehn Wörter eines einfachen Textes aufnehmen, also nur einen kleinen Bruchteil der komplexen Eindrücke, die in dieser Zeit vom Bild vermittelt werden.

Das ist darauf zurückzuführen, dass Bilder weitgehend automatisch, mit geringen gedanklichen Anstrengungen aufgenommen und verarbeitet werden. Aufgrund ihrer mühelosen Aufnahme eignen sich deswegen Bilder in besonderem Maße dazu, wenig involvierte, passive Empfänger zu erreichen und zu einer Informationsaufnahme zu bewegen.

Kurzum: Ein Bild sagt mehr als tausend Worte. Daher sollten Sie dafür sorgen, dass Sie auf Ihrem Bewerbungsfoto nicht nur gut aussehen, sondern so gut, wie Sie noch auf keinem anderen Foto jemals zuvor aussahen. Und Sie sollten dafür sorgen, dass Sie auf dem Foto glaubhaft ausstrahlen, dass Sie die ganze Welt aus den Angeln heben könnten.

Dieses wird Ihnen nicht gelingen, wenn Sie sich selbst – mittels Handycam – selbst fotografieren oder von Ihrem Lebenspartner oder Ihrer Lebenspartnerin ablichten lassen. Professionelle Werbefotos werden übrigens auch nicht im Wohn- oder Schlafzimmer aufgenommen, sondern von Profis in einem gut ausgeleuchteten Studio.

Keine Frage: Das kostet Geld! Mit Recht, denn was nichts kostet, ist auch nichts wert. Wenn Sie sich aber klarmachen, dass dieses Foto dazu beitragen wird, dass Sie einen neuen Auftrag an Land ziehen, der mehrere Hunderttausend Euro wert sein wird, sind wir sicher, dass Sie zu dieser Investition gerne bereit sind.

Ein guter Fotograf ist nicht nur derjenige, der Sie gut »in Szene« setzen kann, sondern auch derjenige, der Ihnen hilft, aus den zahlreichen Fotos »das Beste« auszuwählen. Und das beste Foto muss noch lange nicht das Foto sein, das Ihnen am besten gefällt.

Nachfolgende einige Anforderungen, die wir immer wieder von Managern im Hinblick auf das eigene Bewerbungsfoto hören – und denen wir immer widersprechen.

»Meiner Frau und meinen Kindern muss es gefallen!«
Möglicherweise präferieren Sie und Ihre Frau, Ihre Kinder, Freunde und Bekannte, andere Bilder als der »Außenstehende« bzw. objektive, neutrale Betrachter. Dafür gibt es mindestens einen guten Grund. Der Außenstehende kennt Sie noch nicht – und schaut daher wesentlich objektiver auf Ihr Foto.

Entscheidend ist also nicht die Frage, auf welchem Foto Sie als Person am »besten getroffen« sind, sondern, mit welchem Foto Sie am besten die Botschaft, die Sie dem Betrachter senden wollen, vermitteln. Anders gesagt: Nicht Schönheit, Authentizität oder Ästhetik sollten bei den Auswahlkriterien an oberster Stelle stehen. Gesucht wird eher nach dem Bild, auf dem unübersehbar wird, dass Sie das, wofür Sie »antreten« – nämlich die Welt aus den Angeln zu heben – auch repräsentieren. Dass ein solches Foto dennoch »schön« sein kann, dem soll nicht widersprochen werden.

»Ich muss jung aussehen!«
Dass man sich selbst und auch die Menschen, mit denen man es täglich zu tun hat, auf Fotos oft als älter empfindet, ist ein in der wissenschaftlichen Literatur oft beschriebenes und leicht erklärbares Phänomen. Keinesfalls aber ist es so, dass – wie uns ab und an schon einmal ein Kunde leicht vorwurfsvoll klagte – wir auf Fotos älter oder faltiger aussehen als in Wirklichkeit. Ein Foto bildet nur Realität ab.

Natürlich wäre es kein Problem, mit Weichzeichner aus dem Photoshop-Programm alle Falten zu retuschieren und die Person um zehn Jahre jünger zu machen. Nur – zum einen: Wenn Sie bereits ein gestandener, erfahrener Manager sind, dann sollte das auch auf dem Bild sichtbar werden. Zum anderen: Es ist nicht sinnvoll, ein Bild so zu retuschieren, dass jedem Betrachter die Manipulation sofort auffällt und spätestens im Vorstellungsgespräch das Bild als »Fake« bzw. der Bewerber als »Faker« entlarvt wird. Gegen sehr dezentes, unauffälliges Retuschieren spricht gar nichts; gegen offensichtliche Manipulation sehr viel.

Keine bzw. zu wenig Retusche

Zu viel Retusche

Genau richtig!

»Mein Anzug muss faltenfrei sein!«

Viele Bewerber zählen auf dem eigenen Bewerbungsfoto nicht nur die Falten im Gesicht, sondern auch die Falten im Anzug. Und – so die Schlussfolgerung: Je weniger Falten, desto besser ist das Bild.

Keine Frage: Auch wir sind nicht der Ansicht, dass ein ungebügelter Anzug oder ein völlig verknittertes Hemd einen guten Eindruck macht. Aber: Je nach Haltung ergeben sich zwangsläufig Falten im Anzug bzw. im Hemd. Alles andere wäre unnatürlich! Eine »steife« Haltung einzunehmen, um ein »faltenfreies« Bild zu erzeugen, ist daher genauso kontraproduktiv, wie das Bild mit Photoshop & Co. nachträglich in der Retusche »glatt« zu bügeln. Das menschliche Auge findet »natürliche« Bilder interessanter: Dieses ist wissenschaftlich unbestritten.

Glattgebügelt!

Natürlicher, aber einige Falten zu viel.

»Mein Kopf darf nicht angeschnitten sein!«
Blättern Sie sich doch mal durch Nachrichten-, Mode- und Lifestylemagazine und überprüfen Sie dabei, wie oft Porträtaufnahmen berühmter und weniger berühmter Köpfe bewusst angeschnitten sind. Kommunikationsprofis wissen, dass Porträtaufnahmen mit gekonnt gewähltem Anschnitt durchaus interessant, spannend und (positiv) wirkungsvoll sein können. Und auch auf Ihrem Bewerbungsfoto sind Anschnitte keinesfalls verboten, sondern in vielen Fällen sogar geboten!

Sinnvoll sind sie u. a. dann, wenn sie die Bildwirkung verbessern. Unweigerlich ist eine »angeschnittene« Person immer näher dran am Betrachter, präsenter und dynamischer. Zudem »funktioniert« das angeschnittene Foto deutlich schneller. Der Bildbetrachter nimmt den Blick des Bewerbers direkter wahr. Es sollte jedoch nicht zu viel abgeschnitten werden und das Gesicht sollte ganz bleiben.

»Bewerbungsfotos müssen immer gleichmäßig ausgeleuchtet sein!«
Ganz im Gegenteil! Bewerbungsfotos sind keine Passbilder, die biometrisch und nach DIN-Norm erstellt werden müssen. Wie ein Bewerbungsfoto ausgeleuchtet wird, sollte man immer von der Person abhängig machen, die gerade porträtiert wird. Die Kunst des professionellen Fotografen bzw. der Fotografin besteht gerade darin, die Person »ins rechte Licht« zu setzen.

»Bewerbungsfotos müssen immer im Hochformat fotografiert werden!«

Dass der Empfänger von Bewerbungsunterlagen diese »einstampft«, nur weil für das Foto Querformat gewählt wurde, dürfte als abwegige Befürchtung ad acta gelegt werden können. Und dennoch: Viele Bewerber bevorzugen Hochformat vor allem aus dem Grund, weil sie glauben, dass das so sein müsste. Denn immerhin sind ja die meisten Fotos, die man so sieht, im Hochformat.

Nur Querformat zu wählen, um anders zu sein, als die anderen, wäre ein schlechtes Argument. Aber: Wenn es gelingt, durch ein Querformat mehr Interesse beim Betrachter zu wecken (und zudem dafür zu sorgen, dass sich das Foto deutlich von einem Passfoto abhebt), scheint uns dieses durchaus bedenkenswert. Hochformat oder Querformat: Beides ist problemlos möglich. Für welches Format Sie sich entscheiden, ist vom jeweiligen Foto abhängig zu machen.

»Bewerbungsfotos sollten immer vor hellem Hintergrund fotografiert werden!«
Auch das ist eine zu pauschale Verallgemeinerung. Die Farbgebung oder die Ausleuchtung des Fotohintergrundes bei einem Bewerbungsfoto ist u. a. abhängig von:

- Ihrer Kleidung (Farbe, Helligkeit, Kontrast der Kleidungsstücke zueinander)
- Ihrer Haar- und Augenfarbe
- Ihrem Hauttyp
- Der Gesamtausleuchtung (Person/Hintergrund)

Die »Regel« sollte demnach vielmehr lauten: Der Fotohintergrund für ein Bewerbungsfoto sollte so ausgewählt bzw. ausgeleuchtet werden, dass er die positiven Eigenschaften der zu fotografierenden Person optimal zur Geltung bringt. Das Festhalten an einer – von wem auch immer aufgestellten – Regel (hell erlaubt, dunkel verboten) ist schlichtweg unsinnig und nicht selten kontraproduktiv. Ein dunkler, mittig ausgeleuchteter Fotohintergrund, farblich am dunklen Sakko angepasst, lenkt den Blick des Bildbetrachters z. B. zügig auf das Gesicht des Bewerbers.

»Bewerbungsfotos müssen Passbildgröße haben!«
Völlig falsch! Weder für die Größe noch für das Seitenverhältnis von Bewerbungsaufnahmen gibt es festgeschriebene »Regeln«. Bewerbungsfotos sind keine Passfotos! Es mag für viele Berufsbranchen zwar einigermaßen zutreffen, dass Bewerbungsfotos nicht zu groß präsentiert werden sollten, aber das klitzekleine Passbildformat sollten Sie bei Ihrer Selbstpräsentation ausdrücklich überschreiten! Unsere Empfehlung beim Erstellen von Bewerbungsfotos auf Fotopapier beträgt beispielsweise 8 × 6 cm.

»Das Bewerbungsfoto muss farbig sein!«

Ein starkes Bewerbungsfoto kann auch in schwarz-weiß oder »farbentsättigt« wunderbar funktionieren. Ob Sie sich für Farbe, s/w oder die farbentsättigte Variante entscheiden, hängt u. a. von folgenden Faktoren ab:

- Ihrem persönlichen Geschmack
- Ihrer Berufsbranche
- Ihrer angestrebten Position

Wichtig ist allerdings: Die digitale Umwandlung von Farbaufnahmen in Schwarz-weiß sollte fachlich korrekt und dementsprechend aufwendig ausgeführt werden. Mit welchem Bildbearbeitungsprogramm auch immer gearbeitet wird: Bei der Umwandlung einer Porträtaufnahme von Farbe in Schwarz-weiß genügt es eindeutig nicht, den Regler für die Farbsättigung auf null zu schieben. Das Bildergebnis ist bei dieser stark vereinfachten Herangehensweise meist nicht zufriedenstellend.

»Ich muss mittig im Bild sein!«

Auch hier gilt: Ein Bewerbungsfoto ist kein Passfoto und daher gilt es nicht, irgendwelche Regeln zu beachten, sondern die Aufnahme zu wählen, bei der Sie die beste Wirkung erzielen. Das menschliche Auge nimmt zuerst das wahr, was sich in der rechten Hälfte eines Bildes befindet. Damit kann man ganz bewusst »spielen«. So setzt man Fernsehmoderatoren meist in die rechte Hälfte, selten in die Linke, nie in die Mitte.

»Ich muss seriös aussehen!«

Die Zeiten, in denen man Manager mit ernstem Blick leicht von unten – weil ja auch die Mitarbeiter zu diesem »Halbgott« aufschauen sollen – fotografiert hat, sind lange vorbei. Gott sei Dank! Seit vielen Jahren werden Manager auf Bildern so dargestellt, dass Kunden, Mitarbeiter aber auch Vorgesetzte den Eindruck bekommen: Ja, mit dem würde ich gerne zusammenarbeiten!

Aber: Würden Sie gerne mit jemandem zusammenarbeiten, der keine Miene verzieht und allem Anschein nach zum Lachen »in den Keller« geht? Oder – das Gegenteil davon: Wie finden Sie die Personen, die völlig übertrieben, fast zwanghaft und daher künstlich in die Kamera lächeln, als wären sie »Meister Proper« oder der Werbeträger für eine Zahnpasta?

Wir meinen: Nichts geht über ein freundliches, natürliches, scheinbar spontanes und daher sehr sympathisches Lächeln.

Genau richtig!

So nicht. Es ist ja kein Todesfall zu beklagen!

Deutlich zu viel!

»Der Hintergrund muss interessant sein!«
Eben nicht! Denn das Wichtigste auf dem Foto ist nicht der Hintergrund, sondern die aufgenommene Person. Die Aufmerksamkeit, die der Hintergrund in Anspruch nimmt, geht dem »Vordergrund« – also Ihrer Person – verloren. Kein Produktfotograf käme jemals auf die Idee, das Produkt, um das es geht, auf einem interessanten Hintergrund zu präsentieren. Vielmehr wird er einen Hintergrund wählen, bei dem das Produkt (also der »Vordergrund«) besonders gut zur Geltung kommt. Dass viele Bewerbungsfotografen einen »interessanten« Hintergrund wie z. B. Brücken, geöffnete Fenster, Häuser etc. empfehlen, um damit eine symbolische Aussage zu verbinden (wie z. B. Weitsicht, Offenheit), finden wir schlichtweg unsinnig!

Vielleicht ist dieses Argument der Fotografen aber auch nur vorgeschoben ... Anders gesagt: In vielen Fotostudios lässt man die Azubis die Bewerbungsfotos machen. Und was macht man, wenn die Person dann eben nicht besonders gut getroffen ist? Man lenkt von ihr ab – mit einem schönen Hintergrund.

»Heutzutage nur noch ohne Krawatte!«
Zugegeben: Einige zum Teil sehr seriöse und nicht selten »konzernige« Unternehmen versuchen aktuell, sich das Image eines hippen Start-up-Unternehmens zu geben, in dem sie den Mitarbeitern als Erstes die Krawatte verbieten. Wie sinnvoll eine solche Maßnahme ist oder nicht, soll an dieser Stelle nicht diskutiert werden. Wir können auch nicht voraussagen, ob dieser Trend anhält oder ob man nicht doch recht bald erkennt, dass eine Person, mit einem weißen oder hellblauen Hemd und einem dunklen Sakko, aber ohne Krawatte, einfach etwas »farblos« aussieht. Wir können – Stand heute – nur feststellen, dass in der überwiegenden Mehrzahl aller Unternehmen die Krawatte für die meisten Führungskräfte nach wie vor angesagt ist.

Das Wichtigste in Kürze

Das Bewerbungsfoto ist – zumindest im deutschsprachigen Raum – (noch) nicht verboten. Und solange dieses so bleibt, sollten Sie es nutzen, um sich in Szene zu setzen.

Sorgen Sie dafür, dass Sie auf Ihrem Bewerbungsfoto nicht nur gut aussehen, sondern so gut, wie Sie noch auf keinem anderen Foto jemals zuvor aussahen. Sorgen Sie dafür, dass Sie auf dem Foto glaubhaft ausstrahlen, dass Sie die ganze Welt aus den Angeln heben könnten!

10.4 Mehr als nur 1.000 Worte: Ein ganzer Film

Wenn ein Foto mehr als 1.000 Worte sagt, dann sagt ein Film, der, bei einer angenommenen und empfohlenen Länge von einer Minute, aus ca. 2.500 Bildern besteht, unendlich viel mehr aus.

Vor vielen Jahren gab es einmal die Idee für Jobsuchende, sich mittels Bewerbungsvideos zu präsentieren. Und viele haben es auf diese Weise versucht – mit erschreckenden Ergebnissen. Die so entstandenen Bewerbungsvideos waren echte Hingucker – allerdings im negativen Sinne. Und damit meinen wir nicht, dass der Ton schlecht ausgepegelt, die Lichtverhältnisse unterirdisch und das Bild ruckelig waren. Viel schlimmer war das Objekt vor der Kamera, der Bewerber selbst. Mit monotoner Stimme und unnatürlichen Gesichtsausdrücken wurden Monologe zum Besten gegeben, die das Gegenteil dessen bewirkten, was beabsichtigt war: Selten erfolgte eine Einladung zum Vorstellungsgespräch, noch seltener kam es zu einem Arbeitsvertragsangebot. Solche Filmchen waren bestenfalls dazu geeignet, langweilige Bierabende in geselliger Runde aufzulockern oder in den Personalabteilungen, in denen es häufig nicht viel zum Lachen gibt, zum Schenkelklopfer zu werden.

Die Idee, sich mithilfe solcher Filme im Bewerbungsprozess einen Vorteil zu verschaffen, verschwand rasch wieder in der Mottenkiste. Zu voreilig, wie wir meinen, denn es dürfte in der Tat kaum einen Weg geben, schneller erkennbar zu werden und Vertrauen zum Gegenüber aufzubauen als mithilfe eines solchen Films.

Ein Managerporträtfilm: Geeignet, um in wenigen Sekunden Vertrauen aufzubauen
Selbstverständlich ist dies nur möglich, wenn der Film wirklich gut gemacht ist. Und einen Film gut zu machen, das wird einem nur dann gelingen, wenn man Filmregisseur und -produzent zugleich ist. Ansonsten sollte man sich – ähnlich wie beim Bewerbungsfoto – einem Profi anvertrauen – und eben nicht dem Lebenspartner oder dem Nachbarsjungen, der gut mit der Videokamera des Handys umgehen kann. Und ähnlich wie ein gutes Bewerbungsfoto, so kostet auch ein professioneller Film Geld. Aber: Die Investition wird sich lohnen.

Insbesondere dann, wenn Sie befürchten, dass Ihr Lebenslauf einen falschen oder nicht den besten Eindruck oder einfach nur die falschen Vorurteile entstehen lassen könnte, sollten Sie versuchen, zunächst auf anderem Wege in Beziehung zu dem Empfänger Ihrer Unterlagen zu kommen. Denn wer nichts über einen Bewerber weiß, der macht sein Urteil an Äußerlichkeiten – also den Bewerbungsunterlagen – fest. Und er interpretiert die Fakten, die er dort findet, entsprechend der eigenen Lebenserfahrung. Um einige Beispiele zu nennen:

- Aufgrund des Geburtsdatums folgert man, dass dieser Bewerber mit 58 Jahren »zu alt« sei, da man sich an andere 58-Jährige erinnert. Zum Beispiel den ehemaligen CFO, der vor zwei Jahren (im Alter von 58) wegen akuter Herzprobleme in den Vorruhestand verabschiedet wurde. Auch der eigene Nachbar fällt einem ein, der zwar erst 56 Jahre ist, aber aufgrund eines Hüftleidens kaum noch die Treppen steigen kann.
- Aufgrund dreier Jobwechsel innerhalb der letzten fünf Jahre folgert man: zu sprunghaft, Job-Hopper oder »Low Performer«. Dass die Wechsel durch Insolvenz

des Arbeitgebers oder personelle Veränderungen des Vorgesetzten ausgelöst waren, würde man zwar erfahren, wenn man denjenigen einlädt, aber dazu kommt es ja aufgrund des Vorurteils erst gar nicht.

- Aufgrund einer einjährigen Auszeit folgert man, dass jemand »zu wenig Biss« hat, ein »Freizeitoptimierer« ist oder dieses eine Jahr nur deswegen als »Sabbatjahr« überschrieben hat, weil es dem Manager zwölf Monate nicht gelungen ist, eine neue Anstellung zu finden.

Man könnte die Beispiele beliebig fortsetzen.

Für den Fall, dass Sie selbst das Gefühl haben, als Person wesentlich besser rüberzukommen als auf dem Papier, müssten Sie dafür sorgen, dass dieser (falsche) Eindruck, den man sich aufgrund der Papierlage bildet, gar nicht erst entsteht. Sie müssen sicherstellen, dass man Sie zeitgleich mit der Sichtung von Anschreiben und Lebenslauf bereits als Person – leibhaftig, in Bild und Ton – kennenlernt. Ein Managerporträtfilm könnte ein solcher Weg sein.

Mit einem solchen Kurzporträt kann es Ihnen aber nicht nur gelingen, den Sympathiefunken überspringen zu lassen, sondern auch Ihr Angebot »auf den Punkt zu bringen«. Wofür sind Sie Ihr Geld wert? Welchen Beitrag zum Unternehmenserfolg können und wollen Sie leisten? Darauf sollten Sie in diesem »Spot« eine Antwort geben.

Ist das Ergebnis gelungen und der Film auf diese Weise überzeugend, dann werden Sie erleben, dass man viel schneller bereit ist, Sie zu einem persönlichen Gespräch einzuladen, das dann auch deutlich entspannter verläuft, da man Sie ja bereits erlebt und kennengelernt hat. Gerade in Zeiten, in denen die Vorstellungsgespräche in einer ersten Runde zunächst per Videokonferenz (Skype, Zoom, WebEx & Co.) stattfinden, in denen es noch einmal deutlich schwieriger ist, einen guten Eindruck zu hinterlassen als in einem Gespräch vor Ort, kann es nicht schaden, wenn Ihr Gesprächspartner bereits einen positiven Eindruck von Ihnen als Person gewonnen hat.

Muster-Film

https://www.vogel-detambel.de/video-managerportraitfilm

Das Wichtigste in Kürze

Um sich von der Vielzahl der Bewerber abzuheben und zugleich dafür zu sorgen, dass der Sympathiefunke schon vor der Durchsicht von Anschreiben und Lebenslauf überspringt, kann die Produktion eines Managerporträtfilms hilfreich sein. Ein solcher

Film sagt nicht nur mehr als 1.000 Worte, sondern er beantwortet auch – in einer sehr authentischen Art – die zwar noch nicht ausgesprochenen, aber doch sehr zentralen Fragen des Adressaten Ihrer Unterlagen:

- Wofür sind Sie Ihr Geld wert?
- Welchen Beitrag zum Unternehmenserfolg können Sie besser leisten als andere? Wer sind Sie als Mensch bzw. wie »ticken« Sie und was treibt Sie an?

Wenn es Ihnen gelingt, diese (oder ähnliche) Fragen in maximal 60 Sekunden zu formulieren und der Film zudem professionell – als nicht mit der eigenen Handycam oder mit dem Handy des Neffen Ihrer Nachbarin – produziert ist, sollte das Ziel erreicht sein.

10.5 Per Post oder E-Mail?

»Bewerbungen? Bitte nur noch auf elektronischem Wege!«
So lautet fast einstimmig die Empfehlung der Bewerbungs- und Karriereberater. Auch die Personalberater bitten meist ausdrücklich bei Ausschreibungen/Stellenanzeigen, sich nur elektronisch zu bewerben. Nicht zuletzt die Unternehmen selbst: Auch diese bitten bei Stellenanzeigen immer häufiger darum, sich nur noch per E-Mail zu bewerben bzw. die Bewerbungsunterlagen im firmeneigenen Karriereportal hochzuladen.

Der Grund für eine solche Bitte ist leicht nachvollziehbar. Schreibt man eine Stelle aus, melden sich – insbesondere bei Managerpositionen – nicht selten mehr als 100 Bewerber; wir sprachen bereits darüber. Was würde wohl passieren, wenn sich diese Bewerber – ganz klassisch – auf postalischem Wege bewerben würden? Die Kosten für eine solche Ausschreibung stiegen um ein Vielfaches. Denn auf elektronischem Wege versandte Bewerbungsunterlagen werden heutzutage in großen Unternehmen nicht mehr von einem hoch bezahlten Mitarbeiter, sondern von einer Maschine in Augenschein genommen. Eine Software »scannt« die Unterlagen, und wenn bestimmte Parameter nicht stimmen, verschickt die Software – nach einer gewissen Anstandszeit – automatisch die Absage. Eine auf diesem Wege bearbeitete Bewerbung kostet ein Unternehmen – außer der Investition in die Software – nichts. Ganz anders sieht es aus, wenn 100 Bewerber auf die Idee kämen, die Unterlagen per Post zu versenden. Mitarbeiter müssten die Umschläge öffnen, die Texte lesen, per Hand Absagen formulieren bzw. die Adressen in die vorformulierten Absagen einfügen und die Bewerbungsunterlagen zurücksenden, nachdem man diese möglicherweise selbst zuvor noch eingescannt hat. Allein die Kosten für das Porto und die Umschläge lägen bei 100 Bewerbern bei mindestens 300,– €. Rechnet man dann die Zeit dazu, die ein Mitarbeiter benötigt, um 100 Bewerbungsunterlagen sauber abzuarbeiten, ist man schnell bei drei Arbeitstagen und damit – Materialeinsatz zzgl. Arbeitskosten – bei Beträgen von 1.500 € bis 2.000 €. Kein Wunder also, dass die Unternehmen alles dafür tun, dass sich die Bewerber nur noch elektronisch bewerben. Selbst für den Fall, dass der Prozess nicht voll automatisiert verläuft: Bewerbungsunterlagen, die per E-Mail verschickt werden, müssen nicht zurückgeschickt werden und eine E-Mail zu versenden, kostet auch nicht jede Menge Porto, sondern im Grunde keinen einzigen Cent.

Die Empfehlung, dass eine zeitgemäße Bewerbung nur noch auf elektronischem Wege zu erfolgen habe, ist dennoch Unsinn – zumindest im Hinblick auf die Mehrzahl der Unternehmen. Und erst recht bei Bewerbungen im verdeckten Stellenmarkt.

Deutschland ist mittelständisch

Wie so oft im Leben lohnt sich auch bei diesem Thema ein differenzierterer Blick. Auf der einen Seite gibt es Unternehmen, die sich vor Bewerbungen nicht retten können. Hierbei handelt es sich um die großen, bekannten Unternehmen, an die jeder Bewerber zuerst denkt, wenn er sich beruflich neu orientieren will: BMW, Daimler, IKEA, Airbus, Volkswagen, AUDI, Nestlé, Porsche, Unilever, PwC & Co. Fast allen Bewerbern fallen in der Regel 20–30 Unternehmen ein, die ihnen attraktiv erscheinen. Kein Wunder, dass diese Unternehmen mit Bewerbungen regelrecht überflutet werden. Amazon, Google, Siemens & Co. erhalten pro Jahr deutlich mehr als 100.000 Bewerbungsunterlagen.

Die gute Nachricht: Deutschland ist mittelständisch. Laut Statistischem Bundesamt gibt es ca. 3,3 Mio. Unternehmen in Deutschland. Ca. 12.000 Unternehmen haben mehr als 250 Mitarbeiter, nur ca. 800 Firmen haben mehr als 5.000 Mitarbeiter, nur ca. 330 Firmen mehr als 10.000 Mitarbeiter.

Mit anderen Worten: Mindestens 11.000 Unternehmen in Deutschland haben weniger als 5.000 Mitarbeiter (und doch mehr als 250 Mitarbeiter) und sind eher unbekannt. Insbesondere die Unternehmen, die zwischen 250 und 1.000 Mitarbeitern beschäftigen – und davon gibt es ca. 8.000 Unternehmen – wären nicht selten dankbar, überhaupt von Bewerbern wahrgenommen zu werden. Klagen die großen Unternehmen meist darüber, zu viele und vor allem zu viele unqualifizierte Bewerbungen zu bekommen, jammern die kleinen und mittelständischen Unternehmen, keine oder viel zu wenig Bewerbungen zu bekommen. Diese kleinen und mittelständischen Unternehmen investieren daher auch nicht in eine Bewerber-Abfang-Strategie, sondern tun alles dafür, »gute Leute« für sich zu gewinnen. Es gibt also keine Maschine, die die Unterlagen scannt, sondern echte Menschen. Ob sich ein Bewerber per E-Mail, Post, Telefon oder Brieftaube bewirbt: Nicht wenige Unternehmen sind so dankbar, überhaupt Bewerbungen zu bekommen, dass man alle Wege zulässt.

Auch bei Bewerbungen im offenen Stellenmarkt kann es sich also – insbesondere bei Bewerbungen in kleineren und mittelständischen Unternehmen – nach wie vor lohnen, sich per Post zu bewerben. Mit einer ausgedruckten, gut aufbereiteten Bewerbungsmappe.

Im verdeckten Stellenmarkt: falls möglich, postalisch!
Insbesondere aber bei Bewerbungen im verdeckten Stellenmarkt sollten Sie unbedingt prüfen, ob eine Bewerbung per Post nicht doch sinnvoller ist als eine Bewerbung per E-Mail. Der einzige Grund, der dagegensprechen könnte: ein Hinweis auf der Internetseite des Unternehmens, dass Bewerbungen nur noch akzeptiert werden, wenn sie auf elektronischem Wege eingereicht werden. In diesem Fall wäre aber sowieso grundsätzlich zu prüfen, ob eine Bewerbung Sinn ergibt, denn allem Anschein nach scheint es ja bereits genügend Bewerbungen zu geben, denn ansonsten würde man doch nicht solch rigorose Forderungen formulieren.

Ansonsten aber spricht sehr viel dafür, die Bewerbung auf postalischem Wege zu verschicken:

- Eine Bewerbungsmappe, die per Post zugesandt wird, schafft einen Vorgang und fordert die Aufmerksamkeit des Empfängers. Eine E-Mail ist hingegen schnell weggeklickt und im elektronischen Papierkorb.
- Wenn Sie möchten, dass Ihre Bewerbungsunterlagen die gewünschte Zielperson auch wirklich erreicht, wird Ihnen dieses wesentlich leichter auf postalischem Wege als per E-Mail gelingen. Die postalische Adresse steht in jedem Telefonbuch, die E-Mail-Adresse ist deutlich schwerer zu ermitteln.
- Auch im 21. Jahrhundert werden hochwertige Produkte und Dienstleistungen nach wie vor per hochwertigem Katalog oder ausgedruckter Broschüre beworben, Billigprodukte aber per E-Mail.
- Das Argument, dass sich alle Bewerber heutzutage doch per E-Mail bewerben, kann durchaus ein Argument sein, gerade dieses nicht zu tun. Denn Sie wollen sich ja nicht in die Vielzahl der anderen einreihen (oder gar unsichtbar werden), sondern wahrgenommen werden und sich positiv abheben.
- Bei einer Bewerbung auf eine Position, die gar nicht ausgeschrieben ist, ist Ihr Gegenüber nicht vorbereitet. Ein automatisierter Abarbeitungsprozess wurde nicht eingerichtet, es gibt auch keine »Maschine«, die diese Arbeit erledigen kann.

Gerade bei Positionen, die nicht ausgeschrieben sind, ergibt es auch wenig Sinn, sich an die »Damen und Herren« der Personalabteilung zu wenden, denn diese wissen in der Regel nur von Vakanzen, nicht aber, ob eine Position demnächst frei werden wird, weil eine Mitarbeiterin schwanger ist, Unternehmensbereiche umstrukturiert werden oder der CEO in diesem oder jenem Bereich neue Positionen schaffen will.

Das Wichtigste in Kürze
Bei Bewerbungen im verdeckten Stellenmarkt sollten Sie unbedingt prüfen, ob eine Bewerbung per Post nicht doch sinnvoller sein kann als eine Bewerbung per E-Mail.

10.6 Ihre Darstellung in den sozialen Medien

Da es durchaus wahrscheinlich ist, dass der Empfänger Ihrer Bewerbungsunterlagen Sie – vor einer Einladung zu einem Vorstellungsgespräch – zunächst einmal »googelt«, wäre es kontraproduktiv, wenn sich Widersprüche zu den schriftlichen Bewerbungsunterlagen ergäben. Stellen Sie also sicher, dass Ihr »soziales Profil« mit den Angaben, die Sie im Lebenslauf und Anschreiben machen, übereinstimmt, wobei sich die Angaben vom Umfang her auf das Wesentlichste beschränken sollten.

Einige Hinweise zu den Feldern, die es in den sozialen Medien üblicherweise zu füllen gibt.

Header/Hintergrundbild
Sowohl Xing als auch LinkedIn bieten die Möglichkeit, ganz oben im Profil ein Hintergrundbild hochzuladen. Die meisten lassen diese Möglichkeit ungenutzt. Andere füllen diesen Platz, in dem sie ihn einfärben; dadurch erhöht sich zwar nicht der Informationsgehalt, aber es sieht hübscher aus. Verschenkte Werbefläche ist es trotzdem.

Andere setzen Fotos aus dem privaten oder beruflichen Umfeld ein; solange diese Fotos nicht »peinlich« sind oder den Leser zu irritieren, spricht nichts dagegen.

Sie könnten diesen Platz aber auch dazu nutzen, um einen QR-Code hochzuladen, der auf Ihren Lebenslauf oder – noch besser – auf Ihr persönliches Video (vgl. Kapitel 10.4) verlinkt. Im Internet gibt es zahlreiche kostenlose Programme, mit denen sich solche QR-Codes generieren lassen. Falls Sie Ihren Lebenslauf verlinken wollen, müssten Sie diesen auf einer eigenen Internetseite hinterlegen. Falls Sie auf ein Video verlinken wollen, können Sie dieses Video auf Plattformen wie Vimeo oder Youtube hosten.

Lernen Sie mich im Video kennen!
(Handykamera einschalten, Code „fotografieren" – und Sie sehen mich).

Da bisher kaum jemand bei LinkedIn oder Xing die Möglichkeit nutzt, sich auf diese Weise – per Bild und Ton – zu präsentieren, ist Ihnen die Aufmerksamkeit sicher. Und nicht nur das! Vielmehr haben Sie so die Gelegenheit, sehr schnell und sehr persönlich Kontakt zu Ihrem Gegenüber aufzubauen, den Sympathiefunken überspringen und Vertrauen entstehen zu lassen.

Foto
Bitte sorgen Sie dafür, dass das Foto, das Sie in den sozialen Medien verwenden, perfekt ist! Denn Sie wissen ja: Für den ersten Eindruck gibt es keine zweite Chance!

Es spricht gar nichts dagegen, sondern viel dafür, dass Bewerbungsfoto, das Sie auch in Ihren sonstigen Bewerbungsunterlagen verwenden, auch zur Darstellung Ihrer Person in den sozialen Medien zu verwenden.

Profilspruch/Im Fokus/Top-Fähigkeiten

Wenn Sie die Gelegenheit haben, sich in einigen kurzen Stichworten darzustellen, sollten Sie den Platz, den man Ihnen dafür einräumt, nicht dafür ver(sch)wenden, den Spruch eines populären Philosophen, einer berühmten Persönlichkeit etc. einzufügen. Denn die Wahrscheinlichkeit, dass dieser Spruch gar nicht so originell ist, wie Sie glauben, ist groß. Originalität und Einzigartigkeit stellen Sie nicht damit her, dass Sie andere Personen zitieren.

Nutzen Sie diesen Platz stattdessen dafür, um in wenigen Stichworten Ihr Angebot auf den Punkt zu bringen. Beispiel: »›Schlankmacher‹ könnte die Überschrift meines Lebenslaufes sein. Denn seit vielen Jahren geht es darum, durch die Einführung von LEAN Produktionskosten einzusparen und Unternehmen schlank zu machen.«

Kenntnisse und Fähigkeiten

An dieser Stelle könnten und sollten Sie das Angebot, das Sie im Anschreiben formuliert haben, einsetzen. Beispiel: Wenn Sie im Anschreiben das Angebot formulieren, dass Sie in den letzten Jahren vor allem dazu beigetragen haben, dass Unternehmen auf dem Weg der Internationalisierung vorankamen, dann sollte dieses Thema auch bei Ihrer Darstellung in den sozialen Medien dem anderen sofort ins Auge springen.

Versuchen Sie, sich auch an dieser Stelle auf die wesentlichen Aspekte zu fokussieren. Eine größere Anzahl an Kenntnissen und Fähigkeiten ist nämlich gewiss kein Anzeichen von besserer oder höherer Qualifikation. Ganz im Gegenteil: Kein Besucher Ihrer Seite – auch wenn er noch so interessiert an Ihrem Profil ist – wird sich eine ellenlange Auflistung beliebiger Schlagworte durchlesen. Und erst recht werden ihm diese nicht im Gedächtnis bleiben. Außerdem wird der Fokus weg von den eigentlich bedeutenden Inhalten gelenkt; nämlich von den Positionierungspunkten, die Sie auszeichnen und von Ihrer Konkurrenz abhebt.

Eine präzise und treffende Angabe Ihrer Fähigkeiten und Kenntnisse führt zudem nicht nur zu einer stichhaltigen und klaren Positionierung Ihrer Person. Im gleichen Zug vergrößern Sie ebenfalls Ihre Reichweite im »Suchmaschinenranking«. Sie werden infolgedessen nicht nur häufiger gefunden, sondern erhöhen im besten Fall auch die Anzahl an qualifizierten und treffenden Suchanfragen zu Ihrem Profil.

Berufserfahrung

Hier sollten Sie die Jahreszahlen, Firmennamen und Ihre Positionsbezeichnung (analog zum CV) eintragen. Achten Sie hier unbedingt darauf, dass Ihre Angaben mit denen im Lebenslauf übereinstimmen. Und sollten Sie nebenberufliche Tätigkeiten (wie z. B. eine Professur) haben, achten Sie darauf, dass diese nicht zum bestimmenden Thema wird und den Leser in die Irre führt.

Beispiel: Wenn Sie seit zehn Jahren (nebenberuflicher) Professor sind und hauptberuflich im selben Zeitraum drei Positionen in unterschiedlichen Firmen hatten, wird der »Professor« deutlich mehr ins Blickfeld gerückt, als die drei (hauptberuflichen) Positionen. In einem solchen Fall würde es sich lohnen, den Professor wegzulassen.

Bedenken Sie bitte bei Ihrer Darstellung in den sozialen Plattformen auch, dass diese nicht das »örtliche Einwohnermeldeamt« darstellen. Sprich: Es besteht weder die Pflicht, die aktuelle Freistellung zu erwähnen, noch jedes kleine berufliche Detail zu erwähnen.

Achten Sie zudem darauf, dass Sie – sollten Sie Ihre Erfolge angeben wollen – nicht den Eindruck erwecken, mit vertraulichen Zahlen oder Firmeninterna (Umsatz- und Ergebniszahlen) zu freizügig umzugehen. Im Gegensatz zum Lebenslauf ist hier noch deutlich mehr Zurückhaltung erforderlich!

Auszeichnungen und Organisationen

Behalten Sie auch bei diesen Angaben Ihre berufliche Zielsetzung in den Blick. Wenn Ihre Verbandsmitgliedschaft, die Ihre berufliche Zielsetzung unterstützt, zwischen den Angaben zum Golf- und Tennisclub untergeht, ist diese Darstellung kontraproduktiv. Wenn Sie zweimal als »Bester Reiter des Jahres« im örtlichen Reitverein ausgezeichnet worden sind, kann die Angabe, dass Sie auch eine Auszeichnung für die besten Umsätze, die Ihr Unternehmen jemals erzielt hat, untergehen. Dies bedeutet: Stellen Sie die Punkte heraus, die im Hinblick auf das von Ihnen angestrebte Ziel relevant sind, und lassen Sie alles andere weitgehend weg.

Interessen

Verzichten Sie auf Angaben zu Religions- oder Parteimitgliedschaften; diese könnten zu Vorurteilen oder gar Diskussionen führen, die Sie eigentlich nicht führen wollen, weil Sie von Ihrem Angebot ablenken.

Stattdessen könnten Sie die Hobbys, die Sie auch in Ihrem Lebenslauf erwähnen, an dieser Stelle eintragen. Möglicherweise haben Sie sogar Hobbys, die mit Ihrem beruflichen Tun in Verbindung stehen bzw. Ihr berufliches Interesse untermauern.

Privatsphäre/Wer erfährt was?

Es kann durchaus nützlich sein, dass Ihr Netzwerk über die neusten Aktivitäten, Events oder Beiträge informiert wird. Aber auch an dieser Stelle gilt: So viel wie nötig, so wenig wie möglich! Achten Sie deshalb gezielt darauf, welche Inhalte Ihren Kontakten angezeigt werden. Überlegen Sie sich vor jeder Statusmeldung oder sonstiger Aktivität gut, ob Ihr gesamtes Netzwerk damit behelligt werden sollte, oder eben besser auch nicht. Mehrere Statusmeldungen oder Beiträge von den wohltuenden Kaffeepausen am Tag verfehlen dabei sicherlich ihren Zweck und können von Ihren Kontakten auch zunehmend als »nervig« wahrgenommen werden.

Gerade wenn Sie sich im Rahmen der beruflichen Neuorientierung Ihrem »eingestaubten« Profil der letzten Jahre zuwenden und dieses aufpolieren möchten, sollten Sie darauf verzichten, sämtliche Änderungen oder Anpassungen Ihren Profilangaben – speziell am beruflichen Werdegang – zu teilen. Sowohl Xing als auch LinkedIn bieten dafür detaillierte Privatsphäre-Einstellungen, bei denen die Sichtbarkeit für bestimmte Aktivitäten gezielt deaktiviert werden kann.

Das Wichtigste in Kürze
Stellen Sie sicher, dass Ihr »soziales Profil« mit den Angaben, die Sie im Lebenslauf und Anschreiben machen, übereinstimmt, wobei sich die Angaben vom Umfang her auf das Wesentlichste beschränken sollten.

11 Womit Sie nach dem Versand der Unterlagen rechnen müssen

11.1 Rückmeldungen auf allen Kanälen

Telefonischer Überfall

Einige wenige der angeschriebenen Unternehmen/Personen reagieren erfahrungsgemäß sehr schnell (zwei bis drei Tage) nach dem Versand und melden sich telefonisch bei Ihnen: entweder, weil es Fragen zu den Unterlagen gibt oder, weil man mit Ihnen einen Termin für ein Vorstellungsgespräch vereinbaren möchte oder aber, weil man mit Ihnen bereits ein erstes telefonisches Vorstellungsgespräch führen möchte.

Achtung: Sollten Sie den Anrufer bzw. das Unternehmen nicht sofort einordnen können, lautet unsere Empfehlung, dass Sie sich herzlich für den Anruf bedanken, aber zugleich um die Gelegenheit bitten, zurückrufen zu dürfen, weil Sie gerade in einem Meeting, im Supermarkt, auf der Autobahn etc. unterwegs sind. Alles ist entschuldbar, nur nicht, wenn Sie zu erkennen geben, dass Sie mit dem Anrufer bzw. dem Unternehmen nichts anzufangen wissen. Dieser würde nämlich ansonsten vermuten, dass Sie möglicherweise »nicht in der Spur« sind oder aber eine Massenaussendung gestartet haben. Und genau diese Vermutungen sollten Sie gar nicht erst aufkommen lassen.

Voller Briefkasten

Vorbereitet sein sollten Sie auch auf die Absagen, die sich in den ersten zwei Wochen nach der Aussendung Ihrer Unterlagen recht zahlreich in Ihrem Briefkasten einfinden werden – selbstverständlich nur dann, wenn Sie die Unterlagen postalisch (und nicht per E-Mail) versandt haben.

Rein statistisch gesehen erhalten Sie ca. 15–20 % Ihrer Bewerbungen innerhalb dieses Zeitraums als Absage zurück: Bitte lassen Sie sich davon nicht irritieren oder gar frustrieren. Es ist normal!

Eingangsbestätigung

Viele Unternehmen werden Ihnen zunächst eine Eingangsbestätigung schicken und Sie um Geduld bitten. Eine Reaktion auf diese Bestätigung ist nicht nötig; es spricht aber auch nichts dagegen, sich in wenigen Zeilen per E-Mail dafür zu bedanken.

Zuerst ein Telefonat

Vor einem Vorstellungsgespräch steht nicht selten ein erstes »Sondierungstelefonat«. Den größten Fehler, den Bewerber machen können (und immer wieder machen), ist, ein solches Telefonat gering zu schätzen, weil sie glauben, so ein Telefonat sei ja nur eine unverbindliche Plauderei. Weit gefehlt!

Die Personen, die bei der Besetzung von Top-Positionen das entscheidende Wort mitreden, haben über die Jahre ein sicheres Gespür dafür entwickelt und können bereits nach wenigen Minuten eine Einschätzung abgeben, ob Sie als Bewerber »Biss« zeigen, Souveränität ausstrahlen oder eher langweilig und träge rüberkommen.

Weitet sich das »Erstkontakt-Telefonat« – weil es so gut läuft – zu einem ersten (kurzen) Vorstellungsgespräch aus, gilt es, das eigene Angebot auf die spezifischen Aspekte der betreffenden Position bzw. des entsprechenden Unternehmens zuzuschneiden und »mit Fleisch zu füllen« (Aufgaben, Erfolge, Projekte, Ergebnisse etc. aus Ihrem CV). Berichten Sie von Erfolgen, die Sie erzielt haben, die belegen, dass Sie das, was Sie dem Unternehmen angeboten haben, tun zu wollen, bereits in den letzten Jahren mehrfach erfolgreich getan haben.

Bitte rechnen Sie auch damit, dass man Ihnen die Gelegenheit geben wird, eigene Fragen zu stellen. An der Qualität der Fragen erkennen geschulte Interviewer die Qualität eines Kandidaten. Die Einbindung der Stelle, die damit verbundenen Kompetenzen, die Marktpositionierung des Unternehmens, dies alles sind Themen, die Sie selbst ansprechen können. Schließlich möchten ja auch Sie eine Einschätzung gewinnen, ob die angedachte Position für Sie reizvoll ist.

Rechnen Sie auch damit, dass man Sie bereits bei der ersten Kontaktaufnahme nach Ihrer Verfügbarkeit bzw. Kündigungsfrist fragt.

11.2 Typische erste Fragen und Reaktionen

Wie sind Sie gerade auf unser Unternehmen aufmerksam geworden?
Da sich ja auf eine Stelle bewerben, die gar nicht ausgeschrieben ist, ist diese Frage beliebt und berechtigt – und daher sollten Sie mit dieser Frage unbedingt rechnen. Vermeiden Sie aber bei Ihrer Antwort, den Vorschlag, der sich in vielen Bewerbungsratgebern findet, umzusetzen, nämlich sich als »Problemlöser« zu generieren, nach dem Motto: »Ich habe auf Ihrer Internetseite/in der Zeitung/durch gute Kontakte etc. gehört, dass Sie ein Problem in diesem oder jenem Bereich haben, und daher dachte ich, dass ....«

Bedenken Sie: Selbst dann, wenn es Ihnen wirklich gelingen sollte, die Bedürfnisse eines Unternehmens herauszufinden, was übrigens sehr selten gelingt und fast immer peinlich endet, erzeugen Sie auf diese Weise keine Sympathie, sondern werden bestenfalls als Schlaumeier oder Besserwisser einsortiert.

Nehmen Sie sich stattdessen ein Beispiel an einem (guten) Verkäufer und stellen Sie heraus, wofür Sie stehen bzw. was Sie tun können und wollen; dass sich hier eine Kongruenz mit den Aussagen des Anschreibens ergeben sollte, sei nur der Vollständigkeit halber erwähnt. Die Antwort könnte dann z. B. so klingen:

»Der rote Faden, der sich durch meinen beruflichen Werdegang zieht: Immer ging es darum, die Kosten in der Produktion durch die Einführung von X und Y zu senken. Und da ich aktuell dabei bin, mich beruflich neu zu orientieren, weil in meinem aktuellen Unternehmen umfassende Restrukturierungsprozesse ablaufen, habe ich mir über Wirtschaftsdatenbanken einige Firmen zusammengestellt, die aufgrund der Branche, der Größe (etc.) aus meiner Sicht gut zu dem passen, was ich bisher gemacht habe und vielleicht genau mein Know-how in diesem Bereich zum Einsatz kommen könnte.«

Ob der andere dann Bedarf für dieses Angebot hat oder nicht, sollten Sie der Beurteilung Ihres Gesprächspartners überlassen. Die Tatsache, dass er sich bei Ihnen meldet, scheint aber sehr dafür zu sprechen, denn um Ihnen abzusagen, müsste er Sie nicht anrufen …

Was wollen Sie verdienen?
Statt die Antwort zu verweigern bzw. sich in die üblichen Phrasen zu flüchten, indem Sie darauf verweisen, dass die Aufgabe wichtiger sei als das Gehalt etc., sollten Sie lieber Ihr aktuelles Gehalt – aufgeteilt in den fixen und variablen Anteil – angeben. Zu spekulieren, wie die zukünftige Aufgabe wohl dotiert sein wird, ist hingegen nicht empfehlenswert, da die Wahrscheinlichkeit, dass Sie – da Sie ja noch viel zu wenig über die Stelle wissen – kilometerweit daneben liegen, sehr hoch ist.

Bedenken Sie: Wird diese Frage bei der Einladung oder zu Beginn des ersten Vorstellungsgespräches gestellt, geht es nicht um Gehaltsverhandlung, sondern um das Abstecken des Rahmens. Es ist wichtig, dass Sie – weder nach unten noch nach oben – aus dem Rahmen fallen.[5]

»Wir haben nichts für Sie, möchten Sie aber dennoch gerne einmal kennenlernen!«
Kann es wirklich sein, dass sich Top-Entscheider in einem Unternehmen für Sie mehrere Stunden Zeit nehmen, obwohl von vornherein schon feststeht, dass es für Sie in diesem Unternehmen nichts zu tun gibt? Ja, es kann sein: zumindest dann, wenn Sie sehr prominent sind oder Marktkenntnisse haben, die man Ihnen gerne entlocken möchte.

In allen anderen Fällen ist, wenn Sie einen solchen Satz zu hören bekommen, davon auszugehen, dass es sich eher um »Taktik« handelt: Man möchte Ihnen nicht sagen, um

5 Dazu mehr im Kapitel 12, wenn es um das Vorstellungsgespräch geht.

was es geht, möglicherweise, weil der aktuelle Stelleninhaber auf diese Weise nicht erfahren soll, dass sein Stuhl wackelt, oder aber, weil Sie Ihre Antworten im Vorstellungsgespräch offen und losgelöst von einer konkreten Position geben sollen. Sollte sich aber der Eindruck, der sich aufgrund Ihrer Bewerbungsunterlagen ergeben hat, im Vorstellungsgespräch bestätigen, werden die Verantwortlichen früher oder später durchaus die »Katze aus dem Sack« lassen und Ihnen sehr genau sagen, worüber nachgedacht wird. Sie aber einfach nur einzuladen, um gemeinsam mit Ihnen Kaffee zu trinken: Diese Zeit hat niemand – vor allem nicht auf Top-Level.

11.3 Unschöne Erfahrungen

Schlechtes Benehmen

Sollten Sie bisher davon ausgegangen sein, dass sich die Personen, mit denen Sie es in solchen Bewerbungsprozessen zu tun haben, immer adäquat verhalten werden, müssen wir Sie an dieser Stelle leider enttäuschen und vorwarnen. Immer wieder hören wir von Gesprächen, in denen die »gute Kinderstube« ein Fremdwort zu sein scheint. Und damit meinen wir nicht, dass Ihre Gesprächspartner schlecht vorbereitet sind; das ist fast schon normal. Erwähnung finden sollen hier vielmehr die Gespräche, in denen Ihre Gesprächspartner auf einmal den Raum verlassen und neue Gesprächspartner hinzukommen. Gespräche, in denen einige Interviewer nebenbei auf dem Handy herumtippen oder gar Anrufe annehmen. Gespräche, in denen Sie es erleben, dass Ihre Gesprächspartner lautstark gähnen, auf den Stühlen »herumlümmeln« oder nebenbei Unterschriftsmappen durcharbeiten.

Wenn Ihnen solches oder Ähnliches widerfährt, sollten Sie kritisch prüfen, ob das ein Unternehmen ist, in dem Sie wirklich arbeiten wollen. Ein Vorstellungsgespräch ist ein Gespräch, in dem sich beide Seiten vorstellen und von ihrer besten Seite zeigen sollten. Und wenn solches Verhalten Ihrer Interviewpartner schon die »beste Seite« ist, dann ahnen Sie, was Ihnen im Arbeitsalltag blühen könnte. Kurzum: Auch Ihnen steht es frei, einen solchen Bewerbungsprozess vorzeitig zu beenden.

Das angeschriebene Unternehmen reagiert nicht

Die Wochen vergehen und insbesondere die Unternehmen, auf die man große Hoffnungen setzte, haben noch nicht geantwortet. In dieser Situation fragen sich viele Bewerber, ob es nicht sinnvoll wäre und den Prozess beschleunigen könnte, in diesen Unternehmen einmal anzurufen und nachzufragen.

Keine Frage: Die meisten Manager sind ungeduldig und einfach abzuwarten, widerspricht dem eigenen Naturell. Dennoch stellt sich die Frage, ob sich ein solcher Anruf wirklich lohnt bzw. warum das angeschriebene Unternehmen bisher noch nicht geantwortet hat.

Möglichkeit 1: Das Unternehmen hat den Brief nicht bekommen.

Wahrscheinlichkeitsgrad: Sehr gering! Zumindest, wenn man den Aussagen der Deutschen Post vertraut, die eine fast 100 % fehlerfreie Zustellung garantieren.

Ergibt Nachfassen Sinn? Nein. Denn bei einer so geringen Wahrscheinlichkeit, dass der Brief nicht ankam, würde sich der Aufwand nicht lohnen.

Möglichkeit 2: Das Unternehmen hat noch nicht geantwortet, weil man für die eigenen Überlegungen noch etwas Zeit benötigt.

Wahrscheinlichkeitsgrad: Hoch! Denn viele Unternehmen benötigen wesentlich länger, als der Bewerber annimmt. Unserer Erfahrung nach antworten ca. 20–30 % der angeschriebenen Unternehmen sogar erst sechs Wochen, nachdem sie angeschrieben worden sind.

Ergibt Nachfassen Sinn? Nein. Denn als Bewerber sind Sie bestenfalls »kurz vor dem Ziel« (= Arbeitsvertrag) in der Lage, den Entscheidungsprozess leicht zu beschleunigen. Nicht aber am Anfang eines Prozesses. Somit wäre jeder Anruf – und zwar unabhängig davon, wie freundlich Sie sich am Telefon geben – ein indirekter Vorwurf, dass Sie die Gegenseite doch für ziemlich langsam und schwerfällig halten. Der Prozess beschleunigt sich damit aber nicht; eher ist das Gegenteil zu befürchten.

Möglichkeit 3: Das Unternehmen hat keinen Bedarf und antwortet deswegen nicht.

Wahrscheinlichkeitsgrad: Sehr hoch!

Ergibt Nachfassen Sinn? Bei Praktikanten-, Berufseinstiegspositionen und Job im unteren Management durchaus, auf Manager- und Top-Ebene aber nicht, denn niemand entscheidet sich für einen Bewerber, nur weil dieser so nett, so interessiert und so sympathisch nachfragt, obwohl man ihn gar nicht benötigt.

12 Das Vorstellungsgespräch wird zum Verkaufsgespräch

12.1 Werden Sie zum aktiven Verkäufer in eigener Sache

Der typische Bewerber – angefangen vom Berufseinsteiger bis zum Vorstandsvorsitzenden – ist ein eher passives Wesen. Wird er zu einem Vorstellungsgespräch eingeladen, geht er in dieses Gespräch mit der Hoffnung, dass der andere ihm gleich zu Beginn zu verstehen gibt, wie der ideale Kandidat aussehen soll, denn dann muss er ja – so die Annahme der Bewerber – eigentlich nur zweierlei tun:

Zum einen den Eindruck erwecken, genau diese gesuchte Person zu sein. Beispiel: »Sie suchen also einen Bewerber mit drei Armen und zwei Beinen. Ich darf Sie beglückwünschen: Sie haben ihn soeben gefunden. Ich bin es!«

Zum anderen muss er dafür sorgen, keine Fehler zu machen, getreu dem Motto: »Vermeide es, Fehler zu machen und das Falsche zu sagen; lege Dich erst dann fest, wenn Du weißt, was der andere hören will. Bis dahin sage das, was man Dir nicht zum Nachteil auslegen kann, also am besten das, was alle anderen auch sagen.«

Vor allem bei Bewerbungen im verdeckten Stellenmarkt geht diese Strategie nicht auf, denn das Vorstellungsgespräch, das aufgrund einer Initiativbewerbung geführt wird, ist nichts anderes als ein Verkaufsgespräch. Sie haben etwas anzubieten und dafür suchen Sie einen Abnehmer, der Ihnen Geld für Ihre Leistung bezahlt. Und so wenig, wie es in einem Verkaufsgespräch darauf ankommt, nicht anzuecken, nicht das Falsche zu sagen oder gar angreifbar zu machen – solches ist eher Grundvoraussetzung –, so wenig geht es auch in einem Vorstellungsgespräch nicht nur darum, nicht unangenehm aufzufallen. Das Entscheidende ist vielmehr, dass Ihr Gesprächspartner nach dem Gespräch weiß, welchen Beitrag zum Unternehmenserfolg Sie leisten können – und zwar besser als andere.

Daher sind die Tipps, die man in den üblichen Bewerbungsbüchern findet, zumindest dann, wenn es darum geht, sich im verdeckten Stellenmarkt seine neue Position »an Land zu ziehen«, in nur sehr begrenztem Maße anwendbar, in vielen Fällen sogar eher gefährlich, denn es besteht die Gefahr, dass Sie bei Beachtung dieser Regeln das angestrebte Ziel (= im Vorstellungsgespräch zu überzeugen) nicht erreichen und das Gespräch »versemmeln«. Genau das aber sollte Ihnen nicht passieren, denn so oft werden Sie nicht die Gelegenheit haben, Vorstellungsgespräche dieser Art zu führen.

Vergessen Sie nicht: Bei einer Bewerbung im verdeckten Stellenmarkt wurden Sie ins Vorstellungsgespräch eingeladen, weil Sie dem Unternehmen ein konkretes Angebot gemacht haben. Im Anschreiben haben Sie nämlich (hoffentlich) artikuliert, was Sie für das Unternehmen tun können und wollen. Und dadurch, dass man Sie zum Gespräch eingeladen hat, hat man Ihnen nicht nur signalisiert, dass Ihr Angebot den Bedarf trifft, sondern auch, dass Ihre fachlichen Voraussetzungen – zumindest ist so der Eindruck nach Durchsicht des Lebenslaufes – passen.

Umso erstaunlicher, dass in vielen Vorstellungsgesprächen davon gar keine Rede ist. Statt nämlich darüber zu reden, was der Bewerber für das Unternehmen tun kann, stellt der Interviewer die Fragen, die er immer stellt – nach Stärken, Schwächen, der Motivation etc. – und er bekommt auch die Antworten, die er von allen Bewerbern zu hören bekommt. Effektiv, loyal, hands-on, agil, motiviert, zu ungeduldig etc. Von dem, was der Bewerber für das Unternehmen tun kann, wird hingegen kaum gesprochen.

Woran bzw. an wem liegt das?

Sollten Sie jetzt spontan den Bewerber bzw. sich selbst dafür verantwortlich machen, möchten wir Sie etwas in Schutz nehmen. Erst einmal ist nicht der Bewerber der Verursacher dieses Problems, sondern der Interviewer. Denn dieser stellt häufig die falschen Fragen – entweder, weil er schlecht vorbereitet ist oder weil er aus lieb gewordener Routine immer dieselben Fragen stellt, denn konkrete inhaltliche Fragen zum Lebenslauf zu stellen und damit zu erfahren, was der Bewerber getan hat, wofür er qualifiziert ist und was er zukünftig tun will, setzt voraus, dass man den Lebenslauf gelesen und verstanden hat und diesen zur Grundlage des Gespräches macht. Hat der Interviewer den Lebenslauf aber vor zwei Wochen – zum Zeitpunkt, als er die Mitarbeiterin bat, den Bewerber einzuladen – zum letzten Mal gelesen (und das auch nur zwischen »Tür und Angel«), ist die Gefahr, dass er sich durch das Vorstellungsgespräch mit den üblichen Fragen manövriert, sehr groß.

Die Frage »Wie konnte es Ihnen den gelingen, im letzten Jahr bei der Firma Mustermann in der Region Asien einen Umsatzzuwachs von 30 % zu generieren?« setzt Vorwissen voraus. Die Frage »Was sind Ihre Stärken?«, »Was sind Ihre Hobbys?« oder die Bitte »Nennen Sie drei Eigenschaften, die Sie am besten charakterisieren!«, kann jeder auch ohne Vorwissen oder Vorbereitung stellen.

Damit möchten wir keinesfalls behaupten, dass solche Fragen in jedem Fall ein Beweis dafür wären, dass Ihr Gegenüber schlecht vorbereitet wäre. Keinesfalls! Es gibt durchaus auch Interviewer, die trotz guter Vorbereitung solche Fragen stellen. Einfach deswegen, weil sie diese Fragen schon immer gestellt haben, also aus reiner Routine.

Wir werden den DAX-Bereichsvorstand nicht vergessen, der uns einmal in einer Trainingssituation sagte: »Wissen Sie: Ich stelle solche Fragen auch. Nach dem Lebenslauf. Nach Stärken. Nach Schwächen. Nach großen Erfolgen. Nach Hobbys. Aber ich stelle diese Fragen nicht mangels Vorbereitung, sondern einfach deswegen, weil man mir diese Fragen früher immer gestellt hat. Mit diesen Fragen fühle ich mich sicher. Meine Hoffnung allerdings, dass man auf diese Weise ins Gespräch käme, erfüllt sich fast nie. Ich höre immer dieselben Plattitüden …«

Letztlich aber ist es egal, ob solche allgemein gehalten Fragen aufgrund mangelnder Vorbereitung oder zu stark ausgeprägter Routine gestellt werden: Wenn Ihr Gesprächspartner Ihr »Angebot« (= das, was Sie für das Unternehmen tun können und sollen) nicht zum Gesprächsthema macht, bleibt nur einer übrig. Sie! Sie sind dafür verantwortlich, dass Sie Ihr im Anschreiben formuliertes Angebot hörbar machen und vorstellen.

»Vorstellen« heißt dabei nichts anderes, als das eigene Angebot vor- bzw. nach vorne zu stellen und sich damit zugleich von der Vielzahl der anderen (Bewerber) deutlich abzuheben. Fast schon verrückt, dass die meisten Bewerber gerade das nicht wollen, sondern lieber in der Schar der Mitbewerber mitschwimmen und nicht auffallen wollen. Getrieben von der Sorge, etwas Falsches zu sagen, sagt man das, was alle anderen auch sagen bzw. was der andere vermeintlich hören will.

Einige Beispiele. Wenn ein Finanzvorstand auf die Frage, wie sein Vorgesetzter ihn beurteilen würde, zur Antwort gibt: »Der würde sagen, dass ich unternehmerisch eingestellt bin, effizient Aufgaben umsetze, gut mit Zahlen umgehen kann und dass Loyalität für mich ein wichtiger Wert ist!«, dann hat das mit einem konkreten Angebot nichts zu tun.

Ein CFO, der gut mit Zahlen umgehen kann und loyal ist (oder solches zumindest behauptet)? Das ist so selbstverständlich, wie wenn ein Director Sales and Marketing betont, dass sein Vorgesetzter seine »Affinität zum Vertrieb« besonders schätze. Oder der »Leiter Forschung und Entwicklung«, dem von seinem Vorgesetzten die »Nähe zur Entwicklung« bescheinigt wird, der »Personaldirektor«, der als »Business Partner« geschätzt wird und der CIO, der ein »hohes Verständnis für die IT« mitbringt.

Die meisten Antworten bestehen aus nichts anderem als solchen austauschbaren, selbstverständlichen, nichtssagenden Floskeln.

Andere Frage, selbes Elend: »Wie beurteilen Ihre Mitarbeiter Sie?« Sehr beliebt ist die Antwort: »Meine Tür steht immer offen«, wobei die Variation, »dass das eigene Ohr immer offen« ist, sich mit der Tür-Variante durchaus abwechselt.

Dass übrigens »Tür und Ohr« gemeinsam offen stehen, ist auch beliebt. In den Jahren 2007–2015 hörte man oft: »Fordern und Fördern ist mir ein wichtiges Anliegen.« In den Jahren danach fielen Begriffe wie »hands-on« und »Win-win-Situationen«. Davon ist mittlerweile immer seltener die Rede. Und auch der Begriff »nachhaltig« ist schon wieder am Verschwinden. Kein Wunder: Immerhin war der Begriff der »Nachhaltigkeit« im Jahr 2012 auf dem besten Weg, zum »Unwort des Jahres« zu werden.[6]

Im Jahr 2021 rückt der Begriff »agil« auf der Skala der populärsten Adjektive mit großen Schritten nach vorne.

Und sollte im nächsten Monat die Wirtschaftswoche, das Handelsblatt oder die FAZ mit der Titelstory aufmachen: »10 Eigenschaften, die ein Manager besitzen muss«, sind wir sicher, dass bereits zwei bis drei Wochen später jeder Manager genau diese Eigenschaften zu besitzen behauptet.

Wird man nach den Schwächen gefragt: »Ungeduld«. Oder – weil man vor Kurzem gelesen hat, dass man das nun wirklich nicht mehr sagen dürfe, weil es zu abgenutzt sei: »Ich weiß, dass alle sagen, dass sie ungeduldig sind. Aber ich bin es wirklich!« Oder man nennt etwas, was mit dem Beruflichen nichts zu tun hat: »Ich ernähre mich zu ungesund.«

Viele versuchen diese Frage auch damit zu beantworten, indem sie etwas sagen, was in den Ohren des Interviewers doch eigentlich gut klingen müsste: »Ich gönne mir selbst zu wenig freie Zeit.«

Einige glauben auch, es wäre eine gute Idee, den Interviewer an dieser Stelle darauf hinzuweisen, dass Schwächen ja auch Stärken seien ... »Vielen Dank für diese Belehrung«, wird sich der Interviewer denken; sympathieförderlich ist eine solche Antwort nicht.

In dem einen oder anderen Bewerbungsratgeber wird auch zu folgender Lösung geraten, um die Schwächen-Frage zu beantworten: »Nehme ein positiv besetztes Adjektiv und setze das Wörtchen ›zu‹ davor«. Das klingt dann so: »Was sind Ihre Schwächen?« Antwort: »Ich bin zu ambitioniert. Zu ehrgeizig. Zu pingelig. Zu erfolgsorientiert.«

Man könnte darüber schmunzeln und es mit einem »Naja, so ist es eben« abtun. Das Problem ist nur: Im Vorstellungsgespräch lacht an dieser Stelle niemand; alle gähnen vor Langeweile. Und weil man zudem immer dasselbe »Zeug« hört und die Bewerber einander auch durchaus ähnlich sind, hat man nach wenigen Minuten schon wieder vergessen, was der Bewerber überhaupt gesagt hat.

Wir haben nicht wenige Manager kennengelernt, denen man in Bewerbungscoachings genau solches beigebracht hat: »uniform« zu antworten. In diesen Trainings wurden

---

6 So schrieb die Frankfurter Allgemeine Zeitung am 19.03.2012: »Nachhaltigkeit ist ein Modebegriff geworden – und wurde häufig genug in den vergangenen Jahren als ›Unwort des Jahres‹ vorgeschlagen.«

die (angeblich) häufigsten Vorstellungsgesprächsfragen präsentiert und dann Musterantworten vorgegeben, mit denen der Bewerber angeblich nichts falsch machen könne. Und die Trainingsteilnehmer wurden dann aufgefordert, diese Antworten auswendig zu lernen, um sie dann – bei passender Fragestellung – in den Vorstellungsgesprächen »abzuspulen« kann. Grotesk!

Grotesk deswegen, weil ein Bewerbungsgespräch ein Verkaufsgespräch ist! Und so wenig, wie es in einem Verkaufsgespräch darum geht, das zu sagen, was alle anderen Verkäufer auch sagen, sondern vielmehr das Besondere hörbar zu machen, so wenig geht es auch in einem Vorstellungsgespräch darum, das zu sagen, was alle anderen auch sagen. Es kommt vielmehr darauf an, eine Antwort auf die Frage zu geben, welchen Beitrag man zum Unternehmenserfolg besser leisten kann als die vermeintlichen Mitbewerber.

Stellen Sie sich Folgendes vor. Der Oberverkäufer würde seinen Verkäufer nach einem Kundengespräch fragen, wie das Gespräch verlaufen sei bzw. ob der Kunde gekauft habe und dann folgende Antwort bekäme: »Der Kunde hat leider die falschen Fragen gestellt und daher konnte ich nicht herausstellen, was unsere Produkte von den Produkten der Mitbewerber positiv und deutlich unterscheidet!« Sie ahnen, wie der Oberverkäufer reagieren würde. Er würde vermutlich eine intensive Nachschulung oder die Entlassung anordnen.

Sie glauben nicht, wie oft wir in unserer täglichen Arbeit Klagen über den Interviewer zu hören bekommen: »Wir sprachen lange darüber, warum ich mich beruflich neu orientieren muss. Dann wollte er, dass ich – angefangen bei meinen Eltern – jede Station meines Lebenslaufes detailliert darstelle. Schließlich wollte er noch wissen, was Herr Müller – ein gemeinsamer Bekannter – macht und am Ende sprachen wir noch lange über das Segeln. Denn auch er segelt gerne in seiner Freizeit. So kam ich gar nicht dazu, herauszustellen, was ich für das Unternehmen tun kann – mein Gegenüber hat danach gar nicht gefragt.«

In vielen Fällen ist der Bewerber sogar dankbar, dass das Vorstellungsgespräch sich eher an wenig relevanten Themen abarbeitet. Von ehemaligen Unternehmen zu berichten, die Schönheit des Schwarzwaldes – also dem eigenen Wohnort – zu schildern, sich über gemeinsame Bekannte auszutauschen oder sich gegenseitig das Leid zu klagen, dass man kaum noch Zeit zum Golfspiel findet und das Handicap daher schon lange nicht mehr einstellig sei: Das alles sind Themen, die dem Bewerber unkritisch erscheinen. Da kann einem nichts passieren, da kann man nichts Falsches sagen. Und doch: Man sagt zwar nichts Falsches, aber man sagt auch nicht das Richtige. Denn das Richtige wäre eine Antwort auf die Frage, was der Bewerber dazu beitragen kann, dass sich das Unternehmen hinsichtlich Umsatz und Rendite deutlich nach vorne entwickelt.

Erst kürzlich unterhielten wir uns mit jemandem, der sich darüber wunderte, dass er zwar vor wenigen Wochen ein so nettes Vorstellungsgespräch erlebt hätte, bei dem sogar Gemeinsamkeiten zwischen dem Interviewer und ihm zutage getreten wären (Marathonlaufen und Tennis), aber trotzdem wieder eine Absage erhalten hätte. Unsere – etwas scherzhaft geäußerte – Antwort, dass er sicherlich einen Arbeitsvertrag bekommen hätte, wenn ein Marathonläufer oder Tennistrainer gesucht worden wäre, brachte ihn zwar durchaus zum Schmunzeln, machte ihm aber zugleich deutlich, was zur Absage führte: Das Entscheidende – also das, was der Bewerber für dieses Unternehmen tun kann – war gar nicht zur Sprache gekommen.

Daher: Legen Sie jede Passivität ab! Wandeln Sie sich vom »passiven Bewerber« zum aktiven Verkäufer in eigener Sache. Warten Sie nicht ab, bis man Ihnen die richtigen Fragen – Fragen zu Ihren Aufgaben und Erfolgen – stellt; in vielen Fällen werden Sie darauf nämlich vergeblich warten.

Und haben Sie nicht die Sorge, dass Sie das Falsche sagen könnten. Wenn Sie eingeladen wurden, weil Sie im Anschreiben zum Ausdruck brachten, dass Sie der Experte fürs Pizzabacken sind und Ihr Lebenslauf belegt, welche Erfolge Sie bereits als Pizzabäcker erzielen konnten, liegt es auf der Hand, warum man Sie eingeladen hat: Man hat Interesse an Pizzen bzw. an Ihrem Können, diese herzustellen! Ist vom Pizzabacken im Gespräch aber vorerst gar nicht die Rede, sondern von Gyros und Schnitzeln und Tütensuppen, machen Sie mit Sicherheit nichts falsch, wenn Sie das Thema »Pizza« in den Vordergrund rücken. Und für den – sehr unwahrscheinlichen – Fall, dass alles ein Missverständnis war und wirklich gar keinen Bedarf für Pizzen besteht, kann es auch nicht schaden, wenn Sie dieses bereits nach wenigen Minuten feststellen. Es sei denn, Sie glauben, Ihnen sei dadurch eine große Chance entgangen – schließlich würden Sie sich nach einer gewissen Einarbeitungsphase auch mit Gyros und Schnitzel anfreunden können. Glauben Sie uns: Eine Führungskraft, die man erst anlernen muss und bei der man nicht weiß, ob dieses Anlernen wirklich zum Erfolg führt, wird diese Chance bzw. diesen Job nicht bekommen. Es sei denn, man müsste alle Bewerber erst anlernen. Diese Situation ist uns allerdings auf Managerebene so nur selten begegnet. Es gab und gibt keinen Mangel auf Managerebene! Und daran wird auch der demografische Faktor bis auf Weiteres nichts ändern.

Das Wichtigste in Kürze

Wenn Sie zum Vorstellungsgespräch eingeladen werden, müssten Sie immer davon ausgehen, dass die grundsätzlichen Voraussetzungen stimmen. Zum einen: Für das in Ihrem Anschreiben formulierte Angebot gibt es Bedarf. Zum anderen: Nach Durchsicht Ihres Lebenslaufes hat das Unternehmen an die fachlichen Kriterien »einen Haken gemacht«. Man würde Sie nicht einladen, wenn die fachlichen Bedingungen nicht gegeben wären.

Wenn Sie es also nicht dem Zufall überlassen wollen, ob Sie den Job bekommen oder nicht, dürfen Sie sich daher nicht damit zufriedengeben, dasselbe zu sagen, wie Ihre Mitbewerber, bei denen die fachlichen Voraussetzungen auch stimmen. Sie sollten auch nicht darauf vertrauen, sympathischer zu sein als die anderen. Solche Hoffnungen werden sehr schnell enttäuscht.

Der einzige Weg, wirklich erkennbar zu werden und Ihrem Gesprächspartner deutlich zu machen, warum er sich für Sie und nicht für einen Ihrer Mitbewerber entscheiden soll, ist, über Ihr Angebot, das Sie im Anschreiben formuliert haben, zu sprechen. Heben Sie hervor, was Sie für das Unternehmen tun können und wollen – besser als andere.

Nur darauf zu achten, nicht das Falsche zu sagen, ist – insbesondere bei Positionen im verdeckten Stellenmarkt – die falsche Strategie.

12.2 Werden Sie sympathisch

Würde man eine Umfrage starten mit der Frage »Worauf kommt es in einem Vorstellungsgespräch an?«, wäre die Antwort klar: »Man muss sich sympathisch sein! Die Chemie muss stimmen! Der Funke muss überspringen!«

Dem wollen wir nicht widersprechen. Widersprechen wollen wir aber, dass im Vorstellungsgespräch die »Sympathie« gemeint ist, die umgangssprachlich hinter diesem Begriff steckt. Es geht nicht (nur) darum, sich menschlich sympathisch zu sein. Es geht um wesentlich mehr!

Widersprechen wollen wir auch der Ansicht, solche Sympathie, auf die es im Vorstellungsgespräch ankommt, sei reine Glückssache oder purer Zufall. Wir glauben dieses nicht, wobei es durchaus stimmt, dass es diese Zufälle geben kann: Da fällt uns die Sympathie des anderen spontan zu. Diese Menschen sind uns auf Anhieb sympathisch. Sollte dieses nicht der Fall sein, kann man aber dennoch einiges dafür tun, dass sich die Sympathie doch noch einstellt.

In Rudolf Eislers »Wörterbuch der philosophischen Begriffe«[7] heißt es zum Wesen der Sympathie, sie sei »Mit-Leiden, Miterleben von Gefühlen und Affecten anderer durch unwillkürliche Nachahmung und durch ›Einfühlen‹ in den Gemütszustand anderer, was umso leichter möglich, je verwandter wir mit jenen sind.«

7 Band 2. Berlin 1904, S. 468–470.

Eine unseres Erachtens sehr gelungene Definition, denn »Mit-Leiden« und »Miterleben« zu können, setzt voraus, dass man weiß, wovon der andere redet, weil man es selbst so oder ähnlich selbst erlebt hat. Eine schwangere Frau, die ihrem Mann erklären möchte, wie es sich anfühlt, schwanger zu sein, sodass er es nachempfinden kann, wird bei diesem Versuch höchstwahrscheinlich scheitern. Was es bedeutet, seinen langjährigen Lebenspartner plötzlich durch einen tödlichen Unfall zu verlieren, wird niemand nachempfinden können, dem nicht Ähnliches selbst einmal widerfahren ist.

Menschen aber, die uns ähnlich sind, weil sie Ähnliches erlebt haben, ähnliche Erfahrungen haben, ähnlich denken etc., finden wir sympathisch. Man versteht sich auf Anhieb, weil man »dieselbe Sprache spricht« – wobei auch mit diesem Ausdruck weit mehr als die jeweilige Landessprache gemeint ist.

Überlegen Sie: Mit wem verbringen Sie (freiwillig und gerne) Ihre Freizeit? Blenden Sie dazu bitte einmal Ihre Familie aus. Wer bleibt übrig? Mit wem würden Sie abends freiwillig ein Bier, einen Wein oder ein Abendessen genießen?

Es sind Menschen, die Ihnen ähnlich sind. Ähnlich alt, ähnlicher Bildungshorizont, ähnliche gesellschaftliche Schicht, ähnliche Familienverhältnisse, ähnliche Interessen, ähnliche Gesprächsvorlieben bzw. -themen. Sogar die Trink- und Essensgewohnheiten können eine Rolle spielen: Wenn Sie gerne ein saftiges Steak auf Ihrem Teller liegen sehen, werden Sie vermutlich mit jemandem, der Ihnen bei jedem Bissen sagt, dass Fleisch ökologisch bedenklich und zudem krebserregend sei, wenig Freude haben. Vermutlich werden Sie sich mit ihm noch nicht einmal auf ein Restaurant einigen können; denn während Sie sich in einem Steakhouse so richtig wohlfühlen, bevorzugt er ein Bio-Restaurant, in dem die Produkte im eigenen Garten angebaut werden und handgepflückt den Weg in die Küche finden.

Übertragen auf den Kontext des Vorstellungsgesprächs bedeutet dies: Man wird Sie »sympathisch« finden, wenn Sie »dieselbe Sprache sprechen«. Wenn Sie also von Aufgaben und nachvollziehbaren Erfolgen sprechen und wenn Sie dieses zudem in derselben Sprache tun. Ihr Gesprächspartner muss den Eindruck gewinnen, dass Sie ihn, seine Probleme, seine Kunden, seine Prozesse etc. verstehen. Nicht selten ist das Gegenteil in den Vorstellungsgesprächen der Fall!

Wenn der Bewerber, der bisher eher in Konzernen gearbeitet hat, jetzt dem Mittelständler (200 Mio. € Umsatz) gegenübersitzt und davon erzählt, dass das bisherige Unternehmen 95.000 Mitarbeiter hat, an 78 Standorten weltweit vertreten ist und stündlich 1,3 Mio. € Umsatz macht, fällt es einem nicht schwer, sich vorzustellen, welche Wirkung dieses beim Zuhörer erzeugt. Und spätestens dann, wenn von KPIs, FTEs und Direct Reports die Rede ist, hat sich das Thema »Sympathie« erledigt: »Der spricht nicht unsere Sprache.« Man versteht zwar, was Sie meinen; man versteht aber auch, dass das, was Sie erzählen, mit dem eigenen Unternehmen nur sehr wenig oder sogar nichts zu tun hat.

Dabei wäre es doch ein Leichtes, die »Sprache« anzupassen. Statt von den 95.000 Mitarbeitern, die das Gesamtunternehmen hat, könnte man doch von den 1.500 Mitarbeitern reden, die die eigene Einheit hat. KPIs lässt sich durch »Betriebliche Kennziffern« ersetzen und FTE (= full time equivalent) sind nichts anderes als Vollzeitmitarbeiter, der Umsatz von 1,3 Mio. € stündlich reduziert sich, indem man die Umsatzzahl der eigenen Einheit darstellt. Und wenn man jetzt noch die 95 Standorte weltweit in »international tätig« abschwächt, hat man schon viel dafür getan, dass sich die Ähnlichkeit herstellt.

Viele Manager aus dem Marketing und Vertrieb bestätigen uns übrigens regelmäßig, dass Ihnen unsere Überlegungen zum Vorstellungsgespräch sehr bekannt vorkommen. Kein Wunder, denn solche Überlegungen stellt jeder an, der ein Produkt oder eine Dienstleistung vermarkten möchte. In einem ersten Schritt versucht man mit Blick auf den Wettbewerb (Benchmarking) zu definieren, was das Besondere an dem eigenen Produkt bzw. der eigenen Dienstleistung ist. Und man vergleicht das eigene Produkt immer mit sehr ähnlichen Produkten, denn alles andere wäre ja in der Tat sinnlos.

In einem zweiten Schritt versetzt das Marketing die Verkäufer in die Lage, sprechfähig zu werden: also anhand von Geschichten, Erfolgen, Zahlen etc. dem potenziellen Kunden deutlich machen zu können, was für dieses Angebot spricht. Und der Verkäufer weiß selbstverständlich, dass es keine gute Idee ist, auf die richtigen Fragen des potenziellen Kunden zu warten. »Kunden stellen selten gute Fragen«, sagte uns schon vor vielen Jahren jemand, der sich im Vertrieb deutschlandweit »Rang und Namen« erworben hatte. Dennoch war auch er zunächst recht ratlos, wie man diese Überlegungen auf die eigene Person bzw. die Situation des Vorstellungsgesprächs übertragen könnte.

Also: Auf zur Umsetzung! Wie kann man diese Erkenntnisse, die wir bisher zusammengetragen haben, im Vorstellungsgespräch anwenden?

Das Wichtigste in Kürze
Das, was Sie erzählen – Ihre Aufgaben, Erfolge und Erfolge – muss zu dem Unternehmen, das Sie ins Vorstellungsgespräch eingeladen hat, passen. Fragen Sie sich also bei dem, was Sie gerne erzählen möchten, immer nach der Relevanz. Berichten Sie von Erfolgen, die in dem Unternehmen, in dem Sie das Vorstellungsgespräch führen, als Aufgaben anstehen.

12.3 Wie Sie Fragen sinnvoll beantworten können

Auf den folgenden Seiten möchten wir Ihnen zu den Fragen, die vermutlich in fast jedem Vorstellungsgespräch gestellt werden, einige Antwortideen geben, aus denen unüberhörbar deutlich wird, welchen Beitrag Sie zum Unternehmenserfolg leisten können – möglicherweise sogar besser als Ihre Mitbewerber.

12.3.1 »Erzählen Sie etwas zu Ihrem Lebenslauf«

Nehmen wir einmal an, Sie hätten jemanden bei einem Seminar kennengelernt und am Abend würden Sie – bevor es dann am nächsten Tag im Seminarhotel weitergeht – gemeinsam in der Bar noch einen »Absacker« zu sich nehmen. Ihr Gesprächspartner hat sich für ein Weizenbier, Sie sich für den Chianti entschieden. Nachdem nun die Getränke auf dem Tisch stehen, eröffnet Ihr Gegenüber das Gespräch, indem er sagt: »Ich habe nur am Rande mitbekommen, was Sie beruflich tun. Erzählen Sie doch mal!« Und stellen Sie sich dann weiter vor, Sie würden das tun, was fast alle Bewerber im Vorstellungsgespräch machen: Sie begännen bei »Adam und Eva« (= Studium) um sich dann, Schritt für Schritt, in den nächsten 10–15 Minuten in die Gegenwart vorarbeiten. Mit Ihrer Stimme blieben Sie am Satzende immer leicht oben, um zu verhindern, dass zwischen den Sätzen Pausen entstehen, die Ihr Gesprächspartner nutzen könnte, selbst einmal etwas zu sagen.

Vermutlich würde Ihr Gesprächspartner bereits nach wenigen Minuten mit den Worten »Erzählen Sie ruhig weiter, ich muss mal kurz telefonieren bzw. auf die Toilette« den Tisch verlassen und über den Hinterausgang die Flucht antreten. Noch Tage später würde ein solches Verhalten im Freundes- und Kollegenkreis Ihres Gesprächspartners für Verwunderung oder Spott sorgen: »Ihr könnt Euch nicht vorstellen, was vor ein paar Tagen bei diesem Seminar passiert ist. Abends in der Kneipe sitze ich einem Typ gegenüber, der ...«

Im Seminarhotel unvorstellbar, in Vorstellungsgesprächen an der Tagesordnung. Obwohl jeder weiß, dass ein Vorstellungsgespräch ein Gespräch ist und auch die Regeln, die ansonsten in unserem Leben über gelingende Kommunikation entscheiden, nicht außer Kraft gesetzt sind, missachten Bewerberinnen und Bewerber trotzdem diese Regeln. Statt ein Gespräch zu führen, monologisiert der Bewerber. Statt sich auf das Wesentliche zu konzentrieren und für das Gegenüber Spannendes zu erzählen, langweilt der Bewerber seinen »Gesprächspartner«, indem er ihm wenig Relevantes erzählt, davon aber mehr, als dieser verarbeiten kann.

Denn wer könnte sich schon all die vielen Umsatz-, EBIT- und Jahreszahlen, Firmennamen, Positionsbezeichnungen etc. merken. Und spätestens, wenn das Ganze mit unverständlichen Fremdworten, Begriffen und Termini garniert wird, die zwar im bisherigen Unternehmen des Bewerbers üblich, aber außerhalb seines Unternehmens alles andere als selbstverständlich sind, schaltet der Interviewer auf Durchzug bzw. ganz ab.

Ein solches (schlechtes) Beispiel hören Sie hier:

 *Audiofile 10*

 https://www.vogel-detambel.de/audiodatei-10

Haben Sie schon einmal die Zeit gestoppt, die Sie Ihrem Lebenspartner/Ihrer Lebenspartnerin zuhören, wenn diese(r) Ihnen etwas erzählt, was Sie nicht interessiert ...?

Machen Sie es anders! Stellen Sie die einzelnen Lebenslaufstationen so dar, dass Sie hörbar machen und auf diese Weise nachvollziehbar wird, dass Sie das im Anschreiben als Angebot Formulierte in der Vergangenheit bereits erfolgreich gemacht haben.

Wichtig wäre also auch hier, das Wichtige (Angebot) vom Unwichtigen zu unterscheiden.

Und so könnte es klingen:

 *Audiofile 11*

 https://www.vogel-detambel.de/audiodatei-11

Ob Sie Ihren Lebenslauf chronologisch oder retrograd, in 5 oder 50 Minuten, in wenigen Stichworten oder ausführlich darstellen, müssen wir von der Frage bzw. der Bitte Ihres Gegenübers abhängig machen. In der Mehrzahl der Fälle lässt er Sie sehr genau wissen, wie er es gerne hätte. Und dann sollten Sie ihm diesen Wunsch auch erfüllen. Alles andere macht Sie in seinen Augen unsympathisch.

Das Wichtigste in Kürze

Achten Sie darauf, dass Sie Ihrem Zuhörer Gelegenheit geben, mit Ihnen ins Gespräch zu kommen. Hetzen Sie also nicht ohne Punkt und Komma, ohne jegliche Atempause durch den Lebenslauf, sondern machen Sie natürliche Sprechpausen. Nutzen Sie die Lebenslaufdarstellung vor allem dazu, anhand der einzelnen Stationen in Ihrem Lebenslauf deutlich zu machen, dass Sie das, was Sie zukünftig tun wollen (= Ihr Angebot), in der Vergangenheit bereits mehrfach erfolgreich getan haben.

12.3.2 »Was wollen Sie bei uns verdienen?«

Sollten Sie in Ihren Bewerbungsunterlagen keine Angabe zum Gehalt machen, was durchaus ratsam sein kann, müssen Sie damit rechnen, dass man Ihnen diese Frage spätestens im Vorstellungsgespräch stellt.

Dass dieses von der zukünftigen Position bzw. von dem abhänge, was man zukünftig tun solle, ist eine Antwort, die wir in vielen Beratungsgesprächen von unseren Kunden zu hören bekommen. Und keine Frage: Diese Antwort ist natürlich völlig richtig. Geben sollten Sie diese Antwort aber dennoch besser nicht. Denn damit helfen Sie dem anderen nicht weiter. Vielmehr weisen Sie ihn mehr oder wenig deutlich darauf hin, dass diese Frage doch ziemlich »dämlich« sei und gerade deswegen ist eine solche Antwort sicherlich nicht sympathiefördernd.

Unser Rat ist vielmehr, den Betrag, den Sie in der aktuellen Position im Durchschnitt verdient haben, zu nennen – ggf. aufgeteilt in einen fixen und einen variablen Anteil. Fast immer können Sie davon ausgehen, dass Sie damit Ihren Gesprächspartner nicht irritieren, sondern lediglich die Einschätzung Ihres Gesprächspartners bestätigen. Denn im Grunde weiß er bereits in etwa, wo Sie gehaltlich liegen. Selbst dann, wenn Sie Ihr aktuelles Gehalt nicht im Anschreiben oder Lebenslauf genannt haben, lässt es sich doch aus dem Lebenslauf ableiten, denn wer in Deutschland in welcher Branche und Position wie viel verdient, ist kein Geheimnis, sondern in vielen Gehaltsstudien sehr genau nachlesbar. Daher weiß jedes Unternehmen, was eine marktübliche Vergütung für die jeweilige Position ist.

Ganz klar: Im Süden Deutschlands verdient man tendenziell etwas mehr als im Norden, in den alten Bundesländern deutlich mehr als in den neuen, in Großstädten mehr als auf dem Land, in der Chemieindustrie mehr als in der Zeitarbeitsbranche etc. Dennoch sind Gehälter viel weniger Glücks- oder Verhandlungssache, als der Bewerber dieses annimmt. Kein Unternehmen hat Geld zu verschenken, denn ansonsten wird es über kurz oder lang nicht mehr wettbewerbsfähig sein: Daher wird ein professionelles Unternehmen sehr genau darauf achten, die Mitarbeitenden nicht zu großzügig zu vergüten. Gleichzeitig kann es sich kein Unternehmen auf Dauer leisten, die eigenen Mitarbeiter zu schlecht – also schlechter als vergleichbare Unternehmen – zu zahlen, sonst wandern die Leistungsträger zur Konkurrenz ab. Zurück bleiben die Low Performer. Und es melden sich fortan bei Stellenausschreibungen auch nur noch die Bewerber, die woanders keinen Job finden.

Stellt man einem Bewerber zu Beginn des Bewerbungsprozesses diese Frage, geht es also nicht um Gehaltsverhandlungen. Man möchte sich lediglich vergewissern, dass der Bewerber in dem vermuteten gehaltlichen Rahmen liegt.

Und seien Sie sicher: Niemand wird das Gespräch mit Ihnen nicht stattfinden lassen, weil Sie ein wenig über oder unter den eigenen bisherigen Vorstellungen liegen. Liegen Sie hingegen deutlich (20 % und mehr) darüber, sind Sie vermutlich nicht zu teuer, sondern es handelt sich schlichtweg um die falsche Stelle.

Somit ist auch die Sorge, dass derjenige, der bei seinem Gehalt zu wenig angibt, zukünftig auch zum »Schnäppchenpreis« eingestellt wird und sich mit weniger Gehalt als ursprünglich für diese Position vorgesehen zufriedengeben muss, aus unserer Sicht unbegründet – zumindest in professionellen Unternehmen. Denn: Wie lange dauert es, bis jemand, der zum »Schnäppchenpreis« eingestellt wurde, solches bemerkt? Gehaltsvergleiche gibt es heute an jeder Ecke für wenige Euro zu kaufen.

Hinzu kommt: Alle Positionen – von der CEO-Position abgesehen – sind in einem Unternehmen vergleichbar und alle Geheimhaltungsvorschriften helfen kaum darüber hinweg, dass jeder neue Mitarbeiter sehr schnell weiß, wie sich das eigene Gehalt im Vergleich zu anderen Gehältern darstellt. Dass durch solches Verhalten sofort die eigene Motivation sinkt und der Fluchtinstinkt bzw. das Ausschauhalten nach attraktiveren Unternehmen ausgelöst wird, dürfte jedem, der Personalentscheidungen trifft, klar sein. Sollten Sie an ein Unternehmen bzw. jemanden geraten, der die »Schnäppchen-Tour« mit Ihnen fahren möchte, wäre durch Sie zu prüfen, ob es wirklich ratsam ist, bei einem solchen Unternehmen zu beginnen.

Das Wichtigste in Kürze
Das, was Sie zukünftig verdienen werden, ist auf Managerebene nur in Ausnahmefällen von Ihrem Verhandlungsgeschick im Vorstellungsgespräch abhängig. Viel entscheidender ist das Gehaltsgefüge, das in der Branche, der Region, dem Unternehmen etc. gilt. Und nicht nur das. Vielmehr weiß jedes – einigermaßen professionelle – Unternehmen sehr genau, wie viel Gehalt man einem Mitarbeiter für diese oder jene Position »üblicherweise« zahlen muss.

12.3.3 »Warum wollen Sie sich beruflich neu orientieren?«

Diese Frage, die nicht selten als eine der allerersten Fragen im Vorstellungsgespräch gestellt wird, hat es in sich; zumindest fürchten das die meisten Bewerber. Denn viele glauben, dass die Tatsache, sich beruflich verändern zu müssen, der Beweis für berufliches Scheitern ist. Und wenn dann noch der Gesprächspartner mit investigativem Blick hartnäckig »bohrt«, fühlt man sich wie auf der Anklagebank.

Ohne Zweifel: Diese Frage muss beantwortet werden. Und zwar so, dass »der Deckel auf den Topf« kommt bzw. der Gesprächspartner an diese Frage einen Haken machen kann. Genau darauf kommt es an: Eine Antwort zu geben, die nachvollziehbar und plausibel ist und die Frage sehr schnell final beantwortet. In sehr vielen der deutlich mehr als zweitausend Vorstellungsgesprächen, die wir in den letzten Jahren auf Top-Level haben erleben dürfen, war immer wieder zu erleben, dass der Bewerber bei diesem Thema viel Zeit verschwendet.

»Verschwendet« deswegen, weil die Antwort auf die Frage »Warum geht es in Ihrem jetzigen Unternehmen für Sie zu Ende?« dem Bewerber nicht die Gelegenheit gibt, eine Antwort auf die Frage zu geben, was er für das neue Unternehmen tun kann und wofür er sein Geld wert ist. Aber genau dies sollte ja, wie schon beschrieben, das Ziel jedes Vorstellungsgesprächs sein.

Viele Bewerber fühlen sich bei dieser Frage unwohl. Sie sehen darin einen Angriff auf die eigene Person und gehen sofort in die Verteidigungshaltung über. »Tue bzw. rede so, als hättest Du den neuen Job ja gar nicht nötig. Denn wenn der andere merkt, dass man dringend einen neuen Job sucht, sinkt der eigene Marktwert.« Nicht wenige Bewerber sorgen mit einer solchen Strategie dafür, dass bereits bei dieser Frage viele Gespräche scheitern.

Da gibt es z. B. den Bewerber, der den Eindruck erwecken möchte, alles sei »in Butter« nach dem Motto: »Mein aktueller Job macht mir sehr viel Freude, bringt auch jede Menge Erfolge und meine Vorgesetzten sind auch sehr zufrieden mit mir. Aber: Da man sich mit dem Erreichten nicht zufriedengeben sollte, suche ich nach einer neuen Herausforderung ...«

Ein anderer Bewerber beantwortet diese Frage, in dem er zuerst lange und breit erklärt, wie er zu diesem Unternehmen kam, welch tolle Erfolge er erringen konnte, wie wohl er sich fühlt, um dann am Ende – hoffend, dass der andere sich an die Frage angesichts dieses Redeschwalls gar nicht mehr erinnert – darauf zu verweisen, dass Veränderung in regelmäßigen Abständen sicherlich gut täte ...

Und – um eine dritte Antwortstrategie kurz zu karikieren: Der Bewerber versucht diese Frage dadurch zu beantworten, dass er das Unternehmen, bei dem er sich beworben hat (und heute zum Vorstellungsgespräch sitzt), als so attraktiv beschreibt und »über den grünen Klee« lobt, dass er der Versuchung einfach nicht widerstehen konnte, sich zu bewerben.

Dass all diese Antwortversuche wenig überzeugend sind, wird spätestens dann klar, wenn man reflektiert, wer diese Frage stellt bzw. wer einem als Gesprächspartner gegenübersitzt, wenn es um die Besetzung einer Führungsposition geht. Es ist selten ein unerfahrener Personaler, sondern eher ein echter Profi, der meist deutlich mehr Berufserfahrung, Menschenkenntnis und Bauernschläue hat wie man selbst. Man muss also davon ausgehen, dass der andere sehr genau weiß, was plausibel klingt und was eher an ein Märchen aus grauer Vorzeit erinnert. Das heißt: Der Interviewer weiß sehr gut, dass sich kaum ein Bewerber beruflich verändert, wenn alles »in Butter« ist. Auch so zu tun, als sei man noch »fest im beruflichen Sattel«, obwohl man doch schon lange freigestellt ist, ist wenig überzeugend und schon gar nicht sympathiefördernd.

Dass das Austrittsdatum im Lebenslauf auf Managerlevel übrigens fast nie den letzten Arbeitstag darstellt, sondern diesem Austrittsdatum eine sechs-, neunmonatige oder gar noch längere Freistellungsphase voranging, weiß ebenfalls jeder Interviewer. Daher wird jeder Versuch, so zu tun, als gäbe es ja gar keine echte Lücke im Lebenslauf, ebenfalls mit »Punktabzug« bestraft. Und nicht zuletzt: Berufliche Veränderungen sind zwar durchaus normal, aber jeder Manager weiß, dass berufliche Wechsel, die in sehr kurzer Folge geschehen, weder positiv gesehen noch vom Bewerber gewollt sein können.

Wenn der Interviewer bereits an dieser Stelle des Gesprächs merkt, dass der Bewerber ihm einen Bären aufbinden will oder ihn schlichtweg für eine Mischung aus leichtgläubig, unerfahren oder gar dumm hält, weiß man, wie der Rest des Gesprächs verläuft. Um es deutlich zu sagen: Wohl keiner von uns würde einen Mitarbeiter einstellen, der einem bereits in den ersten Minuten ein »X für ein U« vormachen möchte.

Aber was sollten Sie auf diese Frage antworten? Unser Rat: nichts anderes als die Wahrheit. Und wenn Sie sich klarmachen, aus welch wenigen Gründen Arbeitsverhältnisse auf Führungskräfte-Level zu Ende gehen, wissen Sie, wie einfach die Wahrheit sein kann und sich diese Frage beantworten lässt. Die beiden häufigsten Gründe: Restrukturierungsmaßnahmen und/oder personelle Veränderungen auf Managerebene. Beides geht oft Hand in Hand einher. Um einige Beispiele zu nennen:

- Statt dezentral soll ein Unternehmen zukünftig eher zentral geführt werden. Die Niederlassungen in den Ländern werden daher »entmachtet«, die entsprechenden Positionen entfallen.
- Statt auf das Projektgeschäft will man sich zukünftig eher auf das Servicegeschäft konzentrieren.
- Man bekommt einen neuen Vorgesetzten, der genau das macht, was man selber auch täte: Er besetzt die Ebene unter sich mit neuen Mitarbeitern bzw. seinen Vertrauten. Auf diese Weise verhindert er nicht nur, dass diejenigen, die bei dieser Stellenbesetzung den Kürzeren gezogen haben, jetzt zurück ins Glied müssen und am Stuhl des neuen Chefs sägen. Er sorgt auch sehr offensichtlich dafür, dass jeder in- und außerhalb des Unternehmens sofort sieht, dass ein neuer Wind weht. Die Börse belohnt solches übrigens nicht selten mit deutlichen Kurssprüngen nach oben. Wer schnelle Erfolge will und darauf abzielt, dass jeder davon erfährt, hat keine Zeit, auf Umsatz- und Renditesteigerungen zu warten. Viel schneller lässt sich der Unternehmenswert doch dadurch steigern, dass man Personen austauscht, umorganisiert etc. und auf diese Weise – durch sichtbare Veränderungen – die Fantasie der Spekulanten und Investoren anheizt.

Dass ein Unternehmen hingegen erst nach mehreren Jahren feststellt, dass ein Manager nicht die gewünschte Leistung bringt, haben wir nur sehr selten erlebt.

Daher sollten Sie, wenn Sie gefragt werden, warum Sie sich beruflich neu orientieren wollen und sich beworben haben, die Wahrheit sagen. »Restrukturierungsmaßnahmen führten dazu, dass meine Position entfallen ist.« Oder: »Personelle Veränderungen auf Managerebene führten dazu, dass sich meine Möglichkeiten, mich innerhalb des Unternehmens weiterzuentwickeln, zunehmend einschränkten.«

Sagen Sie auch klipp und klar, wie der Stand der Dinge ist: Seit wann sind Sie freigestellt? Ist der Aufhebungsvertrag bereits unterschrieben? Wann läuft der Vertrag aus?

Sollte es übrigens so sein, dass Sie – auf C-Level – sich deswegen verändern wollen oder müssen, weil ein Wechsel im Aufsichtsrat, Gesellschafterkreis, Beirat etc. vollzogen wurde bzw. ein solcher Wechsel ansteht und die berühmte »Chemie« mit dem Neuen nicht stimmt, sagen Sie es, denn es wird den anderen nicht überraschen. Immerhin gehen unserer Erfahrung nach deutlich mehr als die Hälfte aller Arbeitsverhältnisse auf Managerebene zu Ende, weil die »Chemie« nicht (mehr) stimmt.

Und für den Falls, dass sich für Sie nach einem Expat-Einsatz im deutschen Headquarter keine adäquate Anschlussposition finden ließ oder Sie als Sündenbock für ein Compliance-Problem herhalten mussten etc.: In allen Fällen gilt, beantworten Sie diese einfache Frage so schnörkellos, klar und deutlich wie möglich und sorgen Sie auf diese Weise dafür, dass Ihnen unzählige Nachfragen erspart bleiben.

In einer Vielzahl von Vorstellungsgesprächen haben wir erleben müssen, wie sich der Bewerber an dieser Stelle um Kopf und Kragen redete. Er beantwortete diese einfache Frage so ausschweifend, dass wirklich jeder am Tisch sofort merkte, dass da doch wohl etwas nicht stimmen kann und man daher gar keine andere Möglichkeit hatte, als (bohrend) nachzufragen. Selbst in Fällen, in denen es dem Bewerber dann doch noch gelang, dieses Verhör heil zu überstehen, hatte der Bewerber auf diese Weise eine Viertel- oder sogar halbe Stunde auf ein Thema verschwendet, das in keiner Weise geeignet war, klarzumachen, was er für das Unternehmen, mit dem er gerade das Vorstellungsgespräch führte, tun kann. Genau das aber ist – wir können es nicht oft genug unterstreichen – das (einzige) Thema, um das es in einem Vorstellungsgespräch geht.

Sollten Sie übrigens das Pech haben, in einem Vorstellungsgespräch an einen Interviewer zu geraten, der bei dieser Frage aus alter Gewohnheit sehr gerne ausführlich und bohrend nachfragt, können Sie dieses Fragespiel ganz leicht beenden, indem Sie Ihren Chef, Aufsichtsrat oder eine ähnliche Person als Referenzgeber anbieten: »Herr XY ... wird Ihnen gerne genau dieses bestätigen!« Voraussetzung dafür ist natürlich, dass dieser Referenzgeber genau dazu bereit ist und Sie sich in einem gekündigten Arbeitsverhältnis befinden.

Die Wahrscheinlichkeit übrigens, dass Ihr Interviewer ein solches Referenzangebot wirklich nutzt, ist deutlich geringer, als Sie vielleicht annehmen. Allein die Tatsache, dass Sie ein solches unterbreiten, wird die Spannung aus diesem Thema entweichen lassen, ähnlich wie einem Luftballon die Luft entweicht, nachdem man eine Nadel hineingestoßen hat.

Behandeln Sie diese Frage lapidar und betrachten Sie sie als so selbstverständlich wie möglich. Sollte wirklich Ihr neuer Chef, der mit Ihnen nicht weiterarbeiten will, der Grund dafür sein, dass man sich von Ihnen getrennt hat, sollten Sie volles Verständnis für solches Handeln äußern. Beispiel: »Ich hätte es doch genauso gemacht, denn es zahlt sich häufig wirklich aus, die engsten Positionen mit den eigenen Vertrauten zu besetzen, statt die Top-Mannschaft des Vorgängers zu übernehmen, die möglicherweise ganz andere Vorstellungen zur zukünftigen Strategie des Unternehmens hat oder von der sich sogar einige selbst auf diese Stelle beworben hatten, diese aber jetzt nicht bekommen haben.«

Das Wichtigste in Kürze
Niemand sucht sich einen neuen Job, wenn alles »in Butter ist«. Vielmehr braucht es einen gewissen Leidensdruck, sonst verändert man sich nicht. Wenn Sie also danach gefragt werden, warum Sie sich beworben haben oder beruflich verändern wollen, spricht vieles dafür, den Grund, der zu Ihrem Leidensdruck führt, zu benennen. Restrukturierungen, personelle Veränderungen, Standortschließungen etc.: Für all das wird Ihr Gesprächspartner Verständnis haben.

Vermuten Sie hinter diese Frage keinen Angriff auf Ihre Person, denn zumindest auf Führungskräfteebene sind die Fälle, dass sich jemand beruflich deswegen verändern muss, weil er nach vielen Jahren von seinem bisherigen Unternehmen als Low Performer entlarvt wurde, viel zu selten, als dass man diesen Grund von vornherein annehmen würde.

12.3.4 »Die Klassiker« – und wie man sie so gar nicht klassisch beantwortet

Sollten Sie das Glück haben, an die (kleine Minderheit) von Interviewern zu geraten, die lebenslaufbezogene und damit auf Ihre Person hin bezogene Fragen stellt, haben Sie Glück und Sie können die folgenden Überlegungen vergessen.

Eine solche lebenslaufbezogene Frage könnte so lauten: »Herr Müller: Sie schreiben in Ihrem Lebenslauf, dass es Ihnen in der letzten Position gelungen ist, die Marktanteile in drei Jahren um 10 % zu steigern. Bitte beschreiben Sie uns doch einmal, wie Ihnen dieses gelingen konnte!« In diesem Fall hat Ihr Interviewer seine Hausaufgaben gemacht: Er stellt die Fragen, die geeignet sind, Ihr Angebot »hörbar« zu machen und darüber ins Gespräch zu kommen. Dann brauchen Sie daher nichts anderes zu tun, als die Frage einfach zu beantworten.

Dummerweise stellen die meisten Interviewer andere Fragen. Fragen, die mit dem Lebenslauf nichts zu tun haben. Fragen, die man jedem Bewerber stellen kann: Was sind Ihre Stärken? Was sind Ihre Schwächen? Was sind Ihre Hobbys? Wie beurteilen Ihre Vorgesetzten Sie? Wie würden Sie sich selbst beurteilen? Etc.

Diese Fragen sind gefährlich! Denn viele Bewerber verlieren bei der Beantwortung dieser Fragen aus dem Blick, dass es nicht nur darum geht, die Frage so zu beantworten, dass man sich nicht um Kopf und Kragen redet, sondern in der Antwort zugleich das eigene Angebot hörbar werden zu lassen.

Sie können diese Frage natürlich so beantworten, wie Bewerber dies üblicherweise tun: nichtssagend, mit den typischen Floskeln. Damit haben Sie aber nichts gewonnen. Weder ist es Ihnen gelungen, sich von Ihren Mitbewerbern abzuheben, noch haben Sie es geschafft, Ihre Erfolge darzustellen und damit den Beweis dafür zu liefern, dass Sie das, wofür Sie sich beworben haben, bereits in der Vergangenheit erfolgreich gemacht haben.

Statt also auf diese Weise Ihre Werbezeit zu verplempern, scheint es uns ratsamer, in den Antworten, die Sie geben, Ihre Erfolgsgeschichten unterzubringen. Und wir behaupten – auch wenn es möglicherweise unglaublich klingt –, dass Sie auf jede Frage jede beliebige Erfolgsgeschichte erzählen können. Gerne liefern wir Ihnen dazu den Beweis.

Welchen Erfolg möchten Sie erzählen? Wie wäre es denn z. B. mit der Geschichte, dass es Ihnen in Ihrem letzten Unternehmen gelungen ist, den Marktanteil innerhalb von drei Jahren um 10 % zu steigern?

Wie einleitend geschrieben: Sollte der Interviewer Sie direkt auf diesen Erfolg ansprechen, müssten Sie nichts anderes tun, als seine Frage zu beantworten. Aber was ist, wenn Ihr Interviewer die üblichen Fragen stellt, die damit gar nichts zu tun haben? Probieren wir es anhand einiger Beispielfragen aus.

»Wie würde Ihr Chef Sie beurteilen?«
Was spricht dagegen, diese Frage wie folgt zu beantworten:

»Was mein Chef über mich sagen würde? Na ja … Viele Jahre hat man sich in meinem Unternehmen bemüht, den Marktanteil zu steigern; leider ist es über viele Jahre beim

Bemühen geblieben. Schließlich bekam ich diese Aufgabe auf den Tisch und: Es war wirklich nicht ganz einfach. Aber ich habe es geschafft. Innerhalb von drei Jahren konnte ich den Marktanteil um 10 % steigern. Wäre mein Chef heute hier, ich bin sicher, dass er Ihnen genau dieses erzählen würde. Denn dass solches möglich sein kann, hat ihn wirklich schwer beeindruckt.«

Verzichten sollten Sie hingegen darauf, Ihrem Chef die üblichen Adjektive in den Mund zu legen, wie: »Er würde Ihnen sagen, dass ich effektiv, zielorientiert, umsetzungsstark und loyal bin«. Denn Sie wissen ja: Diese Adjektive kennt Ihr Zuhörer bereits aus den vorangegangenen Vorstellungsgesprächen.

»Was würden Ihre Mitarbeiter über Sie sagen?«
Bitte verzichten Sie darauf, von offenen Türen, offenen Ohren, kooperativem Führungsstil, rückenstärkenden Maßnahmen oder davon zu sprechen, dass Sie in gewissen Grenzen durchaus Freiräume lassen. Sie wissen ja: All das haben alle Ihre Mitbewerber so oder so ähnlich bereits gesagt.

Stattdessen könnten Sie – natürlich nur, wenn Sie diese Geschichte nicht bereits erzählt haben – wie folgt antworten: »Wissen Sie: Viele Jahre hat man sich in meinem Unternehmen bemüht, den Marktanteil zu steigern; leider ist es über viele Jahre beim Bemühen geblieben. Schließlich bekam ich diese Aufgabe auf den Tisch, und: Es war wirklich nicht ganz einfach. Aber ich habe es geschafft. Innerhalb von drei Jahren konnte ich den Marktanteil um 10 % steigern. Wären meine Mitarbeiter heute hier, ich bin sicher, dass sie Ihnen genau dieses erzählen würden. Denn ich weiß noch genau, was ich zu hören bekam, als ich dieses Ziel formulierte: ungläubige Blicke und durchaus sehr skeptische Anmerkungen! Kurzum: Dass solches möglich sein kann, hat sie wirklich schwer beeindruckt.«

»Was sind Ihre Stärken?«
Bitte überlassen Sie es Ihren Mitbewerbern, sich als umsetzungsstark, effizient, strategisch etc. zu bezeichnen. Stattdessen könnten Sie, wenn Sie diese Geschichte mit der Steigerung des Marktanteils erzählen wollen und bislang noch nicht erzählt haben, durchaus Folgendes erzählen.

Also: »Viele Jahre hat man sich in meinem Unternehmen bemüht, den Marktanteil zu steigern; leider ist es über viele Jahre beim Bemühen geblieben. Schließlich bekam ich diese Aufgabe auf den Tisch und: Es war wirklich nicht ganz einfach. Aber ich habe es geschafft. Innerhalb von drei Jahren konnte ich den Marktanteil um 10 % steigern. Ich erzähle Ihnen diese Geschichte als Antwort auf Ihre Frage nach den Stärken, weil in dieser Geschichte aus meiner Sicht meine Stärken sehr gut hörbar werden. Wenn es darum geht, Marktanteile im internationalen Umfeld zu steigern und dabei die Mitarbeiter und alle an einem solchen Erfolg beteiligten Personen so zu motivieren, dass sich solche Erfolge realisieren lassen: Dann bin ich voll in meinem Element. Das sind meine Stärken!«

»Wie oft waren Sie im letzten Jahr krank?«
Der Bewerber, der eine solche Frage hört, wird sich wohl im ersten Moment die Frage stellen, ob diese Frage überhaupt zulässig ist. Da die Beantwortung dieser Frage nach der Zulässigkeit aber auch nicht weiterhilft und der Bewerber auf keinen Fall erzählen möchte, dass er im letzten Jahr wegen einer Bandscheiben-OP für drei Monate ausgefallen ist, wird er vermutlich antworten: »Über Weihnachten hatte ich zwei Tage eine schlimme Erkältung. Zum Glück hatten wir an diesen Tagen Betriebsferien, sodass meine Erkältung gar nicht auffiel.«

Er glaubt, dass diese Antwort geeignet sei, um die Frage unbeschadet zu beantworten. Und in der Tat: Gegen zwei Schnupfentage, die zudem auch noch auf zwei Feiertage fielen, kann ja wirklich kein Arbeitgeber etwas einwenden. Das Problem ist nur, dass auch die anderen Bewerber zu ähnlichen Strategien bzw. Antworten greifen. Der eine Mitbewerber war an Ostern krank, der andere an Pfingsten und selbstverständlich war sowohl an Ostern als auch an Pfingsten das Unternehmen geschlossen. Kurzum: Mit einer solchen Antwort verschafft man sich keinesfalls einen Vorteil gegenüber Mitbewerbern. Vielmehr reiht man sich mal wieder in die Schar der Mitbewerber ein und riskiert damit, dass am Ende der Zufall über den richtigen Bewerber entscheidet. Daher: Erzählen Sie doch lieber, dass Sie im letzten Jahr – nur als Beispiel – durch die Einführung einer neuen Produktlinie den Umsatz um 10 % steigern konnten. Wie das geht? Na, ganz einfach:

»Das letzte Jahr war mal wieder ein sehr spannendes Jahr bei uns im Unternehmen. Ich hatte mir vorgenommen, die Umsätze erneut deutlich zu steigern, was erstmal – aufgrund des harten Wettbewerbs – gar nicht so einfach war. Aber dann ist es mir durch die Einführung einer neuen Produktlinie doch gelungen, den Umsatz um 10 % zu steigern. Und wenn Sie mich jetzt fragen, wie oft ich im letzten Jahr krank war: Nicht einen einzigen Tag! Ich bin sicher, dass diese durchaus herausfordernde Aufgabe – die Umsatzsteigerung – dafür verantwortlich war. Denn vermutlich kennen Sie das ja auch: Wenn man solche Herausforderungen vor der Brust hat, lässt der Körper es ja gar nicht zu, dass man krank wird. Ein Mediziner erläuterte mir das einmal und sprach vom gesunden Stress.«

Die Frage ist beantwortet, der Erfolg erzählt. Was will man mehr!

12.4 Das System hinter den Antworten

Wenn Sie die Antworten aufmerksam nachvollzogen haben, merken Sie, dass die Antworten einem bestimmten System folgen, das sicherstellt, dass man seine Erfolgsgeschichte in der Antwort platzieren kann.

12.4.1 Variante 1: Erst der Erfolg, dann die Antwort

Dazu zunächst eine weitere Frage bzw. ein Hörbeispiel:

»Was würden Sie machen, wenn Sie der neue Bundeskanzler wären?«

Eine Musterantwort hören Sie hier:

Audiofile 12

https://www.vogel-detambel.de/audiodatei-12

Die »Strategie«, die hinter dieser Antwort steht, haben wir versucht, in folgender Grafik darzustellen:

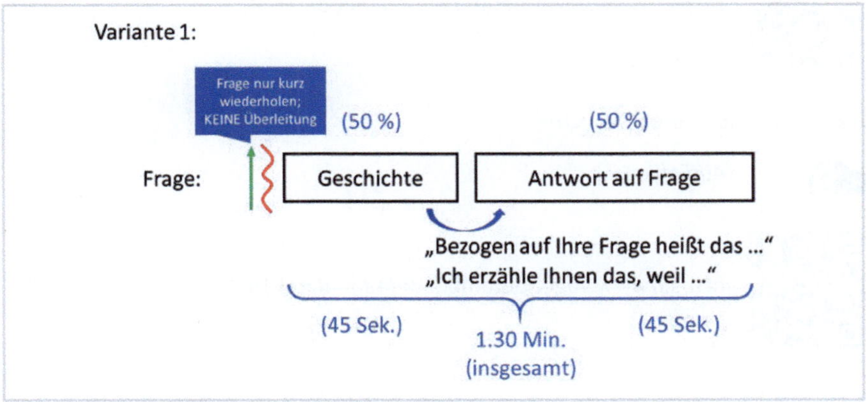

Um von der Darstellung der Geschichte zur Antwort zu kommen, können Sie sich eine sprachliche Brücke bereits vor dem Gespräch gedanklich zurechtlegen: »Ich erzähle Ihnen das, weil ...« oder »Bezogen auf Ihre Frage heißt das ...«

Wichtig: Achten Sie zudem darauf, Ihren Gesprächspartner nicht zu lange auf die Beantwortung seiner Frage warten zu lassen bzw. zu viel Zeit für das Erzählen der Geschichte zu benötigen. Mehr als 45 Sekunden sollte die Darstellung der Erfolgsgeschichte nicht benötigen! Sollten Sie feststellen, dass Sie mehr Zeit benötigen: Überlänge ist immer ein Zeichen mangelhafter Vorbereitung. In diesem Fall müssten Sie Ihre Geschichte »entrümpeln« und sich auf das wirklich Wesentliche beschränken.

Insgesamt sollte die Antwort (Geschichte + Antwort auf die Fragen) nicht länger als 90 Sekunden dauern, denn Sie wollen ja, dass Ihr Zuhörer auf das Thema einsteigt und

Nachfragen stellt. Nachfragen stellt aber niemand, der befürchten muss, dass eine Nachfrage eine weitere Antwort provoziert, die so lang ist, dass das Zuhören zur Qual wird.

Wenn Sie zudem noch darauf achten, bei der Erfolgsstory die Lösung des Problems nur anzudeuten, wird die Wahrscheinlichkeit, dass Ihr Zuhörer Nachfragen stellt, noch deutlich größer. Denn er möchte ja wissen, wie es Ihnen gelungen ist, das Problem – welches auch er hat – zu lösen. Sobald es Ihnen gelungen ist, Nachfragen zu provozieren, haben Sie Ihr Ziel erreicht: Jetzt sind Sie beim Thema, jetzt endlich reden Sie über Ihr Angebot!

Hier zwei weitere Hörbeispiele, wie solches klingen könnte:
Frage: »Frühstücken Sie morgens?«

Audiofile 14

https://www.vogel-detambel.de/audiodatei-14

Frage: »Wie motivieren Sie sich?«

Audiofile 15

https://www.vogel-detambel.de/audiodatei-15

12.4.2 Variante 2: Erst das Übliche, dann Erfolg und Synthese

Sie können natürlich auch damit beginnen, zunächst die Frage mit dem üblichen »Bla-Bla« zu beantworten, dann die Geschichte zu erzählen und am Ende aus beiden Elementen die Synthese zu bilden.

Hier ein erstes Beispiel anhand der Frage: »Worin sehen Sie Ihre Stärken?«

Audiofile 16

https://www.vogel-detambel.de/audiodatei-16

Und dieses System steckt dahinter:

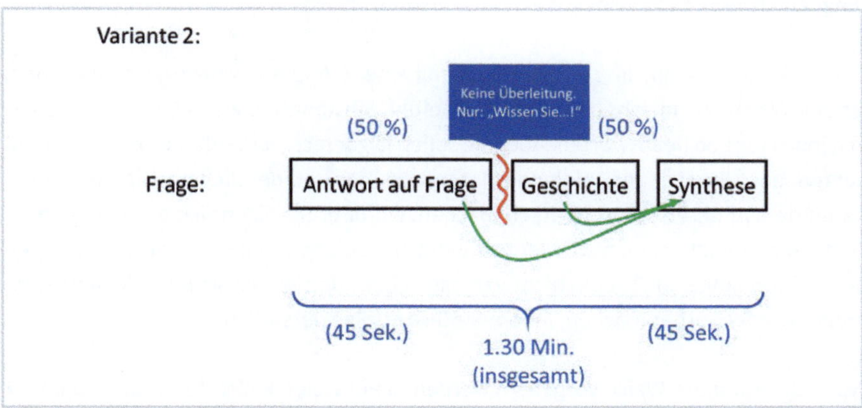

Zunächst sollten Sie das erzählen, was Bewerber typischerweise erzählen (= »Antwort auf Frage«). Ohne Überleitung und eher floskelhaft eingeleitet (»Wissen Sie ...«) sollten Sie im Anschluss die Geschichte erzählen, sprich Ihren Erfolg darstellen, den Sie erzählen wollen. Beide Elemente am Ende zu einer Synthese zusammenzuführen, ist kein Problem. Denn so, wie jeder von uns in der Lage ist, zwei völlig getrennte Geschichten miteinander zu verknüpfen oder aus zwei Begriffen, die nichts miteinander zu tun haben, eine zusammenhängende Geschichte zu erzählen, wird es Ihnen auch gelingen, die beiden Teile der Antwort in einer Synthese zusammenzuführen. Trauen Sie sich!

Auch hierzu zwei weitere Hörbeispiele:
Frage: »Was können Sie nicht so gut? Was sind Ihre Schwächen?«

 *Audiofile 17*

 https://www.vogel-detambel.de/audiodatei-17

Frage: »Was sind Ihre Hobbys?«

 *Audiofile 18*

 https://www.vogel-detambel.de/audiodatei-18

Sollte Ihre Frage jetzt lauten, ob es denn wirklich ratsam ist, jede Frage im Vorstellungsgespräch mit den eigenen Erfolgen zu beantworten: Nein, auf keinen Fall! Denn wenn Sie jede Frage so beantworten, wird die Strategie offensichtlich. Die »Masche« fliegt auf. Und genau dieses gilt es zu vermeiden.

Aber wenn Sie wissen, dass Sie jede Frage mit einer Erfolgsstory beantworten können, ist das sicherlich ein sehr beruhigendes Gefühl. Sie könnten, wenn Sie wollten, wirklich jede Frage so beantworten. Aber Sie sollen ja gar nicht. Sie sollten lediglich darauf achten, dass Sie sich am Anfang des Interviews klar und deutlich positionieren (und damit dem Anderen sofort deutlich machen, wofür er Sie eigentlich eingeladen hat). Und dann genügt es, wenn Sie im Laufe des Gesprächs zumindest bei jeder zweiten und dritten Frage, Ihr Thema nicht vergessen bzw. das, wofür Sie Ihr Geld wert sind, immer wieder hörbar machen, indem Sie Ihre Erfolge darstellen.

Wenn Sie auf diese Weise vorgehen, werden Sie in vielen Fällen feststellen, dass Ihr Gegenüber auf einmal mittendrin im Thema ist, sodass Sie eigentlich diese Strategie gar nicht mehr aktiv zu spielen brauchen. Denn der Interviewer stellt plötzlich die richtigen Fragen – ganz von allein.

12.5 Übung macht den Meister

Kaufen Sie sich Karteikarten im DIN-A6-Format. Diese sind so klein, sodass Sie leichter der Versuchung widerstehen, ausformulierte Sätze darauf zu schreiben. Bilden Sie einen Stapel, auf dem Sie in Stichworten Ihre Aufgaben bzw. Erfolge notieren: Ihr Lebenslauf ist voll davon! Achten Sie dabei auf folgenden Dreischritt:

- Was war das Problem?
- Wie haben Sie das Problem gelöst?
- Was war das Ergebnis?

Ein Stichwort pro Frage genügt, mehr als 5–10 Worte sollte Ihre Karteikarte nicht enthalten. Auf den zweiten Stapel schreiben Sie bitte Fragen, die man Ihnen im Vorstellungsgespräch stellen könnte. Sie werden genügend Fragen kennen und sollten Sie darüber hinaus einige Ideen benötigen, bieten wir Ihnen weiter unten eine Auswahl. Außerdem können Sie im Internet problemlos fündig werden: Unter dem Suchbegriff »Beliebte Fragen im Vorstellungsgespräch« werden sich genügend Fragen finden lassen. Ob man Ihnen diese im Vorstellungsgespräch wirklich stellen wird, ist dabei nicht entscheidend. Es geht lediglich darum, dass Sie üben. Und je unpassender eine Frage auf den ersten Blick ist, umso besser.

Legen Sie die Kartenstapel mit den Erfolgen auf die eine, den Kartenstapel mit den Fragen auf die andere. Danach ziehen Sie bitte jeweils eine Erfolgskarte und eine Fragekarte. Und dann geht es los: Erzählen Sie den Erfolg und stellen Sie – nachdem Sie diesen Erfolg erzählt haben – den Bezug zur Frage her. Wichtig ist: Der Erfolg muss erzählt und die Frage muss beantwortet werden. Beides ist die Voraussetzung dafür, dass Sie im Vorstellungsgespräch eine »gute Figur« machen.

Nachfolgend noch einige Fragen, mit denen Sie üben können. Bitte rechnen Sie jedoch nicht damit, dass Ihnen diese Fragen gestellt werden. Rechnen Sie grundsätzlich nicht mit dieser oder jener Frage. Dieses würde nur dazu führen, dass Sie – wenn Fragen aufkommen, die Sie nicht erwartet haben, – irritiert sind und möglicherweise vom Pfad der Tugend abkommen und die in diesem Buch erarbeitete Strategie vergessen.

Wenn Sie stattdessen wissen, dass Sie als Antwort auf alle Fragen jeden beliebigen Erfolg darstellen können, kann es Ihnen völlig egal sein, welche Fragen konkret zum Zuge kommen und was Ihr Gesprächspartner für ein Typ ist.

Um zu trainieren, hier eine Auswahl an Fragen, die sich gerade deswegen bestens zum Üben eignen, weil sie mitunter ziemlich unsinnig sind:

- Erzählen Sie uns etwas über sich selbst!
- Welche Zeitungen und Zeitschriften lesen Sie?
- Welche Hobbys haben Sie?
- Wie motivieren Sie sich?
- Wie würden Ihre Freunde Sie beschreiben?
- Wie wichtig ist Ihnen Ihre Familie?
- Wie oft waren Sie im letzten Jahr krank?
- Wie und wann erholen Sie sich?
- Wo verbringen Sie Ihren Urlaub?
- Treiben Sie regelmäßig Sport?
- Wie verhalten Sie sich in unangenehmen Situationen?
- Wie schaffen Sie ein Gleichgewicht zwischen Arbeit und Familie?
- Worin liegen Ihre Stärken?
- Was war Ihr größter Misserfolg?
- Was war die größte Herausforderung Ihres Lebens?
- Wie gehen Sie mit Niederlagen um?
- Welches war Ihr bisher größter Erfolg?
- Welche Schwächen haben Sie?
- Wie gehen Sie mit Fehlern um?
- Wie reagieren Sie auf Kritik?
- Haben Sie Angst vor Konflikten?
- Wie gehen Sie mit Stress um?
- Wo sehen Sie sich selbst in fünf Jahren?
- Wollen Sie sich in einem speziellen Bereich weiterbilden?
- Wie stellen Sie sich Ihren idealen/zukünftigen Arbeitsplatz vor?
- Wie wünschen Sie sich Ihren idealen Chef?
- Wie sieht Ihr ideales Arbeitsumfeld aus?

- Sind Sie bereit, für den Job umzuziehen?
- Wie gehen Sie mit schwierigen Kollegen um?
- Was bedeutet Teamarbeit für Sie?
- Wie treffen Sie Entscheidungen?
- Wie würde Ihr letzter Chef Sie beschreiben?
- Was denken Sie über Ihren letzten Chef/Vorgesetzten/Arbeitgeber?
- Was ist Sie für eine Führungspersönlichkeit?
- Wie würden Ihre letzten Arbeitskollegen Sie beschreiben?
- Warum haben Sie sich für diesen Beruf entschieden?
- Würden Sie diese Ausbildung/dieses Studium erneut wählen?
- Was war bei der Wahl Ihres Studiums für Sie entscheidend?
- Wie gehen Sie mit Veränderungen im Job um?
- Was hat Ihnen an Ihrem letzten Job gefallen?
- Was hat Sie an Ihrem letzten Job gestört?
- Wie stellen Sie sich Ihr zukünftiges Aufgabenfeld vor?
- Was hat Ihnen bei Ihrer letzten Firma gefallen/missfallen?
- Wie würden Sie Ihren Arbeitsstil beschreiben?
- Warum sollten wir unbedingt Sie nehmen?
- Warum sollten wir Sie nicht einstellen?
- Was unterscheidet Sie von den anderen Bewerbern?
- Was wissen Sie über unsere Firma?
- Woher kennen Sie unsere Firma?
- Wie ist Ihr erster Eindruck von unserer Firma?
- Warum wollen Sie in unserer Firma arbeiten?

Wenn Sie sich konsequent an eine der oben genannten Varianten halten, dürfte es Ihnen gut gelingen, diese Fragen nicht zur »üblich« zu beantworten, sondern mit einem der von Ihnen erzielten Erfolge zu verknüpfen.

12.6 Prüfen Sie Ihre »Performance«

Scheuen Sie sich nicht davor, Ihre Antworten auf die o. g. (oder ähnlichen) Fragen per Videokamera aufzunehmen; jedes Smartphone gibt Ihnen heute dazu die Möglichkeit. Hier einige Fragen, mit denen Sie prüfen können, inwieweit Ihnen die Umsetzung bereits gelingt:

- Wie viele Ihrer »Geschichten« und »Zahlen« (Aufgaben, Erfolge, Ergebnisse) haben Sie erzählen und zugleich die Frage beantworten können?
- Wie oft sind Sie in die Adjektiv- bzw. Selbstbewertungsfalle getappt?
- Konnten Sie Füllsätze vermeiden?
- Klingen Ihre Antworten souverän und spannend oder monoton und einschläfernd?
- Sind Ihre Antworten in einer angenehmen Länge? Alle Antworten, die länger als zwei Minuten sind, sind eher unangenehm.

- Sind Ihre Antworten logisch und konsistent?
- Liefern Sie durch Ihre Antworten zusätzlich Angriffspunkte bzw. bringen Sie durch Ihre Antworten Themen zur Sprache, die man besser vermeiden sollte? Provozieren Sie »unangenehme« Themen?
- Gelingt es Ihnen, die richtigen Fragen zu herbeizuführen und so ein spannendes Gespräch zu initiieren?
- Sind die Antworten unterschiedlich lang?
- Haben Sie die Geschichten richtig aufgebaut (Earcatcher/Hinhörer, Spannungsbogen etc.), sodass dem Zuhörer das Zuhören leichtfällt und dieser gerne zuhört?

12.7 Eigene Fragen

Viele Bewerber stellt die Möglichkeit, eigene Fragen stellen zu dürfen (bzw. zu müssen), vor ein echtes Problem. Was soll man fragen? Was sind gute »eigene Fragen«? Zudem: Man möchte keine »dummen« Fragen stellen. Also geht man sehr vorsichtig zu Werke. Das Ergebnis sind belanglose Fragen, mit denen man sich erneut in die Schar der Mitbewerber einreiht, die auch belanglose Fragen stellen.

Wenn Sie bedenken, dass die Gelegenheit, eigene Fragen zu stellen, sich vor allem gegen Ende des Vorstellungsgesprächs eröffnen wird, und dass das, was am Ende steht, fast ein ähnliches Gewicht bekommt, wie der erste Eindruck, sollten Sie diese Gelegenheit nicht ungenutzt verstreichen lassen. Nutzen Sie auch diesen Teil des Vorstellungsgesprächs, um dem anderen deutlich zu machen, wofür Sie Ihr Geld wert sind. Und das ist möglicherweise einfacher, als Sie denken.

Auf jede Frage, so war unsere Behauptung, können Sie jeden beliebigen Erfolg erzählen. Und dieses gilt selbstverständlich auch dann, wenn Sie aufgefordert werden, eigene Fragen zu stellen. Zudem können Sie auf diese Weise sicherstellen, dass das, wofür Sie angetreten sind, auch wirklich realisierbar und gewünscht ist.

Nur als Beispiel: Wenn Sie sich ins Spiel gebracht haben, als derjenige, der Umsatz und EBIT erhöht, könnte Ihre Frage lauten: »In allen beruflichen Stationen konnte ich dafür sorgen, dass sich Umsatz und Rendite innerhalb weniger Monate um ca. 10–15 % erhöhten. Wie haben sich bei Ihnen in den letzten Jahren Umsatz und Rendite entwickelt? Welche Umsatz- und Renditeziele haben Sie für die nächsten Jahre? Welche Erwartungen hätten Sie dabei an mich?«

Oder – anderes Beispiel: Wenn Sie für Internationalisierung und die Erschließung neuer Märkte stehen, könnte Ihre Frage lauten: »In den letzten Jahren konnte ich durch Internationalisierung und das Erschließen neuer Märkte in Asien und den USA dafür sorgen, dass sich Umsatz und Rendite um ca. 10% erhöht haben. Wie weit ist das Thema ›Internationalisierung‹ bereits bei Ihnen gediehen? Welche Ziele haben Sie für die nächsten Jahre?«

12.8 Vorstellungsgespräch per Video

Die Tendenz, »Erstrunden-Vorstellungsgespräche« zunächst per Videokonferenz stattfinden zu lassen, hat sich durch die COVID-19-Pandemie verstärkt und es ist davon auszugehen, dass dieser Trend auch in der »Nach-Corona-Zeit« nicht mehr zurückgedreht werden wird. Dafür sind Vorstellungsgespräche, die online stattfinden, viel zu effizient – zumindest aus Sicht der Unternehmen. Nicht nur, dass keine Konferenzräume reserviert und Fahrtkosten erstatten werden müssen: Das Unternehmen spart sich auch viel Zeit. Statt 60–90 Minuten für das Vor-Ort-Gespräch einzuplanen, glaubt man bei einem Video-Interview, schon nach wenigen Minuten zu wissen, »was Sache ist« bzw. ob der Bewerber »den nötigen Biss« hat. Das Problem für den Bewerber: Die Zeit, zu überzeugen, minimiert sich und die »Technik« schränkt die eigene Wirkung deutlich ein. Ist der Ton zu leise (bzw. zu schlecht verständlich), die Beleuchtung zu schwach, die Sitzhaltung ungünstig, ist es egal, was der Bewerber inhaltlich von sich gibt: Die Absage ist vorprogrammiert – allein aufgrund dieser technischen Unzulänglichkeiten. Daher sollten Sie dafür sorgen, dass Sie nicht nur in Vorstellungsgesprächen, die vor Ort stattfinden, sondern auch in »digitalen« Vorstellungsgesprächen einen nachhaltig positiven Eindruck hinterlassen.

Ein unscharfes Bild ist nicht geeignet, um Sie als jemanden zu transportieren, der Biss hat! Keine Frage: Die integrierten Webcams der neuen Generationen werden immer besser; nach wie vor liefert eine externe Webcam aber deutlich professionellere (sprich: schärfere) Ergebnisse.

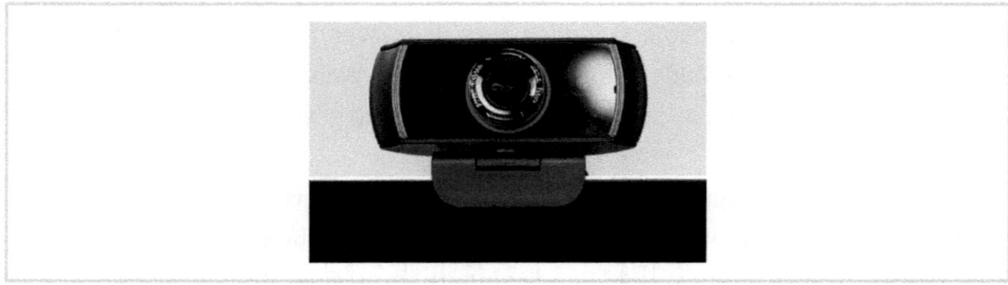

Suchen Sie auf den gängigen Online-Plattformen nach externen Full-HD- oder Streaming-Webcams, werden Sie schnell merken, dass Sie bereits ab 60€ eine Menge an Produkten finden, die eine erheblich verbesserte Bildqualität liefern und nebenbei sehr einfach über USB-Anschluss zu installieren sind.

Neben einer Videokamera, die ein hochwertiges Bild liefert, ist es genauso wichtig, diese perfekt zu positionieren. Dabei gilt: Kamera auf Augenhöhe! Weder »von oben herab« noch unvorteilhaft von unten nach oben.

Von oben sehen Sie nicht gut aus.

Von unten aber auch nicht.

Achten Sie zudem darauf, einen angemessenen Abstand zur Kamera zu halten und in der Mitte des Bildes zu sitzen!

Das menschliche Auge ist hier irritiert, denn Sie sitzen nicht mittig.

Sie sollten nicht zu nah vor der Kamera sitzen und auch nicht zu weit entfernt positioniert sein. Als Daumenregel gilt: Ihr Kopf sollte sich im oberen Drittel des Bildes befinden. Zur Bildunterkante sollte maximal das Ende Ihrer Krawatte zu sehen sein.

Ein charismatischer Auftritt ohne »Ausstrahlung« ist schlichtweg unmöglich. Und wie der Begriff bereits impliziert, ist eine gute Ausleuchtung – vor allem Ihres Gesichts – wichtig, um Sie bestmöglich in Szene zu setzen! Die eigene Decken- oder Schreibtischbeleuchtung liefert dabei in den meisten Fällen keine zufriedenstellenden Ergebnisse.

Ebenso schlecht ist Gegenlicht, welches Ihr Gesicht dunkel erscheinen lässt und im Zweifel blenden kann. Deshalb sollten Sie auf eine optimale Beleuchtung von vorne achten!

Die beste Möglichkeit für eine möglichst professionelle Belichtung bieten dabei höhenverstellbare LED-Beleuchtungskörper mit Stativ. Suchen Sie beispielsweise nach »LED-Videolicht«, finden Sie im Internet schnell eine Reihe an passenden Produkten – bereits ab 50 €. Neben einer einfachen Handhabung lässt sich das Stativ auch flexibel in allen Räumlichkeiten einsetzen.

Licht von der Seite erzeugt starke Kontraste und betont nebenbei Falten und Hautunreinheiten. Positionieren Sie die Lichtquellen schräg oberhalb Ihres Bildschirmes, sodass sowohl ein Schatten vom Bildschirm als auch störende Gesichtsschattierungen ausgeschlossen werden.

Falls Sie eine Brille tragen: Achten Sie darauf, eine Spiegelung in Ihren Brillengläsern zu vermeiden!

Lenken Sie die Aufmerksamkeit Ihres Gegenübers auf die wesentlichen Dinge – nämlich auf Sie selbst! Das unaufgeräumte Regal, der Wäscheständer oder der Ordner mit den offenen Rechnungen aus dem Jahre 2014 im Hintergrund bieten Einblicke ins »traute Heim«, die Sie dem anderen ersparen sollten. Auch deswegen, weil diese Dinge Ihren Gesprächspartner – ob er es will oder nicht – ablenken.

Deshalb: Ein möglichst neutraler und gleichmäßiger Hintergrund lenkt den Fokus auf Sie und sorgt zusätzlich für einen stimmigen Kontrast. Mit einem aufstellbaren Falthintergrund lässt sich der Hintergrund in verschiedenen neutralen Farben gestalten und ermöglicht es zudem, das Gespräch in jedem beliebigen Raum stattfinden zu lassen. Sucht man im Internet nach Falthintergründen für ein Fotostudio oder einer Hintergrundleinwand, findet man bereits ab 100 € völlig ausreichende Möglichkeiten.

Kleider machen Leute

Ob die Behauptung, dass man mit einer Jogginghose die Kontrolle über sein Leben verloren habe, wie es einmal Karl Lagerfeld formulierte, wahr ist, oder nicht, muss Sie im Vorstellungsgespräch, das per Video stattfindet, nicht interessieren. Zumindest dann nicht, solange Sie nicht vom Tisch aufstehen. Alles andere, was sichtbar ist, sollten Sie – bevor Sie die Kamera einschalten – kritisch in den Blick nehmen. Sitzt – falls

Sie eine tragen – die Krawatte? Ist das Hemd »ordentlich« und das Sakko fleck- und fusselfrei? Derjenige, der Sie durch die Kamera anschaut, ist nicht weniger kritisch als Sie, wenn Sie z. B. den Moderator der Tagesschau in den Blick nehmen. Jeder Fleck, jeder Fussel, jede Nachlässigkeit würde Ihnen sofort ins Auge springen und sogar zum Gesprächsthema im Familienkreis werden.

Ton

Akustische Reize können auf unbewusster und emotionaler Ebene noch stärker wirken als visuelle Reize – insbesondere, wenn sie negativ wahrgenommen werden! Ein klarer und deutlicher Ton ist also entscheidend, damit das, was Sie sagen, bei Ihrem Gegenüber auch die gewünschte Wirkung erzielt. Dabei gilt wie bei der Kamera, dass ein externes Mikrofon die bessere Wahl als das bereits integrierte Mikrofon ist. Kabelgebundene Mikrofone können durch Reiben an der Kleidung schnell zu »Kruschelgeräuschen« führen. Ebenso stellen Headsets bei einer Videoübertragung eine eher unschöne Alternative dar. Ihr Mikrofon sollte dabei nicht sichtbar für Ihre Gesprächspartner platziert sein.

Sie finden auf den unterschiedlichsten Online-Marktplätzen unter den Suchbegriffen Tisch-, Kondensatoren- oder Ständermikrofon für Laptop oder PC eine breite Palette an Produkten ab 40 €.

Ausdruck

Ihr »Ausdruck« sorgt für einen (hoffentlich positiven) Eindruck bei Ihren Gesprächspartnern! Eine ausdrucksstarke Kommunikation auf rein digitalem Wege erfordert allerdings wesentlich mehr Einsatz als eine Kommunikation, die ohne technische Übertragung stattfindet. Umso wichtiger ist es, dass Sie alle Instrumente – auf verbaler und non-verbaler Ebene – nutzen, die Ihnen auch in der virtuellen Kommunikation zur Verfügung stehen. Konkret: Vermeiden Sie eine monotone Stimmlage und sorgen Sie für Abwechslung. Spielen Sie – natürlich in einem angemessenen Maß – mit Modulation, Sprechtempo, der Lautstärke und vor allem der Pausensetzung in Ihren Sätzen. Gerade weil die Tonübertragung meist nicht in »Echtzeit« abläuft, kommt es immer wieder zu kleineren Verzögerungen in der Übertragungsrate. Deshalb: Achten Sie noch bewusster darauf, langsam und deutlich zu sprechen! Bauen Sie vermehrt rhetorische Pausen ein, um Ihrem Gegenüber nicht ins Wort zu fallen oder es zu unnötigen Überschneidungen kommen zu lassen und vor allem um Ihrem Gegenüber Fragen zu ermöglichen! Denn nichts ist ermüdender – gerade in der virtuellen Kommunikation – als ein Monolog. Positionieren Sie sich auf dem vorderen Drittel Ihres Bürostuhls und nehmen Sie eine wache – leicht nach vorne geneigte – Haltung ein. Vermeiden Sie schnelle und hektische Bewegungen mit den Armen, die vor der Kamera meist sehr »zappelig« und übertrieben wirken.

Bandbreite statt Datenrinnsal

Stellen Sie sicher, dass der Raum, aus dem Sie übertragen, über eine konstant gute Internetverbindung verfügt – und vermeiden Sie im besten Fall, dass während Ihres Gesprächs parallel drei weitere Familienmitglieder einen Kinofilm streamen; die Übertragungsqualität leidet! (Und Sie möchten ja Ihren Familienmitgliedern ungestörten Filmgenuss ermöglichen.)

Störungen stören

Und ein weiterer, fast schon trivialer Hinweis: Sorgen Sie dafür, alle möglichen Störungen auf ein Minimum einzugrenzen! Schließen Sie zur Not die Zimmertür ab, schalten Sie Ihre Haustürklingel und vor allem Ihr Handy aus. Selbst für den Fall, dass Ihr Gegenüber Verständnis für eine Klingel oder ein dumpfes Bellen Ihres Hundes im Hintergrund haben sollte, stört dies nicht nur Ihr Gegenüber, sondern insbesondere auch Sie.

Wie sieht es denn bei Ihnen aus?

Es dürfte schwierig werden, Ihren Gesprächspartner von Ihren langjährigen Erfolgen als Restrukturierer in den verschiedensten internationalen Unternehmen zu überzeugen, wenn Ihr eigener Schreibtisch einen eher gegenteiligen Eindruck hinterlässt. So nicht!

Unordnung ist eben nicht ein Zeichen von »Beschäftigtsein« oder »Kreativität«, sondern schlichtweg von Chaos. Anders gesagt: Der landläufige Spruch »Wer Ordnung hält, ist nur zu faul zum Suchen!« sollte abgelöst werden durch die mindestens ebenso geläufige Binsenweisheit: »Ordnung ist das halbe Leben!«

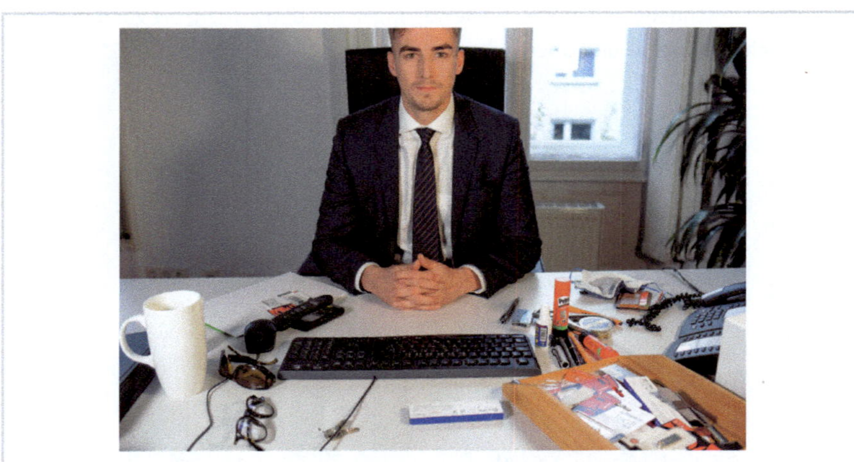

13 Ein Wort zum Schluss

Erlauben Sie uns am Ende dieses Buches ein offenes Wort.

Wir haben in den letzten Jahrzehnten an der Besetzung von rund 2.000 Top-Positionen mitwirken dürfen, mehr als 50.000 Lebensläufe gelesen und Zigtausend Manager persönlich kennengelernt. Was uns dabei sehr häufig aufgefallen ist: Die überwiegende Mehrzahl der Manager saß schon seit Jahren – beruflich gesehen – auf einem Pferd, das nicht nur tot, sondern in vielen Fällen bereits skelettiert war. Und dennoch versuchten diese Manager mit aller Kraft, dieses Pferd weiterzureiten. Sie wollten nicht umsatteln, sie wollten sich nicht verändern. Zum einen aus Angst vor dem, was da kommen könnte, zum anderen aus der Unwissenheit, wie man sich neue Optionen (attraktive Arbeitsvertragsangebote) erschließt. Durch dieses Zögern, Abwarten, diese nicht selten lähmende Angst haben sich viele nicht nur ihre Karriere zerstört, sondern sich auch der Freude am Leben beraubt. Man quälte sich jeden Tag ins Unternehmen und hoffte, dass sich doch irgendwann etwas zum Guten bessern würde …

Lassen Sie es nicht soweit kommen!

Wenn Sie spüren, dass es in Ihrem aktuellen Unternehmen für Sie nicht mehr weitergeht und Sie schon seit Monaten nur noch mit Unbehagen Ihren Job machen: Orientieren Sie sich neu, denn es gibt genügend Positionen, die auf Sie warten! Dass die wenigsten Positionen aber offen ausgeschrieben werden, wissen Sie, wenn Sie das Buch bis zu dieser Stelle gelesen haben. Die größten Chancen bietet der verdeckte Stellenmarkt.

Alle Werkzeuge, die Sie benötigen, um sich diese Chancen zu erschließen, haben wir Ihnen in diesem Buch dargestellt. Wenn Sie dazu Fragen haben oder Hilfe bei der Umsetzung benötigen: Schreiben Sie uns! Sie finden uns im Internet:

www.vogel-detambel.de/start

Per E-Mail erreichen Sie uns unter info@vogel-detambel.de

Anhang

Erstellung Maximallebenslauf

1. Persönliche Daten

Name ______________________ Vorname ______________________

Titel ______________________

Geboren am		in	
Nationalität			
Familienstand		Kinder/Alter	
Adresse			
Telefon privat			
Telefon mobil		E-Mail privat	

2. Ausbildungsweg

Bei Zeitangaben bitte nur das Jahr angeben.

Schule (Realschule, Gymnasium ...)			
Von	Bis	Schule/Ort	Abschluss/Note

Berufsausbildung (einschl. Handels- und Berufsfachschulen)			
Von	Bis	Firma/Ort	Abschluss als/Note
Grundwehrdienst/Soldat auf Zeit/Ersatzdienst			
Von	Bis	Einheit/Organisation/Ort	Dienstgrad/Einsatzgebiet

Studium/berufsbegleitendes Studium/Fernstudium			
Von	Bis	Universität/Lehranstalt/Fachrichtung	Abschluss/Note

Wissenschaftliche Tätigkeit/Promotion			
Von	Bis	Universität/Lehrstuhl/Professor	Prüfungsergebnis

3. Sprachen/Praktika/Fortbildungsmaßnahmen

Sprachen (Zutreffendes bitte ankreuzen)				
	Muttersprache	Verhandlungs-sicher	Kommunikations-kenntnisse	Grundkenntnisse

Praktika während des Studiums			
Jahr	Dauer	Firma	Bereich/Inhalt

Wesentliche Fortbildungsmaßnahmen in den letzten fünf Jahren			
Jahr	Dauer	Institut	Inhalt/Beschreibung

4. Ergänzende Informationen

Außerberufliche Aktivitäten (z. B. Aufsichtsratsmandate, Ehrenämter, Nebentätigkeiten, Mitgliedschaften)			
Von	Bis	Organisation	Position

Persönliche Interessensbereiche/Freizeitgestaltung
Sonstige Anmerkungen/Hinweise

5. Beruflicher Werdegang
Informationen zu Ihrer *jetzigen/letzten* Funktion im Unternehmen

Zeitraum (von – bis)	
Funktionsbezeichnung/Titel	
Firma/Organisationseinheit/Ort	
Unternehmensprofil: Branche, Entwicklung, Herstellung, Vertrieb, Dienstleistungen, Produkte	
Umsatz und Beschäftigte des Unternehmens	

Gesellschafter/Konzernzugehörigkeit	
Mitarbeiter und Umsatz im Gesamtunternehmen/Konzern	
Vorgesetzte Stelle (Name und Funktion)	

Direkt unterstellte Organisationseinheiten/Abteilungen/Gruppen (z. B. Finanzen, Technik, Vertrieb etc.)	Anzahl Mitarbeiter
Gesamte Personalverantwortung	

Verantwortungsumfang Darunter fällt: • Verantwortung für welche Einheiten/Standorte/Organisationen? • Persönliche Budget- und Umsatzverantwortung?	
Hauptaufgaben Darunter fällt vor allem die Benennung der konkreten Tätigkeiten im Tagesgeschäft. Anders ausgedrückt: »Was hat Ihren Tag gefüllt?« Ordnen Sie ggf. Ihre Hauptaufgaben Ihren jeweiligen Ressorts zu. Bitte versuchen Sie, bei der Beschreibung von Maßnahmen/Initiativen/Restrukturierungen etc. möglichst konkret zu sein, indem Sie, wo nötig, beschreiben, welche Ziele und welchen Zweck Sie dabei verfolgt haben. Beispiele: Erschließung neuer Vertriebsregionen und Einführung eines Key-Account-Managements zur klaren Kundensegmentierung und Betreuung des Kunden; Entwicklung einer kundenzentrierten, hochflexiblen Anlagenfertigung in der Industriefabrik (kundenauftragsbezogene Fertigung); Aufbau einer prozessorientierten Komponentenfertigung, geprägt durch eine hohe Fertigungstiefe in den Bereichen Umformung, zerspanende Bearbeitung, Elektronik- (SMT, THT) und Motorenfertigung; Definition des Produktportfolios, Koordination der Weiter- bzw. Neuentwicklung von Produkten.	

Projekte Nennen Sie uns hier, falls zutreffend, bitte Ihre Projekte, die Sie geleitet, begleitet oder umgesetzt haben. Projekte sind dadurch gekennzeichnet, dass Sie einen festen Anfangs- und Endzeitpunkt haben. Beispiele: Aufbau einer Niederlassung in Brasilien; Auflösung der Holding AG und Umwandlung in eine GmbH; Bau einer neuen Firmenzentrale	
Welche wesentlichen Beiträge haben Sie zum Erfolg Ihres Unternehmens geleistet? Nennen Sie bitte Ihre Erfolge und belegen Sie diese, wenn möglich, mit Zahlen oder anderen messbaren Kriterien. Diese Erfolge sollten auch einen Bezug zu den oben genannten Tätigkeiten / Projekten aufweisen. Beispiele: Steigerung des konzerninternen Umsatzes um 75 % seit 2014 bei nahezu unveränderter Mitarbeiteranzahl; Erhöhung der Liefertermintreue von 70 % auf 92,5 % durch Einführung eines neuen Lieferkonzeptes; mehrfache Auszeichnung als…; Reduzierung der Inventurabweichung von durchschnittlich über 10 % auf unter 3 % durch Einführung eines neuen ERP-Systems…	
Wechselgrund und sonstige wesentliche Anmerkungen/ Erklärungen zur heutigen Position	

Hinweis: Bitte kopieren Sie diese »Fragen« für alle früheren Positionen und machen Sie auch zu diesen Positionen die entsprechenden Angaben.